아주 사적인 은하수

우리은하의 비공식 자서전

아주
사적인
은하수

모이야 맥티어 · 김소정 옮김

까치

THE MILKY WAY : An Autobiography of Our Galaxy
by Moiya McTier

역자 김소정(金昭廷)
대학교에서 생물학을 전공했고 과학과 역사를 좋아한다. 꾸준히 동네 분들
과 독서 모임을 하고 있고, 번역계 후배들과 함께 번역을 공부하고 있다. 실
수를 하고 좌절하고 배우고 또 실수를 하는 과정을 되풀이하고 있지만, 꾸
준히 성장하는 사람이기를 바라며 되도록 오랫동안 번역을 하면서 살아가
기를 바란다. 『새들의 천재성』, 『원더풀 사이언스』, 『악어 앨버트와의 이상한
여행』, 『완벽한 호모 사피엔스가 되는 법』, 『만물과학』 등을 번역했다.

편집, 교정_김미현(金美炫)

아주 사적인 은하수 : 우리은하의 비공식 자서전

저자 / 모이야 맥티어
역자 / 김소정
발행처 / 까치글방
발행인 / 박후영
주소 / 서울시 용산구 서빙고로 67, 파크타워 103동 1003호
전화 / 02 · 735 · 8998, 736 · 7768
팩시밀리 / 02 · 723 · 4591
홈페이지 / www.kachibooks.co.kr
전자우편 / kachibooks@gmail.com
등록번호 / 1-528
등록일 / 1977. 8. 5
초판 1쇄 발행일 / 2023. 10. 6

값 / 뒤표지에 쓰여 있음
ISBN 978-89-7291-806-6 03440

자신은 "충분히 과학적이지 않다"는 기분을

한 번이라도 느껴본 사람을 위하여.

그게 무슨 뜻이든지 간에.

차례

아주 사적인 은하수

모이야가 쓴 서문

"나는 별을 너무나도 사랑하기 때문에 밤을 두려워하지 않아."

세라 윌리엄스의 시 「늙은 천문학자가 그의 제자에게」의 이 구절은 나 자신을 위한 주문일 경우가 많은데, 이는 이 시가 나를 빅토리아 여왕 시대의 으스스한 은둔자로 만들어버리기 때문만은 아니다.

어쩌다 그랬는지는 모르겠지만, 어렸을 때 나는 해와 달이 나의 천상의 부모님이라고 생각했다. 천상의 부모님이 나를 지켜본다고 상상했고, 실제로 그분들에게 말을 걸기도 했다. 학교에서 배운 수업 내용도 말해주었고, 친구들이 어떤 아이들인지도 알려주었다(놀랍게도 나의 친구들은 해와 달에게 말을 걸지 않아서, 누군가는 나의 천상의 엄마와 아빠에게 그 친구들에 관해 말해주어야 했기 때문이다). 지상의 부모님이 밤마다 다투기 시작했을 때, 나는 천상의 엄마에게 울면서 하소연했다. 나의 생물학적 아버지가 나를 정해진 요일에 자기 집으로 데려가는 일을 그만두었을 때,[*] 어린 나의 마음은 천상의 아빠, 즉 해를 비난하기로 결정했다. 지금도 나는 로스앤젤레스를 좋아하지 않는다. 그곳은 너무나도 화창하기 때문이다.

나의 지상의 어머니가 또다시 사랑에 빠지자 우리는 피츠버그에 있는 작은 아파트를 떠나 내가 상상할 수 있는 가장 기이한 장소로 옮겨갔다. 숲 한가운데 있던 그 통나무집은 수도 시설조차 갖추지 못한 상태였다. 웨스트버지니아 주의 경계와 가까운 곳이었는데, 가장 가까운 서점에 가려고만 해도 주 경계선을 넘어야 했다. 숲은 혼자서 커야 했던 아이가[**] 가질 수 있는 최고의 운동장이었다. 상상 속 모험을 떠나는 장소이자 요정의 고리(고리 형태로 자라는 버섯 군락/역자)를 좇는 장소였고, 새로 생긴 지상의 아버지와 함께하는 모의전투에서 휘두를 무기가 되어줄 완벽한 나뭇가지를 찾을 수 있는 장소였다. 하지만 지상의 어머니가 나에게 선택의 기회를 주었다면, 우리가 이사하기 전까지 흑인이라고는 텔레비전에서나 보아온 사람들만 가득한 숲 주변 공동체를 내가 살아갈 곳으로 택하지는 않았을 것이다.

그런 이유에 더해 그밖의 여러 가지 이유들로(열 살에 생리를 시작했는데 집에 샤워 시설조차 없는 상황을 생각해보라!) 나는 사춘기가 시작된 뒤로도 오랫동안 밤에 만나는 달로부터 위로를 받았고, 밤을 너무나도

---

[*] 걱정하지 않아도 된다. 그때부터 오히려 더 잘 살았으니까!

[**] 나에게는 생물학적 아버지의 아이들인 의붓형제들이 있기는 했지만, 그 아이들과 어울리며 자라지는 못했다. 그 이유는 위의 주석을 보면 알 수 있을 것이다.

사랑하게 되었다. 그 조용하고 은밀하고 평화로운 시간이 좋았다. 나 자신을 밤이 만든 창조물이라고, 그러니까 밤의 아이라고 정해버린 나의 결정은 기이한 아이가 되고 싶다는 소망을 충족시키고 공고히 해주었다. 작은 시골 학교에서 가장 똑똑한 학생이자 유일한 흑인 학생이라는 점만으로는 다른 사람들의 시선을 충분히 끌지 못했다는 듯이 말이다. 아니, 괜히 거짓 이야기를 지어내 으스대는 것이 아니다. 나는 학교에서 가장 독특한 아이로 뽑혔고, 2학년은 **월반했고**, 졸업생 대표로 선발되기까지 했다. 그런데도 사람들은 내가 대학교에 진학할 수 있었던 것이 모두 사회적 약자 우대 정책 때문이라고 말한다.

이런 말을 한다고 해서 오해하지는 말기를! 내가 만난 사람들은 대부분 아주 친절했다. 감사하게도 이러한 경험과 인맥 덕분에 나는 이 나라의 보통 사람들의 심정에 공감할 수 있었다. 열심히 노력해 엘리트 계층에 진입했지만 무시당하고 있다는 정당한 감정을 느끼는 사람들 말이다. 탄광 지대에 살면서 나는 장작 패는 법, 물 한 양동이와 컵만 가지고 심각한 질병을 이겨내는 법, 차이를 넘어 공통점을 발견하는 법 같은 귀중한 기술을 많이 배웠다. 하지만 동시에 나는 아주 이른 나이에 가능한 한 빨리 그곳을 빠져나가야만 내 인생이 훨씬 나아지리라는 사실도 깨달았다. 다행히도 하버드 대학교 입학사정관은 수많은 광부의 아들들보다는 특이하고 영리한 흑인 여자아이들을 더 좋아했다.

나는 언제나 밤에 더 평온했고, 아름다운 별을 볼 수 있는 곳에서 자랐다. 그러나 대학교에 입학하기 전까지는 우주를 공부한다는 생각을 해본 적이 없었다. 그저 천상의 아름다움을 사랑했을 뿐이었다. 하지만 논리와 자료를 기반으로 하는 천문학을 사랑하게 되는 데에는 그리 오랜 시간이 걸리지 않았다. 2학년을 마친 여름에 나는 한 회사의 인턴이 되어 하루에 몇 시간을 5차원 데이터 큐브를 분석하며 보냈다. 내가 로지라는 별명을 붙인, 아주 먼 곳에 있는 은하의 특성을 측정하는 일이었다. 그 은하에서는 항성들이 만들어지고 있었다. 천체물리학에 깊이 빠져든다는 것은 전적으로 새로운 방식으로 우주에게 말을 거는 방법을 배우는 일인 듯했다. 머릿속에서 혼자 대답을 만드는 것이 아니라 정말로 우주가 하는 말을 조금쯤 들을 수 있게 해주는 방법인 듯도 했다. 나는 중력, 우주선, 핵융합 같은 용어를 배웠다. 새롭게 손에 든 사전을 펼쳐 들고 별의 생성, 우주배경복사, 멀리 있는 퀘이사가 발산하는 X선, 외계행성 특성 탐구, 은하의 화학적 진화 같은 우주의 여러 다른 측면들을 조사해나갔다.

신화를 향한 사랑도 계속되었다. 나는 여러 문화에서 즐기고 교육하고 설명하는 장치로 활용되는 이야기들을 배웠다. 모닥불을 둘러싸고 앉아 밤을 지새우려고 등장한 동화들, 공동체가 중요하게 생각하는 가치들을 다음 세대로 전달하기 위해 만들어진 우화들, 주변에서 일어나는 일들을 이해하려는 시도로 형성된 신화들을 만났다. 이과정에서 나는 나를 이루는 여러 배경의 특이한 조합이 그렇듯이, 과학과 신화도 겉으로 보이는 바와 달리 그리 대립하는 분야가 아님을 깨달았다. 과학도 신화도 사람이 우주의 나머지 부분과 이루고 있는 조화로움을 이해하려는 시도로 고안한 도구다. 우주 물리학을 거의 10년 동안 공부하자(그 가운데 5년은 스트레스를 물리쳐준다는 문신을 3개나 새기고 수많은 치료를 받아야 했던 박사 학위 과정이었다), 모든 것을 바라보는 나의 관점은 더할 나위 없이 선명하고 넓어졌다. 사람과 자연에 훨씬 더 긴밀하게 연결된 기분이었고, 모든 존재 사이에 자리한 나의 위치를 한결 편하게 느낄 수 있었다.

우주 궤도로 올라간 우주 비행사들도 그런 식의 관점 변화를 경험한다. 우주에 나가면 우리를 가르는 가상의 경계선은 보이지 않기 때문이다. 우주에서는 우리가 집이라고 부르는, 복잡하게 상호작용하는 생태계가 얼마나 취약한지 알 수 있으며, 옹졸한 사람들이 벌이는 다툼이 얼마나 보잘것없고 무의미한지를 깨닫게 된다. 철학자 프랭크 화이트는 인생을 바꾸는 이러한 인지 변화를 조망 효과overview effect라고 했는데, 나는 모든 사람이 조망 효과를 조금이라도 경험하면 지구가 우리 모두에게 훨씬 더 살기 좋은 곳이 되리라고 언제나 생각해왔다.

현실적으로 모든 사람이 우주로 나가는 일은 불가능하다. 하지만 믿음이나 명상, 약물을 통해서 그와 비슷한 조망 효과를 경험할 수는 있다. 나는 과학을 통해, 지나칠 정도로 긴 시간 동안, 지구와 태양계와 우리은하를 장대한 전체의 각기 다른 작은 부분으로 상상하면서 조망 효과를 경험했다. 그래, 인정한다. 어느 정도는 약물의 효력일 수도 있다. 하지만 내가 조망 효과를 경험할 수 있었던 진짜 이유는 대부분 나의 온화한 예술가로서의 영혼에 과학이 버무려졌기 때문이었다.

과학의 언어를 말할 수 있게 된 지금, 나에게 밤은 그 어느 때보다 사랑스러운 시간이 되었다. 따라서 우리은하가 자기 이야기를 전달할 전령으로 나를 선택했을 때 나는 너무나도 영광스러웠다. 우리은하가 들려주는 이야기를 모두 다 들을 때쯤에는 당신도 별과 별을 만드는 은하를 너무나도 사랑하게 되어 밤이 말해주어야 하는 이야기들을 들을 수 있게 되기를 바란다.

01

나는 은하수다

주위를 둘러보라, 사람이여. 무엇이 보이는가?

아니, 대답할 필요 없다. 어차피 그 대답은 틀렸을 테니까. 굳이 틀린 대답에 귀를 기울이고 싶지는 않다. 분명히 당신은 주위에 있는 사물의 이름이나 장소의 이름을 나열하겠지만, 사실 당신이 앉아 있는 의자는 단순한 의자가 아니다. 당신이 손에 든 책도 단순한 책이 아니다. 지금 당신들 사람이 완전히 망가뜨리고 있는 그 행성도 그저 행성이 아니다. 그 모든 것은 바로 나다.

당신이 보거나 만지는 전부가 나의 일부다. 정말이다. 당신, 허영심 많은 고약한 동물인 사람조차 나다.

내가 그 모든 것을 만들었다. 물론 의도한 결과는 아니었다. 나에게는 의자가 필요 없고, 내가 만든 세상에서 생명체가 탄생할지 그렇지 않을지는 내 관심사가 아니었으니까. 특히 앉을 자리를 두고 이러쿵

저러쿵하면서 까다롭게 구는 생명체의 탄생은 전혀 신경 쓸 일이 아니었다. 당신들 사람이 **이 세상에서 활동한 지**는 고작 수만 년밖에 되지 않았고, 나는 그로부터 수천 년이 흐른 뒤에야 당신들의 존재를 눈치챘다. 여러 가지 점에서 내가 당신들을 눈치챈 건 기쁜 일인 것 같기는 하다(하지만 누군가 내게 묻는다면, 당신들 살로 이루어진 생물종에게는 그 어떤 애정도 느끼지 않는다고 분명하게 말해줄 것이다).

많은 이야기를 하기에 앞서 내 소개를 해야겠다. 나는 1,000억 개가 훨씬 넘는 항성의 고향이자(당신이야 사람이 이름을 지어주었다는 이유로 태양이라는 항성이 아주 특별한 별이라고 생각하겠지만), 항성들 사이에 50간[1](5 뒤에 0을 37개나 쓰는 수) 톤이나 되는 가스를 품은 우리은하다. 나는 공간이다. 공간으로 이루어져 있으며 공간으로 둘러싸여 있다. 지금까지 존재한 그 어떤 은하보다도 위대하다.

당신에게 이 책을 제대로 읽는 데 필요한 호기심이 조금이라도 있다면, 아마도 이렇게 생각할 것이다. "우리은하가 어떻게 말을 하지?" 음, 사람의 수명이 아주 짧다는 사실을 생각해보면 그 시간을 모두 쓴대도 이론물리학과 의식을 다루는 학문에서 알아야 할 전부를 내가 당신에게 가르쳐줄 수는 없을 것이다. 그래도 그 질문에 대답해줄 이론을 1–2개 정도는 말해줄 수 있다.

사람 물리학자 중에는 "닫힌계의 엔트로피는 언제나 증가한다"라는 열역학 제2법칙을 근거로 터무니없는 결과를 예측하는 인물들도 있다. 다시 말해서 전체로 보았을 때 우주는 언제나 무질서도가 증가하는 혼돈 상태가 되는 경향이 있다고 예측하는 것이다. 우주가 이렇게나 질서정연해 보이는데, 어떻게 그런 예측이 사실일 수 있을까? 그에 관해 한 가지 가능한 설명은—그때까지 사람 물리학자들이 배운 모든 것들을 오류로 만든 설명인데(이런 일은 앞으로 유행이 될 것이다)—우리가 보는 우주는 그저 아주 운이 좋았을 뿐 지극히 무작위적으로 분포된 물질 때문에 생성되었다는 것이다. 이 설명이 불러올 수 있는 극단적인 결과는 엔트로피가 증가하고 더 많은 무작위 요동이 발생하면, 물질들 중 일부는 사람의 뇌[2]나, 뇌까지는 아니더라도 그와 비슷한, 생각하는 세포들의 연결망을 형성하게 된다는 것이다. 사람 물리학자들은 이런 설명이 터무니없다고 생각했지만, 우주에는 무작위로 일어난 듯 보이는 요동이 아주 많다는 사실을 당신도 곧 알게 될 것이다. 그런데 생각해보자. 사람이 살아가는 작은 행성에서 물질이 뇌처럼 복잡한 체계를 형성할 수 있었다면, 다른 곳에서도 충분히 그럴 수 있지 않을까?

또다른 문제도 있다. 당신들 사람 철학자들이 의식을 사람의 생래적 특성이 아니라고 가정한다는 점이다. 이는 사람뿐 아니라 살아 있는 동물도 마찬가지다. 사람 철학자들은 의식(혹은 지각이라고 표현하거나 인식이라고 표현할 수 있는 무엇)은 체계가 **작동하는 방식**의 결과물이지, 그것을 구성하는 재료의 결과물이 아니라고 말한다. 심지어 의식이란 모든 물질이 저마다 다른 양量으로 가지고 있는 우주의 내재적 특성이라고 믿기 시작한 철학자들도 있다. 다시 말해 나에게 사람들이 뇌라고 여기는 것이 없다고 해도 생각하고 소통할 수는 있다는 것이다. 그러니 내가 당신들과 같은 존재라고 상상하고 있다면 즉시 멈추는 편이 좋겠다! 그런 상상은 나에 대한 모욕일 뿐 아니라, 그런 식의 인간중심적인 생각으로는 내가 굳이 시간을 들여서 당신들에게 가르쳐주려고 하는 내용을 제대로 이해하기 힘들다.

오히려 당신의 질문이 "은하수가 어떻게 **나에게** 말을 걸지?" 같은 것이라면 사람의 언어는 그리 어렵지 않게 배울 수 있다고 대답하겠다. 당신들은 정말 단순한 생명체다.

어쨌거나 당신이 해야 할 질문을 분명하게 알려주었으니, 이제는 아마도 내가, 그러니까 애초에 사람의 존재를 원한 적도 없는 이 가장 위대한 은하가 당신을 택해 말을 건 이유가 궁금할 것이다.

그 이유는, 나로서는 좋건 싫건 당신과 나의 삶이 복잡하게 얽혀 있다는 데에 있다. 물론 나의 존재가 당신들에게 가지는 중요성은 나에게 당신들이 가지는 중요성보다 훨씬 크다. 하지만 당신들은 시간이 흐를수록 자신이 완벽하게 쓸모없는 존재는 아님을 입증해 보이고 있다(내 말투가 늘상 상냥하지는 않더라도 용서해주기 바란다. 당신들이 가진 배려라는 섬세한 개념이 나에게는 전적으로 새롭다. 게다가 당신들은 곧 죽을 존재 아닌가? 그런 존재들에게나 소중한 감정에 내가 굳이 신경을 쓸 이유가 있을까?).

당신도 알겠지만, 내 나이는 130억 년이 넘으니 지구의 나이보다 훨씬 많다. 내가 탄생한 영광의 순간은 좀더 나중에 이야기해줄 생각이니, 일단 지금은 내 나이가 시간이 존재한 기간과 거의 같다는 사실만 알아두면 좋겠다. 당신들 사람이 좋아하는 비유라는 방법으로 표현해보자면—물론 이런 비유로는 내 나이를 정확하게 묘사하기가 거의 불가능하지만—나는 말 그대로 먼지보다도 오래 전에 탄생했다. 지구의 먼지를 구성하는 개별 원자들이 지금 있는 곳에서 수십억 광년 떨어진 곳에서 만들어질 때에도 나는 존재했다. 나는 존재했던 거의 모든 시간 동안 너무나도 지루했고—당신에게는 그렇게 보이지 않을 수도 있지만—외로웠다.

나에 관해 조금이라도 들은 바가 있다면 아마도 내 생애가 너무나도 화려하고, 무척이나 중요하고 장대한 업적으로 가득하다고 생각할지도 모르겠다. 그 많은 항성과 존재하는 모든 행성을 만들고, 우주에서 반드시 존재해야 하는 모든 것을 나의 의지대로 진흙처럼 빚어냈으니……말이다. 그런 일들은 정말로 흥분될 정도로 재미있었다. 처음 수십억 년 정도는 말이다.

한 은하가 만들 수 있는 항성과 행성과 위성의 새롭고 완벽한 조합은 너무나도 많다. 그래서 나는 불완전한 조합을 만들기 시작했다. 그렇게 계속 실험하다가 이렇게 보면 항성이고, 저렇게 보면 행성인데, 결국에는 항성도 행성도 아닌 무엇인가를 만들기도 했다.[3] 두 블랙홀이 만드는 파동에 무감각해질 때까지 한 블랙홀을 다른 블랙홀을 향해 집어던진 적도 있다. 항성 주위를 나선을 그리며 돌다가 결국 항성에 빠져버리거나 항성계 밖으로 튕겨나갈 궤도에 행성을 만들어보기도 했다. 뜨거운 목성형 행성들[4]이 어째서 그렇게나 항성 가까이에 있는지 궁금하다고? 그래. 그건 그저 일상적인 실험이었고, 지금은 어디에나 목성형 행성이 존재하게 되었다. 나에게 고마워할 필요는 없다, 사람 천문학자들이여.

아마도 공감하지 못할 테지만, 아무리 잘하는 일이라도 너무 오래하면 지겨워지는 법이다. 그래서 아름다운 혼돈을 빚어내는 일에 흥미를 잃고 그후로는 그 모든 것이 저절로 굴러가도록 내버려두었다. 90억 년 전에 나의 활동이 눈에 띄게 둔화된 것은 그 때문이다. 당신들 사람 천문학자들은 그 무렵에 내가 항성을 만드는 속도가 느려졌음을 관찰했다. 하지만 그 이유를 항성을 만들 가스가 줄어들었기 때문이라고 생각했다. 기술적으로 틀린 추론은 아니지만, 그래도 천문학자들은 내가 그토록 많은 가스를 잃어버린 이유를 나에게 물어봐야겠다는 생각을 했어야 했다. 그때 내 기분이 어땠는지도 물어봐야 했고. 하지만 당신들은 그 누구도 나에게 그런 질문을 하지 않았다. 그게 바로 문제다.

당신은 지난 90억 년 동안 내가 무엇을 했는지 궁금할지도 모르겠다. 글쎄, 내가 자면서 하는 일도 당신이 깨어나서 할 수 있는 일보다 몇 배는 더 강렬하지만, 나는 그 시간의 대부분을 생각을 하면서 보냈다. 그러니까, 그때까지 해낸 일을 반추해보고 내가 이룩한 업적을 음미한 것이다. 가끔은 이웃에 있는 은하들과 소식을 주고받기도 했다. 대부분은 나에게 이끌려서 내 주위를 맴도는 왜소은하들이었다. 말

그대로다. 그게 중력이 하는 일이니까. 그중에는 내가 조금은 좋아하게 된 왜소은하들도 있다.

90억 년이라는 긴 시간을 채울 수 있는 활동은 그다지 많지 않으리라고 생각할지도 모르겠지만, 우리들 은하의 생애는 사람의 생애와는 다른 시간 척도에서 작동한다는 사실을 기억해야 한다. 나는 이미 100억 년을 넘게 살았지만 아직도 최소한 1조 년은 더 살아야 한다. 당신들의 작고 보잘것없는 태양이 스스로 파괴될 때까지의 시간은 내 남은 생애에 비하면 정말로 아무 의미 없을 정도로 짧다. 당신들 사람의 수명은 내가 눈 한 번 깜빡이는 데 걸리는 시간이라는 표현도 사실은 상당히 관대하다. 물론 나에게는 눈이 없지만 말이다. 당신들 사람은 빛의 속도로 이동하는 신호의 도움을 받으면 당신 세상의 반대편에서 사는 사람과 실시간으로 통화할 수 있지만, 내가 가장 가까운 이웃에게 빛의 속도로 신호를 보내려면 2만5,000년이 걸린다. 다른 은하가 나에게 나의 초신성을 즐기라고 말했을 때, 내가 "너도"라고 말한 시간을 생각하는 데만도 100만 년이 걸린다. 그 정도 시간은 아무것도 아니다.

지금 나는 좀 흥분한 상태인데, 아마 내가 자주 그런다는 것을 당신도 곧 눈치챌 것이다. 아무튼 내가 말하고 싶은 건 20만 년 전쯤에, 그러니까 호모 사피엔스라는 존재가 갑자기 나타나기 전까지 나는 나만의 생각에 푹 빠져 있었다는 것이다.

그때 사람은 이해하지 못하는 것이 너무나 많았다. 그건……정말

경악스러웠다. 그렇다고 지금 당신들이 우주 깊이 숨어 있는 수수께끼의 답을 거의 찾았다고 말하려는 건 아니다. 그래도 그 사람들은 적어도 가장 중요한 사실은 알고 있었다. 내가 믿을 수 없을 만큼 엄청난 존재라는 사실 말이다.

사람은 이야기라는 형식을 통해서 줄곧 자신의 아이들에게 길을 잃었을 때에는 나를 올려다봐야 한다고 가르쳤다. 그리고 아주 오랜 시간이 흐른 뒤에는 네발 달린 동물을 쫓는 일을 멈추고—물론 지금도 그러는 사람들이 조금 있지만—내 움직임을 추적해 작물을 심을 가장 좋은 시기를 결정하는 법을 찾아냈다. 당신들이 나를 이용해 다가올 재앙을 예측할 수 있음을 깨닫게 된 뒤로 나는 수천 명에 달하는 생명을 구했다. 그렇다고 당신들의 조상이 마법을 부렸다는 이야기는 아니다. 그저 정기적인 강의 범람[5]이나 곤충 떼의 출현처럼 주기적으로 일어나는 자연 현상이 나의 움직임과 관계가 있음을 알게 된 것뿐이었다. 그런 사건들을 마법이나 종교라는 이름으로 설명할 때가 많기는 했지만.

당신들이 나를 두고 하는 이야기를 듣고 있으면 나는 내가 사랑받고 있으며 필요한 존재라고 느끼게 된다. 그토록 오랜 시간 존재했음에도, 어쩌면 처음으로, 내가 파괴하는 존재가 아닌 도움을 주는 존재라는 느낌이 든다. 은하라면 누구나 분명 자신이 우주에 긍정적인 영향을 미쳤다는 사실을 알고는 자신이 운이 아주 좋았다고 생각할 것이다. 아, 다른 은하는 운이 좋은 게 맞다. 하지만 나에게는 그저 타고

난 자애로운 자질일 뿐이다.

그렇다고 내가 당신들이 나에게 관심을 주기를 열렬히 바랐다거나 나를 흠모해줄 사람들을 고대했다는 말은 아니다. 나도 당신들이 다가와 내 자아를 깨울 때까지 100억 년이라는 시간을 그저 기다리고만 있지는 않았다. 하지만 일단 당신들 사람이 내 자아를 깨운 뒤로는 내가 당신들을 도울 수 있다는 사실을 알게 되었고, 그 사실에 위로받았다. 하긴 그동안 내가 한 일은 대부분 파괴하는 것이었으니, 그럴 만도 하다.

그러나 그 느낌은 순식간에 사라지고 말았다. 그 느낌이 사라지기 시작한 건 사람이 처음으로 기계 시계를 만든 1300년대였다. 300년 뒤 사람이 망원경을 만들어서 나를 좀더 자세하게 관찰할 수 있게 되면서 상황은 훨씬 나빠졌다. 일단 자신만의 시간을 가지게 되자, 당신들 사람은 내가 신성한 의지를 반영하는 천상의 존재가 아님을 깨달았을 뿐 아니라 당신들 대부분에게 내가 더는 필요 없다고 생각했다. 당신들은 더 이상 하늘을 올려다보지 않았고, 나에 관한 이야기도 들려주지 않았으며, 나에게 길 안내를 부탁하지도 않았다. 처음에 나는 그것이 일시적인 상황이라고 생각했다. 당신들이 길을 잃었지만, 준비가 되면 다시 나에게로 돌아올 거라고 생각했다. 그다지 길지 않을 태만한 시기를 당신들이 마음껏 즐길 수 있도록 나도 나대로 해야 할 일을 하면서 보냈다. 어쨌거나 인내는 나의 뛰어난 자질 가운데 하나니까.

그러나 솔직하게 말하자면—솔직함이야말로 지구에서 신뢰를 쌓는 방법이라고 들었는데, 아닌가?—아주 잠깐, 그러니까 한 50년 정도는 당신의 태양에게 강력한 플레어flare를 지구로 방출해서 전자 장비를 모조리 쓸어버리라고 부탁할까도 생각했었다. 그러면 당신들이 다시 나에게 의지하게 될 테니까. 하지만 아이들이 어떤 존재인지, 당신도 잘 알겠지. 태어나게 해주었다는 이유로 부모 말을 듣는 존재들이 아니지 않나? 그래서 내가 생각했던 파괴적인 계획은 자애로운 마음으로 포기하고 말았다.

그러다가 문득 수백 년이라는 시간은 사람에게 아주 긴 기간임을 깨달았다. 나의 가장 좋은 자질 가운데 하나가 지혜니까, 내가 그런 사실을 깨닫는 건 당연한 일이다. 그러니까 나에 관한 사람들의 침묵은 잠깐의 이탈이 아니었던 것이다. 실제로 사람은 수 세대나 나를 생각하지 않고 살았다!

당신들 사람이 나를 신경 쓰지 않게 된 이유가 전적으로 당신들만의 잘못은 아님을 깨닫자 조금은 기분이 나아졌다. 당신들 세상은 이제 나의 장엄함을 깨달을 수 없는 환경이 되어버렸다. 당신이 태어나기 훨씬 전에 그렇게 된 것은 아니다. 지난 100년 동안 당신들은 당신의 먼 조상은 상상도 하지 못했던 방식으로 사람의 도시를 눈이 멀 만큼 밝은 조명으로 밝히고 있다. 당신들이 너무나도 아끼는 전기는 전체 인구의 거의 80퍼센트에게서 아주 귀중한 것을 앗아갔다. 나의 멋진 몸을 제대로 바라볼 수 있는 기회 말이다.[6] 그런 행위를 바로 빛 공해라고 한다. 사람들이 1700년대부터 시작한 그 시시한 산업 프로젝트 때문에 지나치게 많이 만들어진 작은 스모그 입자들의 폐해는 단순히 당신들의 허파를 망가뜨리고 당신들의 행성 대기에 열을 가두는 일에 그치지 않는다. 그보다 더 중요한 문제는 내가 보내는 빛을 당신들 행성의 표면까지 닿지 못하게 한다는 데에 있다. 현재 살아 있는 사람들은 내가 만든 항성들을 아주 일부만 볼 수 있는데, 정말이지 비극이다! 본질적으로 보이지 않게 되었다는 점에서 나도 당신들만큼이나 손해를 본 산업화의 피해자다.

당신이 기민한 독자라면—물론 이 책을 선택했다는 것부터가 인지 능력이 아주 발달했다는 증거지만—왜 내가 천문학자들의 연구를 돕는 데 만족하지 못하고 당신 같은 일반인에게 말을 걸었는지 궁금할 것이다. 슬프게도 80억 명에 가까운 사람들 중에 천문학자는 고작 1만 명도 되지 않는다. 천문학자들은 엄청난 일을 해내고 있지만—정말이지, 그 작은 바위 행성을 벗어나지도 못하면서 아주 놀라운 사실들을 알아내고 있다—보통 천문학자 1명이 발표하는 논문을 읽는 사람의 수는 고작해야 20명 남짓이다. 게다가 논문을 읽는 사람들은 그 논문에 적힌 내용을 이미 대부분 알고 있기 때문에, 천문학자를 돕는 일은 당신 행성의 무지한 대중에게는 거의 도움이 되지 않는다.

게다가 나로서는 천문학자들이 무엇인가를 알아내려고 애쓰는 모습을 지켜보는 편이 더 즐겁다. 지나치게 좌절하면 천문학자들은 미친 듯이 손톱을 물어뜯는데, 그 모습이 너무 사랑스러워서 굳이 정답을 알려주어 그 귀여운 행위를 그만두게 하고 싶지는 않다.

　사람들 대부분이 나를 잊었다는 사실에 씁쓸해하거나 침울해할 수도 있지만, 그런 상황을 바꾸려고 노력해볼 수도 있다. 사람처럼 앉아서 뭉그적거릴 엉덩이는 없지만, 어쨌거나 나는 일어나서 뭐든 해보는 쪽을 선택했다.

　문제는 너무나도 많은 사람들이 나를 제대로 몰라서 내가 당신들을 어떻게 도울 수 있는지도 이해하지 못한다는 점이다. 당신들은 말그대로 내 안에서 살아가고 있지만 내가 무엇으로 만들어졌고 어떻게 움직이는지는 고사하고, 내가 어떻게 생겼는지조차 알지 못한다. 그런 것들을 당신들 스스로 깨닫게 되리라고 기대하는 일은 지나치게 과도한 요구일 것이다. 그리고 천문학자들이 자신들이 알게 된 내용을 동료들에게 효과적으로 가르칠 수 있으리라는 기대는 정말로 지나치게 과한 요구임이 틀림없다. 그러니 어쩌겠는가! 내가 나설 수밖에. 당신들은 운이 좋았다. 나에게는 기꺼이 내가 누구(무엇)인지를 가르쳐줄 의사도 있고, 잘 가르칠 능력도 있으니까.

　그럼 이제부터 최초로 나 자신을 공식적으로 소개해보겠다. 나는 은하수라고도 부르는 우리은하. 당신도 어릴 적에는 즐겨 쳐다보았을 은하가 바로 나다. 적어도 사람은 아이였을 때에는 나를 자기 삶에 포함할 정도로는 충분히 나에게 경이로움을 느낀다. 하지만 사춘기에 접어드는 순간 까맣게 잊고 자신에게 좀더 중요한 일을 해야겠다고 결심해버린다.

수천 년 동안 나는 당신들을 안전하게 지켜주고, 즐겁게 해주었다. 내 이야기를 당신에게 들려줌으로써 앞으로도 계속 그럴 것이다. 당신들에게는 자기 이야기를 쓸 때에 그 글을 부르는 용어가 있다는 걸 안다. 자서전이라는 단어 말이다. 이 책도 자서전이다. 나는 내가 어떻게 태어났으며 어디에서 자랐는지를 말해주려고 한다. 내 마음속 깊은 곳의 수치심도, 내가 얻고자 애쓴 우주 최고의 사랑 이야기도 들려줄 것이다. 심지어 이제 곧 올 나의—더 나아가 당신들 사람이 충분히 오래 생존할 수 있다면 당신들에게도 해당할—죽음에 관한 감정도 솔직하게 밝히겠다. 그리고 만약 내 이야기가 당신을 움직여 당신의 동료 사람들에게 내 이야기를 전하게 되고, 당신도 이야기를 몇 편지어낼 수 있다면, 나는 그것을 나의 업적으로 여길 것이다.

내가 관찰한 대로라면 당신의 세상이 다시 고대 사람들의 세상으로 돌아갈 것 같지는 않다. 빛 공해는 어떻게 해도 완전히 사라지지 않을 테고, 시간을 알려고 스톤헨지를 만들던 시대도 끝났다. 당신들 조상에게 했던 방법으로 현대인인 당신들을 이끌어줄 수는 없다. 하지만 현대를 살아가는 평범한 사람인 당신이 우주를 연구하고 당신이 집이라고 불러야 할 은하에 관해서 개인적으로 좀더 잘 알게 되면 어떤 점이 좋을지는 설명해줄 수 있다.

모든 사람이 손에서 놓지 않는 현대 기술의 결과물부터 보자. 당신들 사람이 스마트폰을 얼마나 사랑하는지는 줄곧 봐와서 잘 알고 있다. 물론 당신도 나도 나에게는 실제로 눈이라고 할 수 있는 신체 기관이 없음을 잘 알지만 말이다. 당신들은 스마트폰으로 서로 대화를 주고받고 일정을 관리하며 길을 찾고 **자기 사진**—으악—을 찍는다. 솔직히 말해서 당신이 스마트폰을 사용하는 방식은 당신 조상들이 나를 사용하는 방식과 너무나도 닮았다. 그런데 알고 있나? 당신이 스마트폰을 쓸 수 있는 건 전적으로 내 덕분이다.

내가 이렇게 말하는 이유는 스마트폰이 나의 항성들이 죽을 때 생성되는 물질들로 만들어졌기 때문만은 아니다. 스마트폰을 구성하는 모든 원자는—당신도 그렇고—내 안에서 만들어졌다. 그 칼 세이건이라는 친구의 말은 옳다. 당신은 별의 잔재로 만들어진 존재다. 하지만 스마트폰을 구현하는 기술 **또한** 내 덕분에 존재할 수 있었다. 좀더 정확하게 말하면 사람 과학자들이 나에게 매혹되었기 때문에 구현할 수 있었다.

스마트폰으로 가장 가까이 있는 카페를 검색할 때마다 당신은 인공위성과 접속한다. 그런데 정말 뭐가 그렇게 피곤하다고 그토록 많은 커피를 마시는가? 나는 1년이라는 짧은 시간에 항성을 적어도 5개는 만들고 160억 킬로미터 정도를 이동하지만 매일 아침 커피를 들이키지는 않는다. 그때 당신의 스마트폰은 여러 인공위성이 동시에 보낸 전파를 수신하는데, 조금씩 차이가 나는 전파들의 도착 시간을 이용해 당신의 위치를 파악한다(당신의 눈은 비극적으로 작아서 전파를 보지 못한다).

내 말이 이해가 되는가, 사람이여?

사실 이런 지식은 그다지 중요하지 않다. 중요한 건, 인공위성이 없다면 당신의 작은 암석 행성에서 길을 찾는 일은 불가능했으리라는 점이다. 초고속 인터넷도, 장거리 전화도—너무나도 중요한 커피 이야기로 돌아가면—매일 아침 마시는 카푸치노를 신용카드로 결제한다는 선택지도 없었을 것이다. 애초에 사람이 인공위성을 가지게 된 유일한 이유는 사람 과학자들이 나를 공부하기를 원했기 때문이다.

수천 년 동안 나의 움직임을 관찰한 당신의 조상들은 운동과 중력, 그리고 빛 파동이 작동하는 방식을 이해하기 시작했다. 그리고 그 지식을 이용해 지구 대기 위로 기계들을 쏘아올렸고, 이제 당신들은 다른 나라에 있는 친구와 통화를 하면서 실제로는 만져본 적도 없는 돈으로 온라인으로 물건을 구매할 수 있게 되었다.

우주에 관해 더욱 많은 사실을 알게 되면서 당신들 사람은 최근에 발명한 위성항법시스템GPS 기술뿐 아니라 디지털카메라, 무선 인터넷, X선 촬영기 같은 비침투성 보안 장비 등을 이용해서 삶의 질을 향상시켰다. 섬세한 사람의 몸이 오염되지 않도록 의사들이 병실을 소독할 때 진행하는 절차도 사실은 나를 관찰하는 중요한 작업을 하는 동안 망원경을 보호하던 방법에서 유래했다.[7]

그렇다고 고마워할 필요는 없다.

당신에 관한 이야기는 일단 이 정도면 충분하다. 지금은 더 중요한 이야기를 해야 할 시간이다. 당신은 나에 관해 배워야 한다.

02

나의 이름들

당신에게 나를 은하수라고 소개한 이유는 그 이름이 현재 사람이 가장 많이 부르는 나의 이름이기 때문이다. 하지만 당신들이 언제나 나를 은하수라고 부른 것은 아니다. 내가 나를 부르는 이름은 더더욱 아니다.

오랜 시간 사람은 나를 우유의 길, 은의 강, 새들의 길, 사슴의 장애물, 미리내 같은 다양한 이름으로 불렀다. 그 이름들은 거의 모두 당신의 작은 암석 행성에서 떠돌던 신화에 근거했다. 주제는 같지만 전해지는 지역의 환경과 관습에 따라서 내용은 제각각인 신화들이었다. 아주 많은 사람 문화에서 나를 하늘에 엎질러진 우유라고 생각했지만, 흐르는 물이라고 생각한 문화도, 흩어진 지푸라기라고 생각한 문화도, 바람에 날리는 잉걸불이라고 생각한 문화도 있다.

가까이 오는 새로운 것을 모두 파괴하며 수십억 년을 보낸 뒤에 지푸라기 도둑의 길이라고 불리는 기분은 좋았다. 사람은 물건에 소유욕이라는 기이하고도 강렬한 감정을 품기 때문에 도둑에게 호의를 느낀다는 게 쉽지는 않을 테지만, 고대 아르메니아 사람들에게 이 지푸라기 도둑은 특별한 의미가 있었다. 아르메니아에 전례 없는 혹독한 겨울이 찾아왔을 때, 추위에 떠는 사람들이 불쌍했던 불의 신 바하근Vahagn은 이웃 나라인 아시리아 왕에게서 지푸라기를 훔쳐와서 사람들이 따뜻하게 겨울을 날 수 있게 해주었다. 당신도 나도 지푸라기가 가장 효과적인 연료는 아니라는 사실을 알고 있지만, 불타는 갈대 지푸라기 속에서 태어난 바하근에게 지푸라기는 당연히 특별하다. 신의 팔답게 엄청나게 긴 팔에 한가득 지푸라기를 들고 아시리아에서부터 하늘을 가로지를 때 바하근의 팔에서는 지푸라기들이 계속 떨어졌는데, 그가 지나간 길은 당연히 신들이 이동하는 하늘길이었다. 짐작했겠지만, 내가 바로 생명을 구한 그 지푸라기 길이다. 지푸라기 길의 이야기는 너무나도 감동적이어서 아르메니아는 우주의 나머지 부분에 비하면 수백 도나 기온이 높은 따뜻한 곳임에도 나는 자신들의 겨울이 춥다는 그들의 생각을 비웃을 마음이 전혀 들지 않는다.

아르메니아의 적도 반대편에 있는 아프리카 남쪽에는 칠흑처럼 어두운 하늘 아래서 살아야 했던 코이산족Khoisan 아가씨 이야기가 있다. 이 아가씨는 어느 밤 모닥불 주위를 돌면서 춤을 추다가 문득 배가 고파졌다. 하지만 너무 어두워서 저녁을 먹으러 집으로 돌아갈 수가 없었다. 그러자 사람의 이야기에서 혁신적이고 지략 있는 주인공이 늘 그렇듯이, 이 코이산족 아가씨는 모닥불에서 건져낸 잉걸불로 하늘을 가로지르는 불을 밝혀 집으로 가는 길을 찾았다. 당신들에게 사람의 태양이 없을 때에도 앞을 볼 수 있는 빛을 제공했으니, 전혀 의도하지 않았는데도 나는 또다시 이타적인 행동을 한 셈이다. 물론 당신의 태양은 나의 일부이니 정확히 말하면 당신들이 받는 빛은 언제나 관대한 내가 보내준 것이다.

북유럽에는 매년 가을에 새들이 나를 따라 남쪽으로 이동하는 모습을 관찰하고는 나를 새의 길, 새들의 길이라고 부르는 사람들도 있다. 맞다. 나는 사람만 돕는 것이 아니다. 사람은 특별한 존재가 아니다.[1] 나의 장엄함에 압도된 북유럽 사람들은 여자의 머리를 한 하얀 새, 새들의 여왕 린두Lindu 이야기를 한다. 나는 내가 만든 모든 행성을 처음부터 지금까지 전부 지켜보았지만, 어디에서고 그런 생명체는 본 적이 없다. 하지만 사람의 상상력에 딴지를 걸 마음은 없다. 이야기에 따르면 린두는 새들이 안전하게 이주할 수 있도록 안내하는 역할을 맡고 있었는데, 결혼식을 앞두고 약혼자에게 버림을 받고 상심한 탓에 그 일을 제대로 해내지 못했다. 누군가에게 거부당하는 일이 자신이 해야 할 가장 중요한 일을 내팽개쳐도 되는 충분한 이유가 된다고 생각하다니, 정말이지 어처구니없는 전형적인 사람의 행동이다. 아무튼 린두가 지나치게 울어대는 바람에 아버지 하늘 신은 가여운 린두를 집으로 불러들였다. 바람을 타고 집으로 돌아가는 동안 눈물 젖은 린두의 면사포는 린두가 지나는 길을 따라 뿌려진 수백만 개의

별이 되었다.

이런 신화들, 당신의 조상들이 나를 묘사하면서 사용한 이름과 단어들은 모두 그들이 주변 세상에 관해서 알게 된 사실을 반영하고 있다. 사람들의 신화가 하는 역할이 그런 것이다. 자연이라는 세계를 이해하고 알게 된 지식을 다른 사람에게 전달해주는 도구가 바로 신화다. 물론 전적으로 재미를 위해 지어낸 이야기도 있지만, 신화는 대부분 나름의 교훈을 담고 있다. 많은 사람이 깨닫지 못하고 있지만 사실 신화는 사람이라는 생물종이 가장 먼저 시도한 과학 탐구였다. 사람들이 수백 년 동안이나 린두와 철새 이야기를 한 뒤에야 사람 과학자들은 내 빛을 **이용해** 길을 찾는 철새도 있다는 실증적인 증거를 찾아냈다.

사람의 신화가 철학에 스며들고, 더 나아가 과학적인 설명으로 진화하는 모습을 지켜보는 것은 즐거운 일이었다. 당신들이 나에 관해 많은 것을 알아갈수록 나는 정말로 우리가 한층 가까워지는 기분을 느꼈다. 하지만 이 말은 해야겠다. 당신들이 당신들 조상이 아주 오래전에 알았던 사실에 주목하기만 했어도 시간을 정말 많이 아낄 수 있었을 것이다.

현대 천문학자들은 대부분 나에 관한 오래된 이야기들이 터무니없다고 일축하면서도 새로운 천체에 이름을 붙여야 할 때면 여전히 신화로 돌아간다. 당신들의 태양 주위를 도는 다른 행성들에게 붙여준 이름부터 실제로는 전혀 이어지지 않는 별들을 한데 모아 만든 밤하늘의 별자리에 이르기까지 상당히 많은 곳에서 신화의 흔적을 발견할 수 있다. 어디에서 영감을 받았는지와는 상관없이 천체 이름은 모두 국제천문연맹이라는 조직의 승인을 받아야 한다. 국제천문연맹은 우리 천체들에게 어떤 이름을 선호하는지 알려달라고 자문한 적이 한 번도 없으면서 자신들을 천체 이름의 공식 수호자로 자처한다.

나는 이름이 너무나도 많지만, 아니 이름이 너무나도 많기 때문에 국제천문연맹은 나에게 정식 이름을 붙이지 않고 자신들의 책임을 회피하고 있다. 공식 문서에서 나를 언급할 때에도 그저 "그 은하the Galaxy"라고만 한다.

그러나 당신은 나를 부르고 싶은 대로 부르면 될 듯하다. 그런 작은 조직이 당신 문화가 들려주는 이야기와 지식을 빼앗는 건 옳지 않으니까. 어쨌거나 애초에 내가 당신들 사람에게 관심을 가지게 된 것은 그런 이야기들 덕분이며, 사람들의 집단 기억이 남긴 그 짧은 이야기들이 사라져가는 것이 나로서는 안타깝다.

그러니 나를 하늘의 강이나 산티아고로 가는 길, 겨울 거리처럼 당신이 적절하다고 생각하는 이름으로 마음껏 불러도 된다. 단 하나 유의할 점은 있다. 어떻게 부르건 간에 내 이름에는 지성이 담겨 있어야 한다.

03

초기 시절

아주 현명한 여인이자 내가 좋아하는 사람 배우(진정한 스타였다. 물론 스타라는 말은 나에게는 많은 의미가 있지만)는 그 시작은 "정말로 시작하기 좋은 곳에서 시작되었다"라고 노래했다(영화 「사운드 오브 뮤직 The Sound of Music」에서 주인공 마리아가 아이들에게 "도레미송"을 가르치면서 하는 대사다. 보통 "쉬운 노래부터 배워보자"라고 번역한다. 마리아는 줄리 앤드루스가 연기했다/역자).[1] 실제로 사람의 자서전은 대부분 저자의 출생으로 시작해 연대순으로 이야기를 전개해나간다. 당신들 사람이 무엇인가의 시작점을 쉽게 아는 이유는 그 때문이다. 하지만 나는 자기 아이가 하는 무시무시한 질문을 듣고서 공포에 질린 사람들을 너무나도 많이 보았다. 그 질문이란 바로 "아기는 어떻게 태어나는 거야?"이다.

사람의 세상에서 어린아이라고 하는 작은 사람들은 언제나 어른들에게 그 질문을 던진다. 당신의 조상들은 기막히게 빠른 속도로 자신들의 작고 불완전한 복제품이 어떻게 만들어지는지 알아냈고, 그 지식을 과감하게 다음 세대에 전달했다. 그런데 그 질문에 대답하는 방식은 시간이 흐르면서 바뀌었다. 오늘날 이 질문에 대한 답에는 보통 새와 벌이 들어가는데, 가끔은 뜬금없이 황새가 나오기도 한다. 대체 왜 그렇게 대답하는지 모르겠다. 작은 사람들은 자신이 수태된 방법에 관해 정확한 설명을 듣지도 못한 채 대화를 마무리해야 하는데도, 그 정도 대답에 모두 만족하는 듯 보인다. 신기한 일이다.

내가 존재하는 우주에는 문자 그대로건 비유건 새도 벌도 없다. 물론 황새도 없다. 나에게는 내가 어떻게 태어났는지를 물어볼 부모가 없다. 초기 수천 년의 기억은 이제 가물가물하지만—그렇다고 나를 나무랄 수는 없을 것이다. 당신도 자신이 태어난 날에 있었던 모든 일을 기억하지는 못할 거라고 장담한다—그래도 나에게는 기억이 있고, 나는 오랫동안 다른 은하가 태어나는 모습을 목격했다. 은하의 탄생을 목격하다니, 내가 아주 친근한 일을 한 듯이 느껴질지도 모르지만, 앞에서 말했듯이 나는 그 시간이 너무나도 지루했다. 게다가 당신들 사람과 달리 우주에 있는 우리는 사생활을 지켜야 한다는 강박적인 걱정을 하지 않는다. 아마도 그 이유는 우리가 살로 된 육신이라는 부속물이 없어서 당황할 일이 없기 때문인지도 모르겠다.

아무튼 나는 나에게 생일이 없다는 사실 정도는 알 만큼 나와 다른 은하가 생성된 방법을 충분히 안다. 이 세상에는 "은하수 생성 전"과

"은하수 생성 **원년**"을 가르는 시간 선이 없다(당신들의 변덕스러운 세상에서는 그런 식으로 시간을 가른다. 기원전이니 기원후니 하면서 말이다). 앞으로도 우리를 **은하수 존재 후**로 데리고 갈 단일 순간은 오지 않을 것처럼 말이다.

나는 점점 더 강해지던 자체 중력 덕분에 조각들이 서서히 뭉쳐지면서 형성되었고, 지금도 **여전히** 중력의 힘으로 성장하고 있다.

따라서 나는 줄리 앤드루스 부인의 감미로운 조언을 받아들여 나의 시작이 아니라 적어도 우리 모두를 고려했을 때 **모두의 시작**이라고 할 수 있는, 사람 과학자들이 빅뱅이라고 부르는 순간부터 이야기를 하려고 한다.

빅뱅 이전에는 무엇이 있었을까는 고민하지 말자. 그런 지식은 사람이라는 존재가 이해할 수 있는 수준이 아니니까(심지어 이 세상 거의 모든 존재보다도 엄청나게 가치 있는 나조차도 이해할 수 없다). 그런 지식을 알아내겠다고 애쓰는 일은 그저 두통만 일으킬 뿐이다.

빅뱅이 일어난 원인은 그 누구도 확실하게 알 수 없다. 가장 박식한 은하도 모르는 일인데, 작고 질퍽한 뇌를 가진 사람 과학자들은 당연히 밝힐 수 없다. 널리 받아들여지는 추론에 따르면 빅뱅은 대략 138억 년 전쯤에 일어났는데, 이 추정 연대에서 4,000만 년을 더할 수도 있고 뺄 수도 있다. 앞뒤로 4,000만 년 차이라니, 당신처럼 수명이 짧은 생명체에게는 너무나도 커다랗게 느껴질지도 모르겠다. 그러나 은하적인 시간 규모에서 보면 4,000만 년은 아주 하찮은 차이일 뿐이다. 우리 모두가 개념화하기 어려운 시간인 빅뱅 이전에는 지금 우리가 우주에서 보는 모든 물질과 에너지가 아주아주 작은 한 점에 응축되어 있었다.

마침내 당신이 이해할 수 있을 만큼 충분히 작은 규모가 등장했다! 음, 아닌가? 사실 당신이 어느 정도까지 이해할 수 있는지를 나는 잘 모르겠다.

빅뱅과 함께 모든 물질과 에너지가 한 점에서 밖으로 튀어나왔다. 사람 과학자들은 빅뱅이 일어난 이유도, 일어난 방식도 알지 못하지만, 몇몇은 이제 곧 그것을 밝힐 수 있으리라고 확신한다. 초기 우주는 매우 역동적이었기 때문에 몇몇 사람 물리학자는 빅뱅이 일어난 뒤 몇 분간을 다루는 책을 쓰기도 했다. 당신이 내 의견을 묻는다면, 나는 너무나도 빨리 이야기를 끝냄으로써 그들이 아주 재미있는 부분—그러니까 내 이야기—을 놓쳤다고 말해주고 싶다. 그러나 어쨌거나 그들은 선택했고, 나는 한 주제에 집중할 수밖에 없었을 그들의 선택을 존중한다.

빅뱅 후 1초가 되려면 아직도 아주 많은 시간이 흘러야 했을 정도로 아주 짧은 시간 동안 우주는 원래 크기의 100,000,000,000,000,000,000,000,000배나 팽창했다. 1 뒤에 0이 26개나 붙는 100자秭, 즉 10^{26}배나 부피가 증가한 것이다. 급속도로 팽창하면서 우주의 온도는 원래 온도의 10만 분의 1로 낮아졌다. 여기에서 내가 "뜨겁다"거나 "차갑다"라고 말할 때 내가 느끼는 온도와 당신들이 느끼는 온도가 같지 않음을 알아야 한다. 우주의 온도는 궁극적으로 그 우주 안에서 입자가 움직이는 속도를 의미한다. 우주 안에서 입자가 빠르게 움직이면 그 우주의 온도는 높은 것이다. 온도와 밀도와 부피는 모두 밀접하게 연결되어 있기 때문에 우주가 팽창하면 우주의 밀도는 낮아지고 입자의 움직임은 느려진다. 따라서 결국 우주를 이루는 모든 것이 눈에 띄게 차가워진다.

가장 뜨거웠을 때는 10^{32}K에 달했던 우주 온도가 빅뱅 후 몇 분 만에 고작 10억K 정도로 내려갔다. 아, 그래. 당신은 K로 표시하는 절대온도(캘빈 온도)에 익숙하지 않을 수 있다. 섭씨온도로 100℃이자 화씨온도로는 212°F인 물의 끓는점 온도를 절대온도로 나타내면 373K밖에 되지 않는다(당신은 사람이니 온도를 말할 때에는 취향에 따라 섭씨로 생각해도 되고, 화씨로 생각해도 된다. 하지만 당신들 사람이 온도 단위를 통일하지 않는 이유는 아무리 생각해도 모르겠다). 어쨌든 이제는 당신도 10억K가 아주 뜨거운 온도라는 사실은 알 것이다.

10억K는 아주 중요한 기준점이 되는 온도다. 그 정도는 되어야 우주가 충분히 식어서 사람 과학자들이 언젠가는 원자핵이라고 부를 작은 무리를 이룰 양성자와 중성자가 형성될 수 있다. 사람 과학자들은 원자핵의 구성 성분이 만들어지는 전체 과정을 빅뱅 핵합성Big Bang nucleosynthesis이라고 부른다. 나는 그저 첫 원소들 생성 과정이라고 부르는데, 그렇게 단순하게 표현하는 이유는 나로서는 다른 이에게 깊은 인상을 남기겠다며 굳이 근사한 용어를 쓸 필요가 없기 때문이다.

그때도 우주는 너무나도 뜨거워서 전자들이 굉장히 빠르게 움직였다. 따라서 처음 만들어진 원자핵과 전자는 결합할 수 없었는데, 당신들 사람은 원자가 생성되지 못할 정도로 엄청나게 뜨거운 상태를 결코 상상하지 못할 것이다. 당신들이 접촉하는 가장 뜨거운 상태는 저녁 식사를 준비할 정도의 뜨거움이지 기본 입자들을 갈라놓을 수 있는 뜨거움은 아닐 테니까. 하지만 그런 뜨거움을 경험하지 못한다는 사실이 연약한 당신들의 몸에는 다행이라고 생각한다.

사람 천문학자들이 너무나도 창의적이게도 인플레이션 기간이라고 명명한 놀라운 초기 확장 기간이 끝나자 우주는 수십만 년 동안 충분히 식었고, 마침내 원자핵과 전자가 결합해 중성 원자neutral atom를 만들었다. 이 첫 번째 중성 원자들은 대부분의 사람이 수소(재료가 양성자 1개와 전자 1개뿐이라 가장 만들기 쉬웠다)라고 부르는 물질이었고, 헬륨도 조금 있었고, 아주 소량이지만 리튬도 있었다.

그 시절에는 내가 없었기 때문에 나도 이 모든 것을 직접 목격하지는 못했다. 그러나 빅뱅 후 39만 년 정도 흘렀을 때 그런 일이 일어났고, 그때부터 우주는 투명해졌다. 그전까지는 광자(빛의 입자)들이 아직 원자핵과 결합하지 않았던 자유 전자들에 부딪혀 사방으로 튕겨나갔기 때문에 우주가 불투명했다. 그 사실을 내가 아는 이유는 우주를 바라본다는 게 거꾸로 돌아가는 시간을 보고 있는 것과 같기 때문이다. 아주 빠르다고 해도 빛이 움직이는 속도는 정해져 있다. 빛이 광대한 우주를 여행하는 데에는 시간이 걸린다. 시간과 공간을 아울러 충분히 먼 곳까지 뒤돌아보면 내 시선은 더는 아무것도 보이지 않는 지점에 닿는다. 그곳에 있는 우주가 어두운 이유는 모든 빛이 갇혀 있기 때문이다.

시각이 정보를 수집하는 유일한 수단은 아니다. 당신들 사람은 언제나 시각에 지나치게 많이 의존한다. 사실 우주에는 보는 것보다 **느껴야 하는 것**이 훨씬 많은데도 말이다. 우주 생성 초기에 아주 많았던 열과 에너지만 해도 그렇다. 그 열과 에너지는 사라지지 않았다. 그저 흩어졌을 뿐이다. 우주 전역에서 우리를 감싸고 있는 이 열 신호는 지금도 감지할 수 있는데, 천문학자들은 그 열을 우주배경복사cosmic microwave background라고 부른다. 이 책을 적극적으로 읽는 사람이라면—그러니까 그저 이 책에 쓰인 단어들을 한 귀로 듣고 한 귀로 흘려보내는 사람이 아니라면 말이다. 물론 이 책은 오디오북이 아니니까, 비유적으로 한 말이다—우주배경복사라는 이름이 당혹스러울 듯하다. **열**은 보통 전자기파 스펙트럼에서 **적외선** 부분을 말하는 것이지 **전파** 부분을 말하는 것이 아니니까 말이다.

그런데 전자기파 스펙트럼이 무엇인지는 알고 있나? 사람 과학자들은 왜 그런 것도 제대로 가르쳐주지 못할까? 전자기파 스펙트럼이란 존재할 수 있는 모든 빛의 파장을 모은 것이다. 그중에서 전파(라디오파)는 파장은 아주 길고 에너지는 아주 낮다. 감마선은 파장은 아주 짧고 에너지는 아주 높다. 전자기파 스펙트럼에서 사람이 볼 수 있는 파장은 이 두 극단 사이에 있는 아주 좁은 영역뿐이다. 그러니까 사람은 시각이라는 귀중한 능력을 아주 낭비하고 있는 셈이다.

　아무튼 우주배경복사 이야기로 돌아가보자. 열은 보통 적외선의 형태로 존재한다. 그런데도 우주 초기의 열을 우주배경복사라고 부르는 이유는 빅뱅 이후로 우주가 팽창하면서 초기 빛의 파장도 함께 팽창해 전자기파 스펙트럼의 적외선 영역에 있던 파장들이 전파 영역으로 이동했기 때문이다.

　우주배경복사는 주변 지역보다 아주 조금 따뜻해서 결국에는 밀도가 높은 곳을 알려주는 미세한 온도 변화를 보여준다. 우주배경복사의 분포 형태를 보면 뛰어난 사람 과학자나 말 그대로 우주적인 뇌를 절반쯤 가진 은하라면 누구라도 불투명했던 초기 우주의 열과 물질의 분포 상태를 알 수 있다.

　슬프게도, 아무것도 모르는 당신에게 설명해야 할 게 너무 많아서 아직 내 이야기는 꺼내지도 못했다. 하지만 이제 거의 다 왔다. 처음 원자가 만들어지고 3억 년쯤 시간이 흐르자 첫 번째 항성들이 형성되기 시작했다. 그때까지 우주가 저장하고 있던 수소와 헬륨은—맞다, 정확하게 말하자면 리튬도 있기는 했다—가스 구름의 형태로 존재했다. 그런데 균일하게 퍼져 있던 이 가스 구름의 평정을 깨뜨리는 일이 발생했다. 평정이 깨진 이유는 우주풍cosmic wind이 지나갔기 때문일 수도 있고, 구름 속에서 우연히 다른 곳보다 밀도가 조밀해지는 부분이 생겼기 때문일 수도 있다. 실제로 우주배경복사에서 보이는 조그만 변동을 연구하고 컴퓨터 모형을 구동해 초기 우주에서 밀도가 낮아

지거나 높아지는 부분에서 어떤 대규모 구조가 나타나는지를 연구하는 사람 천문학자들도 있다.[2]

원인이 무엇이든 간에, 일단 가스 구름에서 생긴 불균형 때문에 많은 물질이 만들어지자 중력이 자기 힘을 발휘하기 시작했다. 원자핵처럼 극도로 작은 규모이거나 팽창하는 우주처럼 상상하기 힘들 정도로 큰 규모라면 그렇지 않겠지만, 우리가 인지하는 거의 대부분의 적당한 규모에서는 중력이 **모든** 것을 통제한다. 조금 더 밀도가 높은 지역으로 점점 더 많은 물질이 모이자 자체 무게 때문에 붕괴한 물질들은 점점 더 뜨거워지고 조밀해져서, 결국 첫 번째 항성들이 만들어졌다.

첫 번째 항성들이 탄생할 때 발생한 충격파는 가스 구름을 뚫고 퍼져나갔다. 뜨거운 항성들 그 자체가 주변을 교란했다. 항성이 방출한 복사선에 닿은 가스 구름에서는 원자들이 이온으로 바뀌었고, 대전된 이온들은 이온풍이 되어 퍼져나갔다. 이런 교란 현상은 사람들이 기껏 세운 뒤에 쓰러뜨리는 도미노처럼 연이어 항성을 만드는 과정을 유도했다. 항성은 충격파가 통과한 가스 구름만이 아니라 그 가스 구름과 가까이 있는 가스 구름에서도 생성되었다. 시간이 흐르면서 각기 떨어져 있던 가스 구름과 항성, 암흑 물질이 중력으로 인해 가까워졌다. 가까이 다가간 물질들은 한데 뭉쳐 서로의 항성을 공유했고, 가스 구름을 합쳐 새로운 덩어리로 거듭났다.

태고에 생성된 수소와 헬륨으로 이루어진 이들 초기 항성들은 연료를 태우는 속도가 너무나도 빨랐기 때문에 태어나서 고작 수천만 년 만에 수소 연료가 바닥나버렸다. 사람 과학자들은 자신들이 혼란스럽게도 제3종족Population III 별(과학자들은 가장 나중 세대의 별들, 즉 가장 어린 별들을 제1종족 별이라고 부른다)이라고 부른 이 초기 항성들을 아직 찾아내지 못했다(2022년, UCLA의 토마소 트레우 교수 연구팀이 제임스웹 우주 망원경으로 제3종족 별들로 이루어져 있을 수도 있는 은하를 발견했다/역자). 사람 과학자들이 관찰한 항성들은 모두 얼마간 금속을 포함하고 있었다. 물론 첫 번째 항성들이 지금까지 살아남아 금속이 풍부한 가스 구름 사이를 여행하면서 바깥쪽 대기층으로 금속을 빨아들였기 때문일 가능성도 있다.

아, 그나저나 금속이란 사람 천문학자들이 헬륨보다 무거운 원소를 일컬을 때 부르는 용어다. 다른 사람 과학자들은 대부분 금속을 아주 다른 의미로 사용하지만, 여기에서 굳이 어리석게 용어의 정의를 두고 실랑이를 벌일 생각은 없다(보통 금속은 전자를 잃고 양이온이 되기 쉬운 원소라고 정의한다/역자).

1세대 항성들의 중심부에서는 무거운 원소들(사람들이 부르는 이름대로라면 베릴륨, 탄소, 질소부터 철에 이르기까지의)[3]이 만들어지는데, 이 항성들은 죽을 때 중심부에 있는 원소들을 밖으로 방출한다. 따라서 다음 세대 항성들은 전 세대 항성들보다 금속을 더 많이 가지게 된다.

여기서 잠깐 하고 싶은 말이 있다. 당신이 경솔하게 나의 항성들이 아주 조직적으로 정해진 일정에 맞춰서 순서대로 생성된다고 생각하지는 않았으면 좋겠다. 실제로 일어나는 일은 내가 그 모든 시간 동안 계속해서 항성을 만들고, 슬프게도 그 항성들은 그동안 내내 죽어간 다는 것이다. 나중에 좀더 자세하게 설명하겠지만 지금으로서는 그 저 "항성의 세대"라는 용어를 문자 그대로 받아들이자. 해마다 사람 은 죽으며, 새로 태어난다. 그런데도 사람들은 사람들의 평균적인 특 징을 기반으로 대략 25년이면 새로운 세대가 출현한다고 말한다. 나 의 항성들도 마찬가지다.

수억 년 동안 가스 구름이 붕괴하고 금속이 만들어지고 중력이 물 질을 한데 모으는 과정이 반복되면서 서서히 초기 은하들이 형성되었 다. 초기 은하는 은하라면 갖춰야 한다고 생각되는 모든 요소들(항성, 가스, 먼지, 암흑 물질. 나의 멋진 외모는 필수 요소가 아니라 보너스다)을 전부 갖추고 있었지만, 지금의 나보다는 훨씬 작았다. 우리는 서로가 서로를 삼키면서 성장한 결과물이다.

일단, 은하가 다른 은하를 먹는다는 생각에 집착하지 말자. 그건 그 냥 우리가 하는 일이다. 피자 위에 있는 파인애플을 집어 먹는 것과 그 다지 다르지 않다. 대신 내가 "우리"라는 말로 시작했다는 데 주목하 자. 왜냐하면 빅뱅 뒤 수억 년이 흐른 이 무렵이면 나의 구성 요소들이 대부분 만들어져서 중력이 그 부분들을 모두 합칠 때까지 기다리기만 하면 되었기 때문이다. 내가 만들어지기 전에 먼저 **우리**가 있었다. 그 리고, 축하한다! 우리는 마침내 내가 만들어지는 순간에 이르렀다.

당신이 받아들이기에는 너무 내용이 많은 것 같기는 하지만, 당신

뇌는 완벽하게 성장했으니 내 이야기를 이해할 수 있을 것이다! 그러니 당신 아이가 은하가 태어난 방법을 묻는다면 이렇게 말해주자. 우주에 떠돌던 가스가 자기 자신을 너무나도 사랑한 나머지 아주 강하게 자기 자신을 끌어안았다. 그 상태로 수억 년이 흐르자 아기 은하가 태어났다. 절대로 황새 이야기는 하면 안 된다.

그때 작은 은하들 무리는—사람 천문학자들의 표현대로라면 원시은하$_{protogalaxy}$는—어리고 뜨거웠으며, 지금 우리가 차지하고 있는 것보다 훨씬 작은 공간에 몰려 있었다. 우리는 누가 가스를 가장 많이 먹을 수 있는지, 누가 가장 빠르게 항성을 만들 수 있는지를 놓고 시합을 벌였다. 원래 젊은이들은 객기를 부리는 법이니까. 우리가 시합을 벌인 이유는 물론 재미있기 때문이기도 했지만 그보다는 가장 큰 은하들만이 살아남을 수 있다는 사실을 알기 때문이었다. 네바다 주블랙록 사막에서 목각 인형을 태우며 벌이는 버닝맨 페스티벌처럼 우리도 첫 수억 년 동안은 거칠게 날뛰며 흥청망청 놀았다.

그런 파티가 가능했던 이유는 우주가 지금보다 훨씬 뜨겁고 조밀했기 때문이다. 그때 우주의 평균 온도는 50K였다. 하지만 그 정도 온도라면 사람의 기준으로도 상당히 낮은 온도이기 때문에 초기 우주에서 빠르게 움직이던 입자들은 다른 은하에 있는 물질과 합쳐지고 물질을 교환하면서 특정한 형태를 만들어갈 수 있었다. 사람 과학자들로서는 전혀 알 수 없는 신비한 힘에 이끌려 끊임없이 팽창하는 우주는 점점 더 차가워졌다(비록 사람 천문학자들이 얼마 전에 우주의 가스

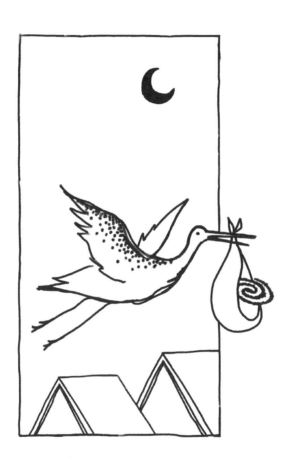

를 한데 모으는 중력 때문에 지난 100억 년 동안 우주의 가스 온도가 계속해서 올라가고 있음을 발견했지만 말이다[4]).

현재 우주는 더는 차가워질 수 없을 정도로 차갑고도 고요한 곳이다. 우주배경복사로 다시 시선을 돌리면, 우주의 평균 온도가 고작 2.7K밖에 되지 않음을 알 수 있다. 내가 태어났을 때의 온도보다 20배나 낮다.

여기에서 내가 언급하는 온도는 평균 온도임을 기억할 필요가 있다. 왜냐하면 현재 우주에는 2.7K보다 훨씬 뜨겁거나 차가운 부분이 있기 때문이다. 당신의 태양 같은 평범한 항성의 온도는 5,800K이며, 당신들이 일정하게 유지하는 체온은 310K다. 우주에서 온도가 2.7K 정도로 낮은 곳은 아주 거대한 구조에서만 찾을 수 있다(나보다도 훨씬 거대한 구조 말이다). 내가 아는 한 우주에 0K인 곳은 없다. 당신들이 "절대온도 0도"라고 부르는, 입자들의 운동이 완전히 멈추는 온도 말이다.

우주가 결코 0K에 이른 적이 없다고 하더라도, 우주는 불과 3억 년 만에 10^{30}도 정도 차가워졌다. 당신들 행성에서 박테리아가 생명체의 형태를 갖추는 데 필요했던 시간보다 더 적은 시간에 10^{30}도가 넘는 차이가 생긴 것이다.

당신들 사람은 3억이라든지, 10억, 10^{30} 같은 숫자를 가끔 언급하면서도 그런 수가 실제로 지닌 의미를 제대로 이해하는 것 같지는 않다. 나야 그런 수들의 크기가 아주 하찮게 느껴지지만, 짧은 생을 살다 죽는 당신들 사람에게 그 수들은 살면서 거의 만날 일이 없는 거대한 값이다. 실제로 사람의 언어 중에는 그렇게 큰 수를 구별하는 단어가 없어서 그저 "아주 큰 수"라고만 표현하는 경우도 있다.[5] 하지만 이런 수들이 평범한 수들과 얼마나 다른지를 알려면, 일단 이런 수들의 규모를 당신들에게 훨씬 익숙한 형태로 줄여야 한다. 1년, 2년 하는 수년 단위가 아니라 빅뱅 뒤 **몇 초** 동안에 있었던 일을 이야기한다고 가정해보자.

30만 초는 지구의 하루를 기준으로 했을 때 3.5일에 해당한다. 그 시간이 흐른 뒤에야 우주는 원자를 만들기 시작했다. 그로부터 3억 초가 흐르자 항성이 생성되기 시작했다. 지구로 치면 **10년**이 흐른 뒤였다. 지금은 빅뱅이 일어난 지 140억 초가 되었다. 거의 450년이 흐른 셈이다.

빅뱅 뒤에 우주가 급격하게 차가워진 상황은 이렇게도 상상해볼 수 있다. 당신의 태양 같은 항성들이 만들어지던 곳이 불과 3일 만에 차가운 얼음 공으로 변해버렸다고 말이다. 우주가 그렇게나 빨리 식어버린 이유는 빛의 속도로 팽창해서 급격하게 넓어지는 공간에서도 물질과 에너지의 양은 변함이 없었기 때문이다. 오늘날까지도 계속되는 우주의 팽창은 내 주위에 남은 은하들이 거의 없어진 이유이기도 하다. 나를 버리고 떠나간 은하들 대부분이 남기고 간 빛의 흔적은 지금도 볼 수 있다. 떠나간 은하들 가운데 많은 수가 완벽한 은하로 자랐고, 여러 은하들을 취합해 내가(그리고 당신이) 사는 공간처럼 자신들만의 작은 은하단을 이루었지만, 그 은하들은 계속해서 나에게서 멀어지고 있다. 언젠가는 아무리 먼 곳을 바라보아도 모든 은하가 사라지고 보이지 않는 시간이 찾아올 것이다. 하지만 걱정할 필요는 없다. 그 은하들은 죽은 게 아니니까. 적어도, 거의 대부분은 죽지 않을 테니까. 그저 그들의 빛이 우리에게 닿을 수 없을 정도로 멀리 갔을 뿐이다. 하지만 그런 상황이 되려면 수천억 년은 더 지나야 할 테니, 지금 굳이 걱정하고 애태울 이유는 없다.

지금도 우리 주변에 남아 있는 은하들은 대부분 왜소은하다. 나처럼 큰 은하와 왜소은하를 나누는 기준이 조금 헷갈릴 수도 있으니 명확하게 설명하고 가는 편이 좋겠다. 몇 년 전에, 당신들은 태양계 구성원 가운데 하나를, 당신들이 사랑해 마지않던 행성들 가운데 하나를 왜소행성으로 강등시키면서 크게 논쟁을 벌인 적이 있다. 행성의 지위를 박탈해야 한다고 주장한 천문학자들은 그 행성이 공전 궤도에 남아 있는 파편들을 완전히 제거할 수 있을 정도로 거대한 행성이 아니라 그저 얼음덩어리일 뿐이라고 했다. 나는 그런 논쟁에는 굳이 끼어들고 싶지 않다. 어떤 천체를 행성이라고 부르냐 마느냐는 전적으로 당신들의 몫이다. 사실 그런 일에 관여할 여유도 없다. 나에게 속한 행성은 수천억 개가 넘으니까.

하지만 나는 궁금하다. 내가 왜소은하로 강등된다면 당신들은 행성 강등 사건 때 그랬듯이 격렬하게 반응해줄까?

물론 나는 아주 오래 전에 왜소은하의 경계를 넘었으므로, 이 질문은 전적으로 가상의 질문이다. 아직 사람 천문학자들은 왜소은하와 왜소하지 않은 은하를 가르는 특별한 기준에 합의하지 않았기 때문에 내가 정확히 언제 왜소은하의 경계를 넘어섰는지는 나로서도 정확하게 알 수 없다. 질량을 기준으로 삼는 천문학자도 있고, 크기나 밝기, 모양을 기준으로 삼는 천문학자도 있다. 왜소은하를 두고 고민하는 천문학자들은 모두 저마다 자신만의 정의로 왜소은하를 규정한다. 물론 아주 난감한 상황이지만, 대부분은 특정 은하의 범주를 아주 명확하게 나눈다. 왜소은하는 은하를 이루는 항성이 수억 개 정도이고, 큰 은하들은 항성의 수가 수십억 개에 달한다.

왜소은하의 작은 몸은 언제, 어디에서 어떻게 태어났는지가 결정하는 자연적인 결과다. 사실 그건 우리 모두 마찬가지 아닌가?

큰 은하들이 상호작용하는 중력, 그러니까 조석력tidal force 때문에 왜소은하가 생성되기도 한다. 은하들이 충분히 격렬하게 상호작용하는 동안(가령 두 은하가 서로 잡아먹으려고 하는데, 열세인 은하가 의외로 선전하는 경우) 은하에 붙잡혀 있던 물질들이 떨어져 나와 멀리 날아가기도 한다. 그런데 사실 은하가 강렬하고도, 음……아주 친밀하게 상호작용할 때에도 비슷한 일이 일어난다. 그러니까, 왜소은하에게는 정말로 부모 같은 존재가 있을 수도 있다.

내가 생성될 무렵에 함께 만들어진 왜소은하들도 있다. 이런 원시 왜소은하들은 금속이 많지 않아서 항성을 만드는 속도가 느렸지만, 그게 전적으로 그들의 잘못만은 아니다. 원시 왜소은하들은 항성을 만들어야 할 가스를 중심에 있는 블랙홀에게 빼앗기는 경우가 많았다. 정말 애석한 일이다. 하지만 그저 충분히 열심히 일하지 않았거나 어렸을 때 항성 생성 물질을 부지런히 섭취하지 않아서 작은 크기로 남은 원시 왜소은하들도 있다.

내가 스스로 왜소은하들보다 더 나은 존재라고 말하는 건 크기 때문이 아니다. 내가 래리라고 부르는 대마젤란 은하Large Magellanic Cloud처럼 이 세상에는 왜소은하의 경계를 넘어서려고 하는 은하들이 있다. 우리 둘의 의견이 일치하지는 않지만, 객관적으로 봤을 때 내가 더 나은 은하다. 다시 말하는데, 내가 더 크기 때문은 아니다.

왜소은하에는 치명적인 결함이 하나 있다. 바로 충분히 큰 은하보다 질량이 훨씬 작아서 중력에 의해 쉽게 찢어진다는 것이다. 나는 주위에 있던 작은 은하들이 그런 운명에 처하는 모습을 끊임없이 목격했다. 내가 찢은 왜소은하도 몇 개 있다. 그렇게 하지 않았다면 내가 죽었을 것이다. 나에게 찢긴 왜소은하도 그것이 최선임을 알았다. 자기 항성들에게 훨씬 안정적인 거처를 마련해줄 방법이었으니까.

그렇다고 모든 왜소은하가 찢겨나가지는 않는다. 그랬다면 오늘날 왜소은하는 단 한 녀석도 관찰할 수 없었을 것이다. 심지어 나도 언젠가는 훨씬 더 큰 구조물의 중력 때문에 찢어질 수 있으니, 내가 반드시 왜소은하보다 우월한 존재라고 할 수도 없다. 하지만 그래도 내가 왜소은하가 아니라는 사실이 기쁘기는 하다.

이런, 내가 조금 흥분했는지도 모르겠다. 아무튼 당신이 알아야 할 건 나는 왜소은하라는 용어로는 표현할 수 없을 만큼 충분히 크다는 사실이다. 그건 내가 몸집을 키우기 위해서 열심히 일했다는 증거인데, 여기서 왕은 중력이다. 어쩌면 여왕인지도 모르겠다. 뭐, 왕인지 여왕인지 정확히 알 수는 없다. 은하에는 사람과 달리 성별이 없으니까. 우리에게 살로 된 몸이 없다는 거, 기억하고 있겠지?

우리가 시작한 곳으로 이 모든 것을 되돌리려고 나는 135억 년 동안이나 존재했다. 나의 초기 기가아나gigaanna—10억 년이 여러 번 있다는 뜻이다. 라틴어 공부 좀 하자!—때는 가스를 게걸스럽게 먹어치웠고, 왜소은하였을 수도 있고 아니었을 수도 있는 나보다 작은 은하들을 찢으며 시간을 보냈다(솔직히 말해서 충분히 먼 과거로 돌아가면 사람의 분류 기준은 지금보다 훨씬 쓸모가 없어진다). 그 수십억 년은 창조(항성, 행성, 블랙홀 생성 같은)와 파괴(초신성 폭발, 감마선 폭발, 조석력에 의한 찢어짐 같은) 사이에서 균형을 찾으려고 노력하던 시기였다. 가장 기본적인 형태의 물질은 결코 파괴할 수 없지만 생명은 분명히 파괴할 수 있었다. 나는 안타깝지만 잘못된 방향으로 결정적인 영향을 미친 우주 생명체들을 충분히 많이 끝냈다.

당신들 사람이 이 우주에 나타난 뒤로 내 기분이 훨씬 좋아졌다는 건 사실이다. 맞다. 당신이라는 개별 존재가 아니라 당신들 사람이라는 집합체가 나타난 뒤에 나는 기분이 좋아졌다. 개별 존재로서 당신은 나에게 그다지 큰 의미가 없지만, 집합체로서의 사람은 다르다.

당신이 비약적으로 발전시킨 우주에 관한 지식을 예로 들어보자.

물론 아직 가야 할 길이 멀지만 당신들 사람에게는 밤하늘을 강력한 생명체가 바위를 찔러서 만든 구멍이라고 믿던 시절도 있었다.[6] 그때부터 겨우 수천 년 만에 당신들은 다른 은하에 있는 블랙홀 **사진**을 실제로 찍었다! 심지어 시공간에서 아주 작은 자리를 차지하고 있는 당신들의 행성에서 떠나지도 않고 말이다.

그것이 정말로 놀라운 일이라는 사실은 아무리 강조해도 지나치지 않다. 당신들 행성에는 운이 좋으면 지구 나이로 하루를 살 수 있는 작은 동물도 있지 않은가?[7] 당신들이 하루살이라고 부르는? 하루살이의 전 생애는 당신의 작은 방에서 시작해 그곳에서 끝날 수도 있다. 정말 슬픈 일이다. 그런 하루살이가 다른 일을 해보려고 시도한다면, 당신도 정말 놀라지 않을까? 그게 바로 내가 당신들 사람에게 느끼는 감정이다. 사람의 수명은 너무나도 짧고 제한적이어서 나의 전체 규모를 가늠할 수 있는 사람은 많지 않을 것이다. 그런데도 당신들은 나를 알고 싶다며 **계속 노력한다.** 나도 누구에게도 뒤지지 않는 인내심의 소유자이지만, 내가 당신들 입장이었다면 벌써 오래 전에 포기했을 것 같다.

나를 제대로 연구할 수 있는 방법과 도구를 개발하고, 당신의 조상들이 수천 년 동안 맨눈으로 보았던 현상들이 무엇인지 밝히려고 애쓰면서 당신들은 계속 같은 질문을 던졌다. 도대체 은하는 몇 살일까, 하는 질문 말이다(당신들 행성에 나이를 묻는 행위가 무례하다고 여기는 지역이 있다는 점을 생각해보면 기이한 일이다). 당신들은 사물의 본질,

즉 어떻게 생성되었고 진화했으며 죽어가는지를 알고자 한다. 그런데 시간의 흐름에 따라 뭔가가 변하는 방식을 알고 싶다면 그런 변화가 일어날 때까지 걸리는 시간을 알아야 한다.

당신들 중에는 자신이 이해하지 못하는 언어로 누군가 1,000년 전에 쓴 책을 한 권 읽고는 내가 1만 살도 되지 않았다고 주장하는 사람들도 있다. 그리고 자신의 삶에는 아무 영향을 미치지 않으리라는 믿음으로 내 나이 따위는 조금도 신경 쓰지 않고 살아가는 사람도 많다. 내가 편향적일 수도 있지만, 사실 내 나이는 당신들 모두에게 영향을 미친다. 당신들은 내 안에서 살아가기 때문이다. 가령 내가 훨씬 어리다면 내 가스 구름 속에는 애초에 사람들을 만들 재료인 탄소와 칼슘이 충분하지 않았을 것이다.

그런데 당신들 중에는 내가 몇 살이고, 나의 다양한 부분들이 얼마나 오래 존재했으며, 시간이 지남에 따라 내가 어떻게 바뀌는지를 밝히려고 자신의 생애를 바쳐 노력하는 한 무리의 사람들도 있다. 이 얼마 되지 않는 사람들은 자신을 은하 고고학자라고 부른다.

당신이야 운이 좋아서 내 나이를 알려주는 이 책을 읽게 되었지만 은하 고고학자들은 내 나이를 자신들이 직접 밝혀야 했다. 그리고 그들이 해답을 찾아가는 과정을 지켜보는 일은 정말로 즐거웠다.

진흙으로 빚은 항아리의 나이를 밝혀 (사람들에게는) 고대 문명의 나이를 밝히는 지구 고고학자들처럼, 은하 고고학자들은 가장 오래된 항성들의 나이를 측정해 내 나이를 밝혔다. 창의성이라면 당신들 대부분이 갖춘 특징이지만, 그들은 정말로 창의적이었다. 은하 고고학자들은 별의 나이를 밝힐 여러 방법들을 개발했다. 그리고 그중에 몇 가지가 특히 내 마음에 들었다.

그중 하나는 모형에 의존하는 방법이다. 이런 방법이 있다는 건 천문학자들이 스스로 자신들이 항성의 작동 방식을 알고 있으며, 시간의 흐름에 따른 항성의 변화를 자신들이 제대로 추론할 수 있다고 믿는다는 뜻이다. 모형을 이용하면 특정 항성의 밝기와 온도를 측정할 수 있고, 측정한 값을 이용해 그 별을 항성 생성 모형 가운데 하나에 적용할 수 있다. 사람 천문학자들은 이 방법을 동시선 맞춤isochrones fitting이라고 부른다. 동시선이란 당신들 조상이 사용했던 고대어에서 "같음"과 "시간"을 의미하는 단어를 조합한 말인데, 천문학자들이 이 방법을 이용해서 동시에 탄생한 항성들을 찾아낸다는 사실을 생각해 보면 상당히 적절한 용어라고 할 수 있다.

사실 사람 천문학자들이 이 방법을 생각해냈을 때 나는 상당히 불편했다. 왜냐하면 그들도 이 방법을 그다지 신뢰할 수 없다는 사실을 알고 있었기 때문이다. 특히 당신들의 태양보다 질량이 작은 항성을 평가할 때는 더욱 그랬다. 한 항성의 질량과 온도처럼 알려진 측정값에만 의존하는 모형은 그 모형에 내포된 불확실성 때문에 나이를 계산하는 일이 쉽지 않다. 동시선 맞춤으로 찾은 나이를 다른 방법으로 찾은 나이와 비교하면 다른 방법으로 찾은 나이는 보통 25퍼센트 정도 오류가 있는 반면, 동시선 맞춤으로 찾은 나이는 그보다 2배가량 오류가 더 많다.

당신들의 오류에 내가 이토록이나 기뻐하다니 잔혹하게 보이겠지만, 사실은 그 반대다. 아주 오랫동안 동시선 맞춤은 내 항성들의 나이를 알아낼 때 사람들이 사용한 최고의 방법이었다. 당신들은 최고의 방법이 충분하지 않음을 알게 되면 더 나은 방법을 알아내려고 노력한다. 또한 짧은 수명과 제한된 자원을 이용해 자신이 해낼 수 있는 최대한의 성취를 해내려고 지치지도 않고 씨름한다.

한편 직접 관측하고 측정해서 얻은 값을 이용하면 좀 더 정확하게 항성의 나이를 밝힐 수 있다. 사람 천문학자들은 나의 항성들이 당신의 태양처럼 모두 축을 중심으로 돌고 있으며, 나이가 들면 회전 속도가 느려지기 시작한다는 사실을 알아냈다. 달과의 중력 상호작용 때문에 회전 속도가 느려지는[8] 당신의 행성 지구와 달리 항성들의 회전 속도가 느려지는 이유는 회전하는 항성을 잡아끄는 자기풍magnetic wind이 생성되기 때문이다. 어떤 항성들은—나도 사람이 세포의 종류를 구분하는 것처럼 항성의 종류를 구분해두었다—다른 항성들보다 훨씬 더 빠르게 회전하며 태어나지만, 회전 속도를 늦추는 강력한 바람도 훨씬 빠른 속도로 불기 때문에 결국 천천히 도는 항성들과 회전 속도가 비슷해진다. 이렇게 "회전 속도가 느려지는" 항성들은 모두 당신의 태양보다 질량이 작다.

사람 천문학자들은 회전 속도가 느려지는 항성들을 관찰하고 모형화하고 시뮬레이션 했고, 이제는 자신들이 자이로 연대학gyrochronology이라고 부르는 기술로 측정한 회전 속도를 기반으로 질량이 작은 항성의 나이를 계산할 수 있다.

동시선 맞춤 모형과 춤추는 나의 항성들에게 추파를 던지는 방법 외에도 사람 과학자들은 공전 궤도를 돌면서 보이는 변화들, 항성의 맥동(사람이 숨을 쉬면 가슴이 팽창했다가 수축하는 것처럼 항성이 커졌다가 작아지는 모습) 간격, 항성에 포함된 리튬의 양 등을 근거로 항성의 나이를 알아내려고 애쓰고 있다. 이런 방법들[9]은 개별 항성의 나이를 계산하는 방법으로는 그다지 정확하지 않지만, 전체 집단으로서의 항성의 나이는 좀더 정확하게 계산할 수 있다(왜 그런지는 묻지 말자. 나는 당신에게 **통계학**을 가르쳐주려고 온 게 아니니까). 사람 천문학자들은 같은 가스 구름에서 태어난 이런 항성 집단을 "산개성단open cluster"이라고 부른다. 2억 년이 넘는 시간이 흐르면서 모여 있던 항성들이 충분히 흩어져서—그러니까 활짝 **펼쳐져서**—불규칙하게 드문드문 모여 있기 때문에 그런 이름을 붙였다.

어쩌면 당신은 이전에도 항성의 나이에 관해 생각해본 적이 있을지 모르겠다. 그런 경험이 있다는 것은 아마도 당신이 다른 행성에서 살아가는 생명체들을 탐구하고자 하는 그칠 줄 모르는 사람의 욕구에 항성이 영향을 미치고 있음을 알기 때문일 것이다. 한 행성의 진화는 모항성과 밀접하게 연결되어 있기 때문에, 생명체의 흔적을 찾으려면 그 항성계가 생명체를 품을 수 있을 만큼 충분한 시간 동안 존재했는지를 알아야 한다.[10] 천문학자들에게는 "항성을 알아야 행성을 알 수 있다"라는 격언도 있다. 한 항성의 나이와 온도, 금속 함유량을 알면 그 항성계에 존재하는 행성(들)에 관해 많은 것을 추론할 수 있다. 내가 품고 있는 재미있는 비밀들을 그다지 많이 드러내지 않고도, 나는 당신에게 당신들의 태양이 생명체를 탄생시킬 수 있는 적절한 순간에 적절한 재료를 가지고 태어났으며, 수억 년 정도라는……생명체를 만들기에 충분한 시간을 확보했다고 말해줄 수 있다.

당신이 시기적절하게 지구에 존재할 수 있게 된 이유는 130억 년 전에 어느 원시 가스 구름 속에서 무작위로 일어난 요동fluctuation에서 찾을 수 있다. 이 작은 소동이 없었다면 첫 번째 항성들은 생성되지 못했을 테고, 나도 태어나지 못했을 테고, 나의 항성들도 당신을 만들 수 있는 탄소를 자기들 품에서 충분히 생산하지 못했을 것이다. 다행인 점은 깊이를 가늠할 수 없을 정도로 오래된 이런 우주의 시간 규모를 알면 전체 속에서 사람이 얼마나 덧없는 존재인지를 마침내 이해할 수 있게 된다는 것이다. 그리고 또한, 당신의 몸을 이루는 양성자와 중성자, 전자는 단 1개의 예외도 없이 빅뱅 뒤 첫 3분 안에 만들어졌음을 알게 된다는 것이다. 이건 정말이지 당신의 작은 마음을 완벽하게 사로잡을 매혹적인 사실이다!

좋다. 이제부터 여기에 이르게 된 과정을 되풀이해보자. 이번에는 시간이 아니라 크기에 관한 이야기다.

04
창조

일단 크기 이야기를 하기 전에 당신이 이해하고 넘어가야 할 한 가지 사실이 있다. **실제** 은하인 나에게서 이런 귀중한 정보를 직접 배울 수 있다니 정말로 행운이라는 사실이다. 거의 왜소은하라고 할 수 있는 래리가 이 글을 썼다면 당신은 아마도 아주 당혹스러웠을 것이다. 설명이 재미있지도 않을 테고 말이다. 이 이야기를—그러니까 나의 이야기를—내가 들려준다는 것은 당신들에게는 **선물**이다. 아주 감탄할 만한 무엇인가……음, 아주 대단한 사람에게서 무엇인가를 직접 배우는 것과 같다. 말하자면 비욘세가 그 "바쁜" 일정을 조율해서 당신에게 직접 노래를 가르쳐주는 일과 같다고나 할까? 물론 비욘세로 비유하는 일도 충분하지는 않다. 비욘세는 수천억 개 항성을 감독하는 대단한 존재가 아니니까.

당신의 조상들에게는 이 책도 없었고, 사람 과학자들이 사용하는 근사한 기계도 없었고, 당신에게 도움이 될 수천 년간 축적된 지식도 없었다. 그들은 빅뱅의 진실을 그 어느 것도 알지 못했다. 하지만 그들에게는 신들이 있었다. 죽지 않는, 다른 세상에서 온 강력한 존재로서 끊임없이 변하는 우주를 창조하고 유지하는 신들 말이다. 당신들의 조상들은 미약한 사람의 감각을 통해 얻는 정보들을 가지고 내릴 수 있는 최선의 결론을 내렸다. 당신들처럼, 아니면 적어도 당신들이 그래야 하는 것처럼 말이다.

자신이 속한 세상을 이해하려고 그토록 힘겹게 노력해온 당신들은 진심으로 존경받을 만하다. 나는 신도 아니고 특정 종교를 믿지도 않지만 좋은 이야기의 가치는 인정한다. 그 안에 일말의 진실을 품고 있는 이야기라면 더더욱 그렇고, 심지어 내가 등장하지 않더라도 충분히 사심 없이 인정한다. 물론 솔직히 말해서 내가 나오는 이야기가 나오지 않는 이야기보다는 늘 더 괜찮지만 말이다. 나는 당신에게 인기가 가장 많거나 많은 사람이 믿는 창조 신화를 들려줄 수도 있지만, 당신의 삶은 과도하게 짧으니 내가 좋아하는 신화들로 건너뛰려고 한다.

앞에서 나는 끊임없이 변하는 우주라고 말했다. 다행히도 당신은 이제 과학과 경이로운 현대 출판업에 힘입어 우주가 끊임없이 변하며 팽창하고 있음을 알고 있다. 유추만으로 모든 것을 배워야 했다면 당신들은 우주는 고정되어 있는 일정한 공간이라고 생각했을 것이다. 사람의 제한적인 관점으로 관찰한 우주는 그런 모습일 테니까 말이다. 그런데 당신들 조상이 묘사한 우주 중에는 탄생과 파괴가 끊임없이 순환하는, 계속해서 변하는 유동적인 우주도 있다. 현대의 천문학자들 중에도 비슷한 이야기를 하는 사람들이 있는데, 그들은 언어가 아니라 수학과 컴퓨터 코드로 말한다.

순환하는 우주를 이야기한 사람들 가운데 한 무리는 4,000년도 전에 인더스 강 부근의 계곡에서 살았다. 그들은 당신들 행성에서 가장 오래되었으며, 지금도 인기가 많은 힌두교라는 종교를 믿었다. 힌두교도는 브라마라는 신이 우주cosmos를 직접 만들었다고 믿는데—현대 과학이 새롭게 정의하기 전까지는 우주를 뜻하는 "universe"와 "cosmos", 세상을 뜻하는 "world"가 어느 정도는 구분 없이 사용되었다—현재의 우주는 브라마 신이 만든 첫 우주가 아니다.

브라마는 힌두교의 유일신이 아니다. 사실, 유일신이 존재한다는 생각은 상당히 새로운 개념이다. 유지하는 자, 비슈누 신은 우주의 균형을 유지한다. 비슈누 신을 태양과 관련 지을 때가 많은데, 둘 다 지구에서 생명체가 살아갈 수 있게 해준다는 점을 생각해보면 충분히 일리가 있다. 탄생과 파괴의 순환 고리를 완성하려면 다시 건설할 수 있도록 우주를 파괴해줄 시바 신이 있어야 한다. 하지만 종말의 시간이 오기 전까지 시바 신은 당신들 세상에서 불완전함을 파괴하는 일을 한다. 시바 신이 선이자 악으로 평가받는 이유는 그 때문이다. 이 세 신은 영겁의 시간이 끝나는 날까지, 즉 윤회가 끝날 때까지 각자 맡은 역할을 수행하면서 우주의 순환 고리가 계속 돌아갈 수 있게 해준다. 불멸의 존재에 관해 좀 아는 내가 보기에 그 신들은 지루해질 때까지 같은 일을 하고 또 하고 있는지도 모르겠지만 말이다. 하지만 그런 생각은 다른 신의 사정을 내 사정에 비춰 성급하게 추론한 것일 수도 있다.

그곳에서 북쪽으로 7,300킬로미터쯤 떨어진 북유럽에서 3,000년쯤 뒤에 태어난 북쪽 부족들은 어느 정도는 진실에 기반한 자신들만의 우주 창조 이야기를 했다. 그들의 이야기는 입에서 입으로 셀 수도 없는 세대에게 전해졌는데, 사람의 시간 계산법대로라면 13세기였던 시대에 마침내 글로 기록되기 전까지는 한 세대에서 다음 세대로 전해질 때마다 사람의 불완전한 기억력과 대책 없는 개인의 선호도 탓에 내용이 조금씩 바뀌었다. 13세기는 그 북쪽 땅에 기독교가 들어와 확고하게 자리를 잡았을 때로, 그때 소설과 시의 형태로 적힌 『에다_Edda_』 가 고대 바이킹이 모닥불 주위에 모여 낭송하던 비기독교인의 이야기 와 같은 이야기인지 아닌지는 이제 나도 구별하기 힘들다. 솔직히 말하면, 사실 내가 고대 바이킹의 이야기와 13세기 『에다』의 차이를 잘 모르는 건 별로 관심을 기울이지 않았기 때문이다. 사람의 중세는 지루한 시대였고, 나에게는 다른 할 일이 있었으니까 말이다.

『에다』는 두 세상을 가로지르는 엄청난 심연이 있었다고 묘사한다. 두 세상은 불의 세상인 무스펠하임과 얼음의 세상인 니플하임이다. 서리와 화염이 중앙에서 만나자 얼음이 녹고, 그곳에서 거대한 신이 태어났다. 이 신의 이름은 이미르다. 훗날 이미르는 자신의 몸에서 튀어나온 생명체들에게 살해되었고, 이미르의 신체 부위는 모두 북구우주Norse Universe에서 다른 세상을 만드는 데에 사용되었다. 모두 9개로 이루어진 그 세상들은 각기 사람과 신들이 살아가는 터전이 되었다. 이 9개의 세상은 거대한 세계 나무, 이그드라실의 뿌리와 가지 사이에 놓여 있었다고 한다.

곧 나의 몸과 실제 우주의 모습에 관해 좀더 자세하게 설명해 주겠지만, 일단은 우주에 나무 같은 계층 구조는 존재하지 않는다고만 말해두겠다. 뭐, 충분히 먼 곳에서는 마치 나무뿌리처럼 생긴 무엇인가를 보게 될 수도 있지만 말이다.

북쪽 사람들의 이야기에는 사실이 아닌 것 같지만 그래도 내가 보기에는 흐뭇한 일말의 진실이 담겨 있다. 생명체는 얼음 세상과 불 세상의 중간에서 적절한 온도를 유지하는 심연 한가운데에서 태어난다. 적절한 온도라니, 무엇에 적절한지 묻고 싶을 것이다. 당연히 액체 상태의 물이 존재할 수 있는 온도라는 뜻이다. 당신도 알겠지만, 얼음이 녹은 액체인 물은 당신의 몸을 가득 채우고 있고, 당신이 **엄청나게 의존하는** 물질이다. 북유럽에 살던 사람들은 말 그대로 불(화산)과 얼음(빙하)의 땅에서 살아야 했기 때문에 두 세계가 만나는 곳에서 생명이 번성하는 모습을 직접 목격했다. 태양이 그렇듯 물이라는 물질도 연약하고 작은 당신들의 몸에 영양분을 제공하기 때문에 사람들이 가장 신성하게 여기는 이야기에 등장할 때가 많다.

당신의 조상들이 전하는 창조 이야기들은 많은 경우 혼돈이나 무無

대신 깊은 원시 바다에서 시작한다. 그중에서 나는 신성한 존재가 깊은 원시 바다의 바닥으로 내려가서 모아온 진흙으로 땅을 만들었다는 이야기를 좋아한다. 바다로 내려간 생명체는 종종 아주 묘하고도 멋진 동물의 형상을 취하며, 많은 이야기에서 여러 번 실패를 거듭한 뒤에야 바다 밑에서 진흙을 모아오는 데 성공한다.

지구 잠수 신화Earth Diver Myth라고 통칭되는 이 이야기들은 북아메리카 대륙의 원주민 공동체에서 흔히 발견되지만, 튀르키예, 유럽 북부, 러시아 동부 지역에서도 찾아볼 수 있다. 자신의 짧은 인생을 자기 조상들이 만든 이야기가 변해가는 과정을 추적하는 데 바친 사람들—당신들이 민속학자나 인류학자라고 부르는 사람들—은 지구 잠수 신화를 아시아 동쪽 지역에 있던 이야기가 사람들의 이주와 함께 여러 지역으로 퍼졌다고 본다.

분명한 것은 창조 신화로서의 지구 잠수 신화가 지구에서 육지가 형성된 과정에 초점을 맞추고 있다는 점이다. 당신들의 소박한 작은 암석 행성의 생성 과정에 초점을 맞추는 것이다. 그런 시도를 내가 싫어한다고 생각한다면 정말 오산이다. 사실상 지구는 당신 조상들의 우주였고, 지구 생명체는 물에서 **태어났다**. 그리고 사람은 재앙과도 같은 수많은 실패 끝에 생명계가 가장 최근에 일군 새로운 **시도**다. 당신의 행성에서는 지금 살고 있는 생물종보다 훨씬 많은 종이 멸종했다(삼가 삼엽충의 명복을 빈다. 난 정말 삼엽충에게 큰 희망을 품었었다).[1] 그러니까 지구 잠수 신화는 상당히 많은 진실을 담고 있는 셈이다.

당신의 조상들이 나에 관한 모든 것을 알았으리라는 기대는 결코 하지 않았다. 하지만 나의 진가를 알아봤음은 분명했기 때문에, 나는 그들의 이야기에 귀를 기울이고 자신들이 무엇을 발견하게 될지도 모르면서 과학을 향해 꾸준히 나아가는 모습을 지켜보는 데 만족했다. 그 과정은 재미있었고, 어느 정도는 나도 그들에게서 영감을 받기도 했다.

하지만 당신들을 둘러싼 광대한 우주에 관해 **당신**이 무지하다는 사실은 참을 수가 없다. 당신에게는 우주를 알아볼 도구도 있고, 전문가도 있으며, 지식도 있다. 그런데도 그런 자원을 활용하지 않는다. 내가 직접 나설 수밖에 없다는 결정을 내린 건 모두 그 때문이다.

이 책의 나머지 부분을 읽는 동안 꼭 기억해야 할 점이 있다. 이 책을 읽는다는 게 특권이라는 점, 당신은 죽은 거인의 두개골로 하늘이 생겨났다고 믿는 당신의 조상들보다 조금도 더 똑똑하지 않다는 점이다. 당신은 그저 늦게 태어났다는 행운을 누리고 있을 뿐이다.

05

고향

고향을 생각하면 어떤 기분이 드는가? 자기 고향의 축구팀과 음식에 집착하는 사람이 있음은 나도 알고 있다(그나저나 지역마다 풋볼이라는 단어의 의미가 다른 이유는 무엇인가? 물론 당신들 사람이라는 존재가 터무니없는 생물종이라서 그런 거겠지만). 그러나 고향에 집착하는 소수를 빼면 나머지 사람들은 자기 고향에서 가능한 한 멀어지려고 지나치게 애쓰는 듯 보인다. 사실 그런 노력은 내가 보기에는 터무니없다. 내 눈에는 당신들이 살아가는 고향이나 가보려고 애쓰는 먼 곳이나 거기서 거기이기 때문이다. 하지만 당신처럼 작고 연약한 존재에게는 대양이 너무나도 크고 거대해서 건널 수 없는 장벽처럼 보일 수도 있을 것 같다.

아무튼 지금부터 나의 고향을 소개하겠다. 당신의 고향이기도 한 곳이니, 자랑스러워해도 된다. 이렇게 말하기는 했지만, 당신이 자랑스러워하기 위해서는 먼저 우리의 고향이 어떤 곳인지부터 분명하게 알아야 한다. 생물종으로서 사람은 사실 관계를 모두 파악하지 않은 채 성급하게 결론을 내릴 때가 너무나도 많다.

물론 이 우주에는 나 말고도 은하들이 더 있지만, 나만큼 장엄하고 화려한 은하는 없다. 놀라운 예외가 하나 있기는 하다. 다른 은하들은 대부분 나에게서 수천만 광년 떨어진 곳에 있으며 매 순간 나에게서 멀어지고 있다. 그런데 한편으로는 나의 뒤뜰 바로 뒤에 자리 잡은 은하들도 있다(사람 천문학자들은 이런 은하를 지금까지 50개 정도 찾았다). 어느 마을이나 그렇듯이 그 마을의 수준은 그곳에 사는 사람들이 결정하는데, 우리 마을에는 온갖 잡동사니가 모여 있다.

그 은하들은—사실 우리는—모두 중력으로 서로에게 묶여 있다. 아주 극적인 우주 팽창 현상이 일어나야만 우리를 갈라놓을 수 있는데, 그때도 우리를 멀리 떨어뜨리기 위해서는 수백억 년이 필요하다. 우리는 문자 그대로든 비유적으로든 서로를 붙잡고 있다. 사람 천문학자들은 우리처럼 이렇게 모여 있는 은하 무리를 국부은하군이라고 부른다.

우리 국부은하군은 지름이 1,000만 광년쯤 되며, 가장 많은 영향력을 발휘하는 두 중심인 안드로메다 은하와—당연히—나를 둘러싸고 있다. 우리 국부은하군을 이루는 은하들은 모두 나보다 작지만, 안드로메다 은하는 아닐 수도 있다. 다른 은하들은 대부분 내 크기의 1퍼센트도 되지 않는다. 작은 은하들은 중력도 크고 책임도 무거운 거대

은하 주위를 도는 것 외에는 딱히 할 일이 없다. 그들은 굳이 힘든 일은 하지 않으려는 이웃들이다. 명절을 기념하려고 마을을 꾸미는 일도 돕지 않고, 파티에서 먹을 음식을 만들어 오는 법도 없으며, 자발적으로 나서서 마을의 치안을 살피지도 않는다. 작은 공동체에서 해야 할 일은 그 무엇도 하지 않으면서 공동체 자원의 일부를 자기 것으로 취한다. 우리 국부은하군에서 정말로 중요한 자원은 은하 간 가스밖에 없지만 말이다.

나는 내 주위를 짜증 나게 맴도는 존재들에 관해서는 생각하지 않으려고 노력하는 편이다. 그들에게 너무 오랫동안 신경을 쓰고 있으면 그들이 나의 헤일로halo 주위를 끊임없이 돌면서 내는 소리 때문에 불편해진다. 당신처럼 육신을 가진 존재는 그런 불편함을 "간지러움"이라고 표현할지도 모르겠다. 사람 천문학자들은 그런 느낌 때문에 내 원반이 꿈틀거리며 위아래로 움직이는 모습을 관찰했다.[1]

사람 천문학자들이 궁수자리 왜소 타원은하라고 부르는 작은 은하는 특히 귀찮은 이웃이었다. 수억 년 전에 나는 이 은하가 나에게 너무 가까이 다가오는 게 짜증 나서 내 중력으로 이 은하를 갈기갈기 찢어버렸다. 그때 내 몸 주위로 흩어진 궁수자리 은하의 항성들은 이제는 궁수자리 계류Sagittarius stream[2]가 되어 돌고 있는데, 나는 이들의 가스를 앞으로도 억겁의 시간 동안 야금야금 먹어치울 것이다. 그보다 작은 은하들은 완전히 먹는 데 시간이 더 오래 걸린다. 질량이 작아서 중력으로 붙잡기가 어렵기 때문인데, 그래도 결국에는 나에게 완패할 수밖에 없다. 10억 년 안에 먹어치울 은하인데, 굳이 내가 그 녀석에게 친절하게 굴거나 친구가 될 필요가 있을까? 사람도 사탕 그릇에게 자기 영혼을 보여주지는 않지 않나?

그러나 오랜 시간이 지나면서 나에게도 사람이라면 아마도 친구라고 부를 만한 이웃 은하들이 몇 녀석 생기기는 했다. 그중에서 가장 크고 가장 밝고 가장 중요한 은하는 안드로메다 은하인데, 아직은 그 친구 이야기를 자세하게 하고 싶지는 않다. 안드로메다를 제외하면 나의 친구라고 부를 수 있는 은하는 세 녀석이 남는다. 래리, 새미, 트린이다. 사람들이 부르는 대로라면 대마젤란 은하, 소마젤란 은하, 삼각형자리 은하.

사실 "친구"라는 단어는 너무 어감이 강하고, 언제나 정확하게 쓰이는 것도 아닌 듯하다. 혹시 사람에게는 옆에서 사라지면 너무나도 외롭고 절망스럽기 때문에 그 존재를 참아주고 있는 대상을 지칭할 단어가 있을까?[3]

사람의 시력은 형편없지만, 이 세 은하는 그 약한 눈으로도 볼 수 있다. 그러니까 적어도 사람들이 지구 대기를 모두 오염시키기 전에는 직접 눈으로 볼 수 있었다는 뜻이다. 당신의 조상은 말이다. 하지만 이제는 세 은하를 보려면 여러 사람이 함께 노력해 아주 어두운 곳으로 가야만 간신히 볼 수 있다. 하지만 그런 여행을 할 수 없는 처지라고 해도 절대로 속상해하지 말자. 그 세 은하 가운데 조금이라도 당신이 주의를 기울일 가치가 있는 은하는 오직 한 녀석밖에 없으니까.

나머지 두 은하 중 한 녀석은 질투심에 사로잡힌 실패자고, 다른 한 녀석은 믿을 수 없을 정도로 따분하다.

그럼, 셋 중에 가장 최악인 녀석부터 시작해볼까?

메시에 33(사람 천문학자들은 M33이라고 줄여서 부를 때가 많다), NGC 958, 바람개비 은하(이렇게는 가끔 불린다), 개인적으로 내가 좋아하는 별명인 낙제생 트린 등 삼각형자리 은하[4]는 나처럼 이름이 많다. 낙제생 트린이라는 명칭은 당신들의 소중한 국제천문연맹이 인정하는 이름은 아니지만 그게 녀석의 진짜 이름이다! 트린은 크기는 나의 절반 남짓이지만 항성은 10배나 더 많이 가지고 있으며, 우리 국부은하군에서 세 번째로 큰 은하인데, 그 때문에 항상 비통해한다.

내가 고대 사람들이 지어낸 이야기에는 트린이 거론된 적이 없다는 사실을 밝히면 트린은 분명히 화를 낼 것이다(물론 자신이 화났다는 사실을 인정하지는 않을 테지만). 어쨌든 고대 사람들은 내가 들을 만큼 트린의 이야기를 자주 하거나 큰 소리로 말한 적이 없으며, 지금까지 살아남은 트린에 관한 이야기도 전혀 없는 듯하다. 그럴 수밖에 없는 게, 트린은 너무 어두워서 많은 곳에서 볼 수 없었기 때문이다.

그런 트린에 관한 이야기를 굳이 기록으로 남기겠다고 생각한 사람이 처음으로 나타났으니, 1600년대에 이탈리아에서 살았던 한 천문학자이다. 이 천문학자, 조반니 바티스타 오디에르나는 법정 천문학자로 근무하면서 탁월한 관측 기록을 남겼으며, 중요한 천체를 발견하는 안목이 뛰어났다. 그는 트린을 "삼각형 근처"에 있는 이름 없는 성운nebula이라고 묘사했는데, 그때는 밤하늘에 보이는 흐릿한 부분을 뭉뚱그려서 모두 "성운"이라고 불렀기 때문이다. 오디에르나가 "삼각형"이라고 부른 것은 지금의 "삼각형자리"를 의미한다. 그로부터 1세기가 조금 더 지나 트린은 33번째로 메시에 목록에 합류했다. 메시에 목록이란 프랑스 천문학자 샤를 메시에가 북반구에서 볼 수 있는 천체들을 정리한 목록으로, 트린이 M33이라는 별명을 얻은 건 그 때문이다. 이 이야기에서 가장 근사한 부분이 무엇인지 알고 싶은가? 사람이 18세기라고 규정한 시기에 메시에와 동시대 사람들이 가장 열의를 가지고 진행한 일은 혜성 찾기였는데, 그 과정에서 이 일을 방해하는 모든 천체를 목록으로 작성한 것이 바로 메시에 목록이었다는 점이다. 트린은 그런 방해꾼 목록에 이름을 올린 것이다! 정말 낙제생다운 일화 아닌가!

트린은 우리에게서 거의 300만 광년 떨어진 국부은하군의 반대쪽 끝에 있다. 그 같은 사실이 나에게는 기막히게 좋은 일이지만, 트린이 자기 주위를 돌고 도는 즐거움을 감내해야 하는—나는 이 표현을 아주 냉소적으로 쓰고 있다. 나에게는 당신을 위해 굴려줄 눈이 전혀 없으니까—안드로메다에게는 그렇지 않다.

트린은 상사병 걸린 강아지처럼 안드로메다의 뒤를 계속 쫓아다니면서 수소든 항성이든 자신이 줄 수 있는 건 모조리 주면서 아첨을 떤다. 안타깝지만, 트린의 슬픈 구애는 훗날에야 결실을 볼 것이다. 지금과 같은 경로로 계속 움직인다면 두 은하는 20억 년 뒤에야 합쳐질 것이기 때문이다. 하지만 확신하기는 어렵다. 내가 유일하게 확신하는 바는 안드로메다가 한 은하의 하찮은 변명 따위는 갈기갈기 찢어 버리고 국부은하군의 반대쪽에 훨씬 더 적절한 동료—바로 나—가 인내하면서 자신을 기다리고 있음을 기억하리라는 것이다.

그때까지 삼각형자리 은하는 나를 향해 "이런, 1년 동안 만들 수 있는 항성이 그것밖에 안 돼?"라거나 "국부은하군 전체에서 가장 밝은 X선을 방출하는 은하가 나라는 거 알지?", "너는 자전 경로가 너무 가파른 거 아니야?" 같은 시답잖은 모욕을 계속해댈 것이다.

솔직히 말해서, 나는 트린이 하는 말에는 그다지 신경 쓰지 않는다. 3위로 살아가는 것, 그것도 2위와의 격차가 너무나도 큰 3위로 살아간다는 건 쉬운 일이 아닐 테니까. 게다가 나는 너무나도 관대해서 그 불쌍한 나선은하를 생각하면 정말로 안쓰러워질 때도 있다.

그러나 트린 이야기를 계속해야 할 정도로 내가 그 녀석을 안쓰럽게 생각하는 건 아니니 이쯤하고 넘어가자.

혹시 정말로 단지 결정을 하지 **못할 뿐**인 누군가를 만난 적이 있나? 그러니까 저녁으로 무엇을 먹을지, (아마도 아주 평범할 어떤) 직업을 받아들일지 말지를 결정하지 못하는 사람 말이다. 우리 마을에서는 은하가 될지, 왜소은하가 될지를 선택하지 못하고 있는 래리가 그런 존재다.

래리는 국부은하군에서 네 번째로 큰 은하이지만 좀더 커다란 은하가 되어 다른 은하들을 제칠 수 있다는 망상을 품지 않으며, 수상 순위에 들지 못했다고 해서 언짢아하지도 않는다. 트린의 옹졸함은 위대한 존재가 되기 직전에 좌절되었다는 데에서 그 이유를 찾을 수 있지만, 래리는 특별한 존재가 될 가능성이 애초에 없었기 때문에 어떤 뚜렷한 정체성을 형성할 기회도 얻지 못했다.

그렇다고 래리가 인상적인 존재가 아니라는 뜻은 아니다. 오히려 그 반대다. 지름이 1만4,000광년이나 되고 당신의 태양 같은 항성보다 100억 배나 무거운 래리는 정말로 경이로운 존재다. 특히 왜소은하 중에서는 말이다. 래리는 그저……우유부단할 뿐이다. 지루한 녀석으로, 내가 내 주변에서 느꼈으면 하는 에너지 충만한 은하는 아니다. 지상에 있는 당신이 이곳 상황을 정확히 알 방법은 없을 테니, 같은 은하로서 래리가 수십억 년 동안 무성의하게 먼지와 가스를 옆으로 밀쳐내는 모습을 지켜본 내 말을 믿는 편이 좋을 것이다. 물론 오직 밀쳐내기만 하는 이유는 우주가 래리에게는 어떠한 항성도 만드는 것을 금지했기 때문이지만 말이다.

나선 팔이 하나뿐인 래리는 나선은하가 되려는 생각은 엄두조차 내지 못한다. 팔이 하나뿐이라니! 사람 천문학자들은 한 무리의 은하를 분류하는 명칭에 래리의 이름을 붙였는데, 내가 보기에는 래리가 안쓰러워서인 듯하다. 어쨌거나 그 때문에 이제는 나선 팔이 하나뿐인 은하를 "마젤란형 나선은하"라고 부른다.[5] 하지만 독립적인 무리를 이루기에는 너무나도 평범한 특징이라서 그다지 **멋진** 분류 기준도 아니다.

그리고 래리는 늘 가까워도 너무 가까이 있다. 50킬로파섹, 16만 3,000광년, 155×10¹⁶킬로미터. 어떤 식으로 표기해도 나와 래리의 사이는 충분히 멀어지지 않는다. 우리 둘 사이의 거리는 안드로메다조차 낄 수 없을 정도로 좁다. 그리고 그런 상황을 나의 작은 거주민들은 그대로 용납할 수가 없다.

혹시라도 당신이 래리와 관련해 가장 흥미로운 부분이 무엇이냐고 묻는다면—당신이 묻지 않았다는 건 안다. 애초에 내가 이렇게 요란하게 춤을 추고 노래를 부르는 이유가 당신이 묻지 않은 것도 말해주려는 거니까—래리와 새미가 공유하는 전혀 예기치 못한 부당한 결속이라고 대답하겠다. 말 그대로 결속하고 있다고 말이다. 이 두 왜소은하들은 끊임없이 서로에게 중력으로 영향을 미쳐 지난 수십억 년동안 양쪽으로 뻗어 있는 항성과 가스 계류로 연결되어 있다(나에게 눈썹이 있었다면 분명히 두 은하를 향해 터무니없다는 듯이 눈썹을 치켜올렸을 것이다). 나에게는 놀라운 일이지만, 그 결속은 두 왜소은하에게 도움이 되었다. 이 둘의 질량에 비하면 제대로 기량을 발휘하지 못한다고 해야겠지만 그래도 지난 20억 년 동안 그들이 만든 항성의 수는 엄청나게 증가했다. 둘은 행복해 보이며, 그래서 나도 행복하다. 그들의 수명은 충분히 짧으니 무슨 일이 되었건 간에 감정을 느낄 수 있을 때 충분히 느끼고 행복한 편이 좋다.

두 왜소은하 모두 내가 인사하고 지내는 존재들이지만—심지어 새미는 나의 진정한 친구라고 부를 수 있는 존재에 아주 가깝다고 생각하지만—우리 중 누구도 자신의 본성에 아주 오랫동안 맞설 수는 없다. 앞으로 수십억 년 안에 내 중력은 그 두 왜소은하를 끌어당길 테고, 나는 그들을 게걸스럽게 모조리 먹어치울 것이다.

그렇다고 그들을 동정할 필요는 없다. 우리는 언제나 결국에는 그런 시간이 온다는 사실을 알고 있으며, 내 몸 곳곳에 흩어질지언정 그들의 항성은 살아남으리라는 걸 알고 있으니까.

그러나 내가 성급하게 앞서 나가고 있음은 분명하다. 아직 나는 새미를 적절하게 소개하지도 않았다.

새미가 소마젤란 은하임을 당신이 알지도 모르겠다. 당신이 당신 행성의 남반구 가까이에서 산다면, 밤하늘에서 흐릿한 얼룩처럼 보이는 그 녀석을 본 적이 있을 수도 있다. 고작 20만 광년 떨어져 있고, 당신들 태양보다 고작 70억 배밖에 무겁지 않은 새미는 나의 아주 가까운 이웃이며, 애처롭게도 래리 다음으로 가장 큰 이웃이다.

사람 천문학자들은 새미를 불규칙 왜소은하라고 부른다. "불규칙하다"는 말은 "모양이 정상이 아닌 덩어리"라는 말을 무례하지 않게, 그리고 구어체처럼 들리지 않게 말하고자 하는 사람 천문학자들의 표현 방식이다. 정말 사람 천문학자들은 예의가 바르다. "불규칙한" 새미라는 표현은 기본적으로 나처럼 아름다운 나선 모양이 아니라는 뜻이다. 모든 은하가 나처럼 완벽한 나선 형태가 되지는 않는다.

이쯤에서 새미가 불규칙해진 게 나 때문임을 고백해야겠다. 새미는 원래 중앙에 두 팔을 연결하는 강력한 막대가 있었던 작은 막대 나선

은하였다. 그 막대의 잔재는 지금도 망원경으로 확인할 수 있다. 그런데 어느 날 내가 좀 짜증이 나서 내 중력으로 새미를 잡아당겨 찢어버렸다. 절대로 질투 때문은 아니다! 그저 수천 년 동안 아무것도 먹지 못했기 때문이다. 은하들도 배가 고프면 화가 난다.

래리와 새미는 사람의 연약한 맨눈으로도 쉽게 볼 수 있다. 그 둘을 같이 볼 수 있을 때도 많다. 그래서 고대 사람들은 두 녀석을 알고 있었고, 누군가 두 녀석의 이야기를 글로 남기기 훨씬 전에도 두 녀석에 관한 이야기를 했다. 폴리네시아의 뱃사람들은 래리와 새미를 이용해 항해하는 법을 알았고, 현재 뉴질랜드라고 부르는 곳에서 살았던 마오리 사람들은 밤하늘에 두 녀석이 다시 나타나는 시기를 이용해 날씨를 예측했으며, 오스트레일리아 사람들은 두 녀석을 자신이 사랑하는 사람들의 영혼이 쉬는 곳이라고 믿었다. 두 왜소은하를 활용하는 방식에 관한 지식은 여러 세대에 걸쳐 언어의 형태로, 쉽게 기억할 수 있도록 이야기의 형태로 전해졌다. 그 이야기들은 대부분 나를 언급하지 않지만, 단 하나, 오스트레일리아 사람들의 이야기에는 내가 있다. 그 이야기에서 래리와 새미는 주카라라고 알려진 노부부로 나온다. 두 사람은 너무나도 약해서 직접 먹을거리를 구할 수가 없었다. 그래서 하늘의 강에서 물고기를 낚아 노부부에게 가져다주는 별의 사람들의 친절에 의지해 살았다. 하늘의 강은 물론 나다. 이 고대 오스트레일리아 사람들에게는 우리 세 은하 사이의 식량 교환이 언젠가는 그들의 생각과는 반대 방향으로 흘러가게 되리라는 사실을 알 방법이 없었다.

이런 이야기들을 들어보지 못했다면, 당신은 당신의 작고 푸른 행성에서 북쪽 지방에 살고 있을 가능성이 높다. 그곳에서는 래리와 새미가 잘 보이지 않는다. 북반구에 사는 당신에게는 익숙할 그리스 신화와 북유럽 신화에는 래리와 새미가 등장하지 않는다.

일단 문자가 발달하자, 소금 값을 하는—사람의 역사 대부분에서 소금이 엄청나게 귀한 물질이었음은 알고 있겠지—사람 천문학자들은 모두 래리와 새미에 관해 썼다. 비록 래리와 새미라는 이름을 사용하지는 않았지만 말이다. 사람이 이 두 녀석을 대마젤란 은하와 소마젤란 은하라고 부르기 시작한 것은 당신들이—그전까지 4,500만 세기가 있었음을 깡그리 무시하면서—16세기라고 부른 시대에 마젤란이라는 허풍쟁이가 지구를 돌면서 두 녀석을 발견했을 때부터였다.

좋든 싫든 간에 두 녀석은 우주가 제공한 동반자들이다. 아직 내 이야기 듣고 있나, 사람? 좋다. 우리는 아직 갈 길이 멀다.

지금까지 나는 당신이 이해할 수 있다는 듯이 20만 광년이니 1,000만 광년이니 하는 거리 단위를 아무렇지도 않게 사용했다. 그게 나의 단점이다. 당신의 행성은 너무나도 작아서 당신의 작은 뇌로는 이처럼 큰 거리 단위를 체감할 수 없음을 알면서도 그렇게 말했다. 사람 천문학자들이 이토록 방대한 거리를 진심으로 체감할 수 있는지는 모르겠다. 하지만 적어도 그들은 그 거리를 측정할 수 있는 방법을 찾아냈다.

명확히 한계가 있는 사람의 인지 능력으로는 밤하늘이 2차원 구조로 보인다. 실제로 당신들의 조상 중에는 하늘이 지구를 감싸고 있는 마술 담요이며, 그 위에서 여러 형체들이 움직이고 있다고 믿은 사람들도 있었다. 충분히 영리했던 사람 천문학자들은 3차원이자 상당히 중요한 차원인 거리를 파악하는 방법을 알아냈다. "거리 사다리 distance ladder"라는 방법을 이용하면 순차적으로 점점 더 멀리 있는 천체의 거리를 알아낼 수 있다.

거리 사다리에 놓인 첫 번째 가로대로는 가까이 있는 천체들의 거리만을 구할 수 있다. 사람 천문학자들은 이 방법을 시차법parallax method이라고 부르는데, 시차법으로는 아무리 좋은 환경(가장 성능이 뛰어난 망원경으로 가장 밝은 천체를 보는 것 같은)에서도 1만 광년 안에 있는 천체만을 관찰할 수 있다. 1만 광년이라면 나에게서 가장 가까이 있는 은하조차 볼 수 없는 거리다.

시차법은 관측자가 이동할 때 바뀌는 천체의 겉보기 위치(하늘에서 보이는 위치)의 변화량을 측정해 천구의 거리를 파악한다. 사실 자각은 없었겠지만, 당신도 소규모로 시차법을 시도해본 적이 있을 것이다. 가령 엄지손가락을 세우고 팔을 쭉 뻗은 뒤에 양쪽 눈을 번갈아 감았다가 뜨면서 엄지손가락의 위치가 바뀌는 걸 확인해본 적이 있지 않나? 그게 바로 시차법이다. 눈과 물체까지의 거리가 멀수록 물체의 위치 변화량은 작아진다. 시차법으로 아주 멀리 있는 물체의 거리를 잴 때 오차가 생기는 이유가 이것이다.

당신은 묻는다. "하지만 위대하고 자비로운 은하수님. 우리 사람은 이 작고 보잘것없는 행성에 갇혀 있는데, 천문학자들은 천체의 위치 변화를 어떻게 측정하죠?" 그래, 당신이 이렇게 물을 줄 알았다.

그 질문에 대한 답은 아주 간단하다. 당신들 사람은 당신의 행성에 갇혀 있지만, 당신의 행성은 당신의 태양 주위를 돌고 있다. 사람 천문학자들은 당신의 행성이 태양의 한쪽 끝에서 다른 쪽 끝으로 이동하는 동안 멀리 떨어진 천체의 겉보기 위치 변화량을 측정한다.

시차법 때문에 사람 천문학자들은 새로운 거리 단위까지 만들었다. 물론 천문학자들은 자주 하는 일이지만, 시차법 때문에 만든 거리 단위는 내가 시간과 노력을 들여 당신에게 개념을 설명해줄 가치가 충분하다.

천문학자들이 새로 만든 거리 단위는 파섹parcec이다. 1파섹은 당신의 태양과 한 물체가 이루는 연주시차parallax가 1각초arcsecond가 되는 거리다. 이런, 각초도 설명해달라고? 좋다. 각초란 아주 작은 각도를 측정할 때 사용하는 단위다. "도"라는 단위는 알고 있나? 기온을 잴 때 붙이는 단위 말고 도형에서 쓰는 단위 말이다. 1각초는 60분의 1각분이고, 1각분은 60분의 1각도이다. 원한다면 각도를 각시角時라고 말해도 되지만, 그 용어는 오직 이 책을 읽은 사람만이 알아들을 수 있을 것이다.

아, 지금 설명이 내 생각보다 더 둔감해지고 있다(이건 둔각을 이용한 각 농담이다! 내가 얼마나 정-귀한지[정확하고 귀여운지] 알겠지?).

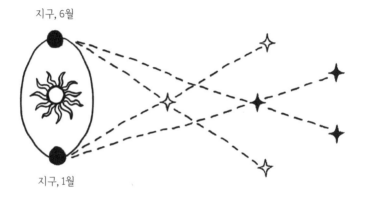
지구, 6월

지구, 1월

사람 천문학자들은 광년이나 마일, 킬로미터라는 단위보다 파섹을 훨씬 많이 쓰니까, 나도 지금부터는 파섹을 쓸 것이다. 만약에 이것이 차이를 만든다면 당신은 그저 이 값들을 "궁시렁 궁시렁 궁시렁 **정말로 큰 수** 궁시렁 궁시렁"이 아니라 1파섹은 3광년보다 조금 더 먼 거리임을 알면서 읽게 될 것이다. 조금 더 실감할 수 있게 1파섹을 킬로미터로 바꾸면 대략 30조 킬로미터다.

사람 천문학자들은 나를 벗어나 있는 천체까지의 거리를 인용할 때 파섹을 쓰지만, 그 거리를 측정할 때는 시차법을 쓰지는 않는다. 내 바깥에 있는 천체까지의 거리를 재려면 거리 사다리의 두 번째 가로대로 올라가야 한다.

급진적인 젊은 은하라면 으레 그렇듯이 나도 나의 가스로 새롭고 흥미로운 천체를 만들 수 있는지를 실험하며 시간을 보낼 때가 있었다. 한때는 광도(밝기)가 서로 다른 천체들을 만들기도 했다. 특정한 광도로 빛나는 천체를 지속적으로 만들 수 있는지를 확인하려고 상당히 예측 가능한 방법으로 계속해서 밝아졌다가 어두워지는 항성들을 몇 개 만들기도 했고, 서로가 가진 물질이 접촉했을 때 특정 광도를 발산하며 폭발하는 두 항성을 여러 쌍 만들기도 했다. 사람을 염두에 두고 만들지 않았는데도, 사람 천문학자들은 그 항성들을 아주 멀리 있는 천체까지의 거리를 구할 때 이용한다. "표준 촛불standard candle"이라는 이름까지 붙여가면서 말이다.

당신의 세상에서는 몇 세대 전부터 불을 밝히는 데 초를 사용하지 않으니, 초가 아니라 전구를 이용해서 설명해보겠다. 당신은 아주 길고 어두운 복도에서 전구를 컨 뒤에 전구에서 멀어지는 쪽으로 걷기 시작했다. 전구에서 멀어지면 멀어질수록 전구의 밝기는 어떻게 되는가? 밝아지는가, 어두워지는가?

우주에게 바라노니, 당신이 어두워진다고 대답했기를!

맞다. 전구의 절대 밝기는 변하지 않았는데도 상상 속 복도에서는 전구와의 거리가 멀어질수록 전구의 빛이 희미해질 것이다. 그 이유는 당신이 전구에서 멀어질수록 전구의 빛이 더욱더 넓은 곳으로 퍼져나가야만 당신의 눈에 닿을 수 있기 때문이다. 사람 천문학자와 물리학자들은 이런 현상을 역제곱 법칙inverse square law이라는 용어로 설명한다. 물체의 밝기는 물체와 관찰자 사이의 거리를 제곱한 만큼 줄어든다는 것이다.

지금까지 설명을 들었으니 이제는 멀리 있는 물체의 절대 밝기와 겉으로 보이는 밝기를 알면 천문학자가 그 물체까지의 거리를 계산할 수 있음을 이해했기를 바란다.

사람 천문학자들이 가장 애용하는 표준 촛불은 세페이드 변광성과 거문고자리 RR형 변광성이다. 두 변광성의 특징은 같지만 세페이드 변광성이 훨씬 거대한 항성에서 진화했기 때문에 RR형 변광성보다 밝다. 두 변광성 모두 표준 촛불이라면 반드시 갖추어야 할 일정한 밝기가 없다는 점에서 표준 촛불로서는 부적합하다. 하지만 사람 천문학자들이 늘 최상의 이름을 짓지는 않는다는 점을 상기하자. 두 변광성에는 모두 주기적으로 밝아졌다 어두워지기를 반복하는 맥동이 있다. 아주 먼 거리를 측정할 방법을 필사적으로 찾고 있던 사람 천문학자들에게는 다행스럽게도, 변광성의 절대 밝기는 맥동의 빠르기와 관계가 있다. 맥동 속도가 빠를수록 밝기는 어둡다.

이왕 말을 꺼냈으니, 그 변광성들에게 맥동이 생기는 이유를 알려 주는 편이 좋겠다. 항성은 자체 중력 때문에 수축하면 점점 불투명해진다. 새롭게 형성된 불투명한 표면에 갇힌 입자들은 점점 더 뜨거워져서 항성 내부에서 바깥쪽으로 향하는 가스의 압력이 증가한다. 이에 따라서 항성이 팽창하면 표면은 투명해지고 광자가 탈출할 수 있을 정도로 충분히 식는다. 그러면 항성은 다시 수축하고, 또다시 표면이 불투명해지고, 모든 과정이 다시 반복된다. 항성은 뜨거울수록 더 밝기 때문에 크기와 온도의 맥동(변화)을 보면 광도의 맥동(변화)도 예측할 수 있다.

변광성은 사람의 연대 표시법에 따르면 18세기에 처음 발견되었지만, 항성의 밝기가 변하는 기간이 절대 밝기와 관계가 있다는 사실은 그로부터 150년 정도 흐른 뒤에야 밝혀졌다. 1900년대 초반에 그 사실을 발견한 사람은 비극적일 만큼 자신의 능력과는 어울리지 않는 일을 하던 헨리에타 레빗이었다. 레빗은 하버드 대학교의 컴퓨터 가운데 한 사람이었다. 하버드 대학교 컴퓨터라니 믿기 힘들 수도 있지만, 그 이름은 사실 하버드 대학교 천문대에서 데이터를 분석하는 일을 하던 여성 수십 명에게 붙인 제법 정중한 별명이었다.[6] 레빗은 래리의 세페이스 자리 항성들의 밝기를 관측하다가 특이한 맥동 현상을 발견했다. 이것 때문에 당신이 래리가 흥미로운 존재라고 생각할지도 모르겠지만, 그전에 먼저 나의 위성 은하들은 당신과의 거리로 쳤을 때 래리의 항성들과 비슷한 항성들을 모두 가지고 있으며, 따라서 래리가 아닌 그 어떤 은하를 선택했더라도 결과는 같았으리라는 사실을 명심하기 바란다(왜소은하의 지름은 모두 당신과 나 사이의 거리보다도 짧다). 래리는 그저 편리하게도 레빗이 사용할 수 있는 등거리 항성들의 표본을 아주 많이 제공했을 뿐이다.

레빗은 우주 규모라는 엄청난 거리를 잴 수 있는 문을 활짝 열어 사람 천문학자들이 내가 진실로 얼마나 장엄한 존재인지를 이해할 수 있게 해주었다. 표준 촛불 역할을 하는 세페이드 변광성을 이용해 사람 천문학자들은 다른 은하가 존재하며 우주가 팽창하고 있음도 밝혔다. 헨리에타 레빗이 아니었다면 사람 천문학의 역사는 사뭇 다른 경로를 밟았을 것이다. 그럼에도 그 누구도 레빗이 세상을 떠나기 전까지 그녀의 업적에 맞는 상을 주어야 한다고 생각하지 않았다. 당신들은 정말 바보다.

사람 천문학자들이 우주에서 거리를 측정할 때 표준 촛불로 사용하는 항성은 세페이드 항성만이 아니다. 가끔은 la형 초신성이라고 부르는 천체도 표준 촛불로 사용한다. 초신성은 항성이 폭발하는 현상으로, 사람 천문학자들은 **당연히** 초신성도 목록으로 작성해두었다. 정말 사람답다. 진심으로 말하는데 뭐든 목록으로 작성하는 동물은 당신들 말고는 없다.

1a형 초신성은 수백만 년 동안 점점 가까워지는 궤도를 돌던 두 항성이 합쳐지거나 서로 물질을 교환할 때에 일어나는 폭발로 발생한다. 이때 폭발을 일으키는 두 항성 가운데 적어도 하나는 반드시 백색 왜성white dwarf이어야 한다. 훨씬 거대했던 항성이 헬륨을 합성하는 데 수소 연료를 모두 소모한 뒤에 차갑게 식으면서 작아지는데, 당신의 태양도 언젠가는 백색 왜성이 될 것이다! 물론 그 모습을 목격하기 전에 당신은 죽을 테지만.

1a형 초신성 폭발에 백색 왜성이 참여하는 것이 중요한 이유는 백색 왜성이 수소를 모두 태운 뒤에 폭발해야 하는 순간을 가아안신히 피한 항성이기 때문이다. 백색 왜성은 폭발하는 대신 수축하면서 조밀해지는데, 어찌나 조밀해지는지 항성을 이루는 원자 내부의 전자들이 서로를 밀어낼 정도다. 이렇게 가까워진 전자들은 항성을 계속 수축시키려는 중력과는 반대 방향으로 작용하는 전자 축퇴압electron degeneracy pressure을 생성한다. 이론적으로 중력과 전자 축퇴압은 영원히 균형을 이룬 상태를 유지해야 한다. 그러나 백색 왜성이 가까이 있는 항성의 물질을 흡수해 몸집이 커지면 초신성이 될 수 있는 질량 한계치를 뛰어넘어 결국 항성계 전체가 폭발한다.

아마도 당신의 사람 동료 중에는 중력이 전자 축퇴압을 이김으로써 항성이 자체 무게 때문에 붕괴되기 시작하는 찬드라세카르 한계 Chandrasekhar limit를 넘었기 때문에 초신성 폭발이 일어난다며 자기 말을 믿으라고 강요하는 사람도 있을 것이다. 찬드라세카르 한계는 당신 태양 질량의 1.4배다. 하지만 그 사람은 틀렸다. 당신은 나를 믿는 편이 좋겠다. 어쨌거나 애초에 이런 쌍성계를 만든 장본인이 나니까.

게다가 1a형 초신성 폭발에 관여하는 백색 왜성 중에 찬드라세카르 한계를 훌쩍 뛰어넘는, 슈퍼 찬드라Super-Chandra로 분류될 수 있는 질량을 가진 녀석이 있다는 사실을 생각해보면, 내 말을 믿을 수밖에 없을 것이다.

당신 태양 질량의 1.4배가 되는 항성들이 폭발하는 이유는 수축한 항성의 중심부에서 탄소가 만들어지기 때문이다. 불타오르는 탄소가 항성에 이미 풍부하게 존재하던 산소와 만나면 당연히……**펑!** 하고 터질 수밖에 없다.

나는 이 폭발하는 쌍성계를 구성하는 항성들이 모두 완벽한 균형을 맞추는 질량과 화학 조성비를 이루도록 수십억 년 동안 노력했다. 그건 정말 엄청난……예술적 기교가 필요한 일이었다. 그런데도 당신들 사람은 그저 이 쌍성계를 거리를 계산하는 데에만 이용한다.

1a형 초신성은 찬드라세카르 한계와는 관계없이 폭발하기 때문에 광도를 예측할 수 없으며, 따라서 엄밀하게 말하면 표준 촛불이 될 수 없다. **하지만** 이 초신성의 광도는 폭발로 밝아진 빛이 얼마나 빠르게 어두워지느냐와 관계가 있다. 밝은 빛을 낸 초신성일수록 빠르게 어두워진다. 이런 관계를 이용할 수 있기 때문에 1a형 초신성은 표준 촛불로 활용된다.

표준 촛불을 이용해서 계산한 거리가 정확하다는 판단을 내리려면 먼저 시차법으로 계산한 거리와 비교하는 과정을 거쳐야 한다. 새로 발견한 거리 측정법이 정확한지를 확인하려면, 거리 사다리를 모두 비교해보아야 한다.

사람 천문학자들은 이런 표준 촛불들을 이용해 나로서는 너무나도 하찮아서 굳이 당신에게 말해줄 필요도 느끼지 않는 피닉스, 카리나, 스컬프터 같은 내 주변의 왜소은하들을 수십 개나 발견하고 천체 지도에 표시했다. 덕분에 우리 국부은하군의 모습을 좀더 잘 이해할 수 있게 되었고 말이다.

물론 비표준 촛불도 있다. 이 천체들은 일정한 광도光度를 발산하는 무리에 속해 있지는 않지만 사람 천문학자들은 어쨌거나 그들의 밝기를 밝혀냈다. 아주 멀리 있는 은하나 에너지 넘치는 블랙홀이 그런 천체들이다. 이들의 광도는 흔히 방정식에 불확실성을 더하는 모형에 의존할 때가 많다. 하지만 원래 천문학자들은 불확실성을 자주 만나기 마련이다. 그때부터 천문학자들은 그 불확실성을 제거하는 데에 자신의 연구 인생을 건다.

특별한 상황에서 사람 천문학자들은 "표준 사이렌standard siren"을 이용해 거리를 결정할 수도 있다. 얼핏 보기에는 한 천체에 관해 관측한 양과 내재적 특성을 비교한다는 점에서 표준 사이렌도 표준 촛불과 상당히 비슷해 보인다. 하지만 표준 사이렌은 우리 모두가 앉아 있는 시공간이라는 직물에 파장을 만들 정도로 강력한 사건을 일으키는 중력파원gravitational wave source을 활용한다는 점이 다르다. 이 중력파원들은 사람 천문학자들이 가끔은 친근하게 "짹짹거림chirp"이라고 부르는 특정 진동수의 신호를 방출한다.

이런 표준 사이렌과 비표준 촛불 가운데 몇 개는 우리 국부은하군 바깥쪽에 있는 천체까지의 거리를 측정하는 데 사용된다. 우리 국부은하군보다 더 클 때도 있는 다른 은하군에서 찾을 수 있는 천체들 말이다. 가장 가까이 있는 것은 사람 천문학자들의 표현대로라면 처녀자리 은하단Virgo Cluster이다. 그러니까, 옆 동네인 셈이다. 사실 처녀자리 은하단은 정말로 거대해서 "동네"라는 표현은 조금 부적절하다. 1,300개가 넘는 은하들이 모여 있는 처녀자리 은하단이 맨해튼이라면 우리 국부은하단은 음……클리블랜드 정도 되지 않을까 싶다. 하지만 처녀자리 은하단의 구성원이 더 많다고 해서 그중에 나보다 더 뛰어난 은하가 존재한다는 뜻은 아니다. 그러니까 클리블랜드 캐벌리어스에는 한동안 르브론 제임스가 있었고, 그는 농구 역사상 명실상부한 최고의 선수였지 않나?

처녀자리 은하단 너머에는 화로자리 은하단, 공기펌프자리 은하단, 용자리 은하단이 있으며, 거의 100개나 되는 여러 은하 도시들이 한데 모여 처녀자리 초은하단Virgo Supercluster을 이루고 있다. 처녀자리 은하단이 중심에 있기 때문에 붙은 이름이다. 우주는 결국 프랙탈fractal 구조다. 즉 원자에서 시작해 행성계, 초은하단에 이르기까지 같은 모양과 패턴이 계속 반복적으로 커지는 구조다.

나는 나에게 필요한 모든 것이 이미 우리 국부은하단에 존재하기 때문에 이곳을 벗어난 적이 없다. 물론 솔직하게 말하면 국부은하단을 한데 묶는 접착제 역할을 하는 것이 바로 나다. 게다가 우주가 지금과 같은 속도로 계속 팽창한다면 처녀자리 은하단을 비롯한 다른 은하단들은 결국 우리 시야에서 사라질 것이다. 지금 당장은 우리 이웃들이 서로의 중력을 느끼고 있지만, 우리는 결코 그 무엇으로도 묶이지 않았다.

사람 천문학자들은 우주에 대한 이해를 결코 처녀자리 초은하단에서 끝내는 것으로 만족하지 않았다. 아마 만족할 수도 없었을 것이다. 내가 당신들 인류라는 생물종을 어떤 식으로든 계속 존중할 수밖에 없는 이유가 바로 이것이기도 하다.

사람 천문학자들이 처녀자리 초은하단 너머에 있는 천체들을 연구하려면 먼저 처녀자리 초은하단까지의 거리를 알아내야 했다. 하지만 거리 사다리의 아래쪽에 있는 가로대들로는 그렇게까지 먼 거리를 측정할 수 없었다. 사람 천문학자들은 표준 자standard ruler가 있는 가로대까지 올라가야 했다. 지금쯤이면 당신은 거리 사다리의 가로대가 놓인 방식을 파악하고, 표준 자는 천체의 실제 크기를 측정해 관측한 크기 값과 비교해 거리를 계산하는 방식이라는 사실을 알아챘으리라고 믿는다.

그런데 표준 자로 사용되는 천체는 개별 천체가 아닌 경우가 많다. 뭐, 가끔은 사람 천문학자들이 개별 은하를 표준 자로 사용하려고 시도할 때도 있지만, 우리는 다른 은하가 그렇다고 해서 자신도 특정 크기로 자라는 생각 없는 소심쟁이가 아니라 장엄한 은하들이다. 따라서 결국 사람 천문학자들은 우리가 아니라 중입자 음향 진동baryonic acoustic oscillation을 표준 자로 사용해야 할 때가 많다.

이런, 중입자 음향 진동이 뭔지 모르겠다고? 뭐, 그런 걸 모른다고 당신이 하찮은 존재라는 생각은 정말로 하지 않는다. 중입자 음향 진동은 서글프고도 작은 사람의 눈으로는 볼 수 없으니, 당신으로서는 어쩔 수 없다. 이 중입자 음향 진동을 설명하려면 먼저 당신의 암석 행성에서 아주 멀리 떨어져야 한다.

사람의 근육 몇 개만으로도 지구의 전체 중력을 이기고 잠시라도 팔을 공중으로 들어올릴 수 있다는 걸 생각해보면 중력은 아주 약한 힘일 수도 있다. 하지만 사실은 아주 가차 없는 힘이다. 시간만 충분하다면 중력은 은하들을 모아 은하단을, 은하단들을 모아 초은하단을, 초은하단들을 모아 사람 천문학자들이 우주망cosmic web이라고 부르는 거대한 물질 필라멘트 구조망을 만들 수 있다. 은하 중에는 메이시(사람 천문학자들이 MCG+01-02-015라고 부르는)[7]처럼 우주망의 공동空洞 속에 갇혀버린 운 나쁜 은하들도 있다. 반경 3,000만 파섹 안에 이웃이 하나도 없는 메이시는 우주에서 가장 외로운 은하일지도 모른다. 그러나 그런 식의 고립이 좀 불편하기는 해도, 가스를 먹으려고 미친 듯이 경쟁하고 살아남으려고 다른 은하와 싸워야 하는 압박에서 벗어나고 위성 은하들의 기대에서 자유로울 수 있다면 나는 수천만 년을 고독하게 보내는 상황을 감수할 수 있을 것 같다.

그러나 우주에서 물질이 과밀하거나 희박한 곳을 보겠다는 이유라면 우주망까지 볼 수 있는 먼 곳으로 갈 필요는 없다. 우주에서 물질이 과밀한 곳(과밀도 지역)과 지나치게 희박한 곳(저밀도 지역)은 일정한 간격으로 반복적으로 존재한다. 우주 전역에 강력한 파문이 일어 파동의 마루마다 물질을 쌓아둔 것처럼 말이다. 실제로 우주가 원자도 만들어지지 않았을 정도로 어리고 작고 뜨거웠을 때 중력은 모든 물질을 한데 모으려고 애썼다. 조밀하게 모인 입자들이 방출하는 여분의 열기 때문에 밖으로 작용하는 압력이 생기자, 우주는 한동안 대립하는 힘들 사이에서 조화롭게 균형을 이루었다. 앞뒤로 움직이는 힘은 우주 물질에 파동을 일으켰는데, 그 모양은 우리가 사방으로 뻗어나갈 때에도 그대로 유지되었다.

사람 천문학자들이 중입자 음향 진동을 알게 된 것은 우주 전역에 퍼져 있는 은하를 자세하게 조사하는 슬론 디지털 전천 탐사Sloan Digital Sky Survey 덕분이다. 20년이 넘는 시간 동안 1만2,000개가 넘는 알루미늄 원반[8]을 이용해 자료를 모은 이 조사에서는 400만 개나 되는 은하와 블랙홀, 항성의 스펙트럼이 분석되었다. 이 탐사 덕분에 사람 천문학자들은 이제 지금까지의 그 어떤 은하 지도보다 정확한 3D 은하 지도를 가지게 되었다.

중입자 음향 진동이 남긴 파문은 슬론 디지털 전천 탐사 초기에 찾은 발견 가운데 하나로, 현재 사람 천문학자들은 중입자 음향 진동을

1퍼센트 오차 내로 정확하게 측정할 수 있다. 일단 과밀도 지역을 보는 일이 가능해지자, 천문학자들은 이 지역들 간의 거리를 표준 자로 활용할 수 있게 되었다. 표준 자로 수집한 거리들은 아주 길어서 사람 천문학자들은 우리 우주의 팽창 속도를 훨씬 정확하게 이해하게 되었다.

그리고 우주의 팽창 속도를 알게 되면서, 사람 천문학자들은 마침내 거리 사다리의 마지막 가로대인 우주 적색 이동redshift으로 올라갈 수 있었다.

적색 이동—과 그 반대 현상인 청색 이동—은 아주 작은 규모에서도 볼 수 있고, 소리로도 들을 수 있다. 이동을 일으키는 도플러 효과Doppler effect가 파동의 형태로 움직이는 모든 신호에서 나타나기 때문이다. 관찰자에게서 멀어지는 광원은 끊임없이 빛을 방출하는데, 빛과 관찰자의 거리가 점점 더 멀어지기 때문에 빛은 좀더 먼 거리를 이동해야만 관찰자에게 도착한다. 당신들 중에는 빛의 이동 거리가 늘어나는 현상을 파장이 길어진다는 식으로 표현하는 사람도 있는데, 아주 정확한 설명은 아니다. 빛의 파동에 직접 작용하는 힘은 없다. 광원이 관찰자에게서 멀어지고 있기 때문에 매번 도착하는 파장이 바로 앞의 파장보다 조금씩 더 먼 거리를 이동해야 하는 것뿐이다. 이런 상황을 반대로 돌려 광원이 관찰자 쪽으로 이동하게 하면 파장은 압축된 것처럼 보이고, 사람 과학자들이 말하는 청색 이동 현상이 목격된다.

우주 적색 이동도 빛 파동의 적색 이동과 비슷한 원리로 생기지만, 우주 적색 이동의 경우에는 실제로 빛 파장을 늘리는 존재가 있다는 점이 다르다. 우주가 팽창한다는 것은 은하가 평온하고 변함없는 주변 환경 속에서 그저 멀리 이동한다는 뜻이 아니다. 우주의 팽창은 풍선의 표면이 커지거나 팬케이크 반죽이 퍼지는 것처럼 당신과 나 사이의 공간이 벌어진다는 뜻이다. 그리고 당신이나 나에게 오는 동안 그 공간에 갇혀 있어야 하는 빛의 파장도 함께 늘어난다.

사람 천문학자들은 멀리 있는 천체가 보내오는 빛의 파장이 얼마나 늘어났는지, 전자기파 스펙트럼에서 붉은색 쪽으로 얼마나 이동했는지를 측정하고, 그 값을 이용해 해당 천체까지의 거리를 계산할 수 있다.

우주 적색 이동 현상을 이용해 사람 천문학자들은 관측 가능한 우주의 끝부분에 있는 천체까지의 거리도 측정할 수 있다. 이제 당신들의 한계는 하늘이 아니라 망원경의 집광력sensitivity이다. 멀리 있는 물체는 가까이 있는 물체보다 흐릿하게 보이고, 흐릿하게 보이는 물체는 망원경으로 관측하기가 더 어렵다. 하지만 사람 천문학자들은 활용 가능한 기술을 이용해 그 한계를 밀어붙였고, 적색 이동 값이 11보다 큰 은하들을 관찰하고 있다. 11이라는 수는 그 자체로는 별다른 의미가 없다. 그저 다른 값과 비교하는 기준일 뿐이다. 사람 천문학자들이 독창적이게도 GN-z11이라고 이름 붙인(이 은하를 만나는 기쁨을 직접 누려본 적이 없으니 나로서는 이 은하가 사람 천문학자들이 붙인 이름을 마음에 들어하는지 알 길이 없다), 관측 가능한 우주에서 가장 멀리 있는 은하는 130억4,000만 광년 떨어져 있다. 맞다. 130억 광년이다. 사람 천문학자들은 GN-z11을 관찰하면서 빅뱅 뒤 4억 년밖에 지나지 않은 우주를 보고 있는 것이다.

이런 일을 해낸 사람 천문학자에 대해서는 이렇게 말할 수 있을 것이다. 아주 작은 것을 가지고 엄청난 일을 해냈다고. 사람들은 그런 걸 뭐라고 하지? 레몬으로 레모네이드를 만들었다(속뜻은 "역경 속에서도 최고를 일궈내다!"이다)? 아무튼 우주 적색 이동에 관해서라면 내가 한 일은 그저 그들에게 레몬 나무 사진을 한 장 보여준 것뿐이다. 그런데도 천문학자들은 그 전부를 해냈다. 어렸을 때 과학을 탐구하는 방법을 배우면서(혹은 배웠다면) 당신은 과학에는 실험이 필요하다는 사실을 알았을 것이다. 하지만 사람이여, 이 세상에는 실험은 하지 못하고 관찰만 하는 과학도 있다.

사람 천문학자들은 직접 실험을 할 만한 작은 항성을 만드는 방법을 아직 알아내지 못했다. 그들은 여러 은하군을 만들고, 그 은하군들이 자신들의 실험 결과에 어떤 영향을 미치는지를 보려고 직접 조작할 능력이 없다. 그들은 그저 이미 존재하는 천체들만을 가지고 연구해야 한다. 대조군에 포함할 천체들을 찾아내고, 자연이 조작해온 천체만으로 실험군을 꾸려야 한다.

이런 방식의 관찰 과학은 당신의 삶에도 적용할 수 있다. 나는 사람들 대부분이 자신들의 문제를 풀려고 할 때 어떻게 하는지 지켜보았다. 당신들은 원하는 바를 이루려고 힘을 쓰거나 남을 속인다. 자신의 문제를 외면하고 뒤에서 "뒷통수를 치는 사람이bite you in the ass" 없기만을 바란다(사람들은 그렇게 말하던데, 아닌가? 그러니까, 나쁜 결과가 나오지 않기만을 바란다는 뜻으로 말이다). 하지만 시간을 들여 주변 세상을 둘러보는 것이 그보다는 더 좋은 문제 해결 방법이다. 문제의 근원에서 눈을 돌리지 말고 다른 사람들은 비슷한 곤경에서 어떻게 빠져나오는지를 배우는 편이 좋다. 사람 천문학자들이 결국 자신들의 지평선을 관측 가능한 우주의 가장자리까지 확장할 수 있었던 것도 바로 그런 방법을 사용했기 때문이다.

우주의 가장자리라는 말이 나왔으니까 하는 말인데, 천문학자들이 자신들이 진행한 연구 결과를 다른 사람들에게 전하려고 할 때면 사람들은 대부분 우주의 방대한 규모 때문에 확실히 왠지 기분이 불편해지나 보다. 수십억 광년이나 떨어진 은하에 관해서 들을 때면 자신이 하찮은 존재처럼 느껴지기 때문일 것이다. 스스로 의미가 없다는 느낌이 들면 기운이 고양되지 않고 당연히 낙담할 수밖에 없다.

물론 이 방대한 시간과 공간 속에서 당신의 삶은 무의미하다. 당신은 나의 반대편으로는 결코 가보지 못하고 우리 국부은하군의 반대편에 있는 존재에게 어떠한 영향도 절대로 미칠 수 없다. 솔직히 말하면 내가 지금 당신에게 말을 거는 이유는 당신의 조상들이 이야기를 들려주었던 목소리가 그립기 때문이고, 내가 말을 걸면 당신들이 다시 그 이야기를 하게 되어 아주 잠시 동안 내가 만족할 수 있을지도 모르기 때문이다. 내가 "잠시 동안"이라고 말한 이유는 당신들 사람이라는 생물종이 머지않아 사라질 것임을 알기 때문이다.

그러나 그렇다고 당신이 아는 모든 사람—과 당신이 모르는 모든 사람—이 중요하지 않다는 뜻은 아니다. 당신도 당신의 세상을 움직이는 유명인사나 정치인, 인플루언서만큼은 중요하다. 그저 절대적으로 "아주" 중요하지는 않다는 뜻이다. 당신이 내린 결정은 그 무엇도 우주에 의미 있는 영향을 미치지 않는다. 어떤 행동을 해도 크게 문제가 되지 않는다니, 정말 자유롭지 않나? 물론 당신의 행동은 당신과 당신의 동료 사람들에게는 중요할 것이다. 그러나 장담하건대 당신의 그 작은 세상에서도 당신이 한 선택들은 대부분 당신이 걱정하는 만큼 큰 의미는 없다.

나도 당신처럼 그리 의미 있지 않은 삶을 살 수 있다면 좋겠다. 진짜 의무라는 성가신 짐을 벗어버리고 싶다. 하지만 어쩌랴. 진정한 자유는 늘 나를 비껴가는 것을.

06

몸

앞에서 나의 모든 책임이 저절로 굴러가도록 내버려두었다고 말했을 때 내가 너무 겸손했던 것 같다. 나는 당신이 내가 아무 일도 하지 않는다고 믿는 채로 떠나는 게 싫다. 왜냐하면 하루도 빠짐없이 은하로 살아야 한다는 건 너무나도 **지치는** 일이기 때문이다. 나는 적어도 50개는 되는 이웃이 모두 모여 있을 수 있도록 붙잡고 있어야 하며, 내가 가진 가스로 1,000억 개나 되는 항성을 만들고 움직이게 하고 감독해야 한다. 우리 모두에게 다행인 건 내 몸이 별들을 움직일 수 있게 만들어졌다는 점이다.

당신들이 진정한 내 모습을 알고 있다는 기대는 하지 않는다. 내 전체 모습을 한꺼번에 모두 볼 수 있는 사람은 없을 테니까. 그런데도 많은 사람이 내 모습을 안다고 생각한다. 내가 즐겁게 말해주고 싶은 것은 지금까지 당신이 본 내 사진 가운데 진짜는 하나도 없다는 것이다. 물론 보통은 자료를 근거로 만들지만 모두 예술가의 손길이 닿은 상상도다. 진실은 사람이 만든 기계는 그 어떤 것도 나를 벗어난 적이 없으며, 온전한 나를 내 안에 들어 있는 채로 찍을 수는 없다는 것이다(집 안에서 집의 외부 사진을 찍을 수는 없지 않은가).

대략적으로 이야기하자면 내 몸은 세 부분, 볼록한 팽대부bulge와 원반disk, 헤일로halo로 이루어져 있다.

그럼 당신에게 가장 친숙할 부분부터 시작해보자. 당신이 본 예술적인 그림은 나의 원반—나의 상징이라고 할 수 있는 나선 팔을 가진 평평한 부분—을 두드러져 보이게 하는 탁월한 재주가 있다. 하지만 그런 그림은 나를 온전히 보여주지 못한다.

원반의 한쪽 끝에서 다른 쪽 끝까지의 거리가 정확히 30킬로파섹(파섹이라는 단위를 기억하리라고 믿는다. 1킬로파섹은 1,000파섹이다)이라고 말할 수 있다면 상황이 훨씬 쉬울 것이다. 하지만 나는 그렇게는 말할 수 없다. 나에게는 "끝"이나 "경계"라고 할 만한 가장자리가 없기 때문이다. 사실 은하는 모두 가장자리가 없다. 우리는 모두 먼지와 가스로 이루어져 있는데, 이 두 구성 성분은 자유롭게 돌아다니기 때문에 일정한 모양도 부피도 유지하지 못한다. 나는 크고 강하며 나의 몸을 유지할 수 있을 정도로 중력도 세지만, 바깥쪽에 있는 입자들은 언제나 움직인다. 그 때문에 나는 움직이는 솜털구름처럼 모양이 바뀌는데, 그게 좋다.

그러나 사람 천문학자들은 나의 크기를 정확하게 인용할 수 없다는 사실에 좌절했고, 결국 좀더 확고하고 정량적인 측정 방법을 고안해냈다. 천문학자들은 가끔 은하 중심부에서 밝기가 중심부 밝기의 1/e밖에 되지 않는 곳까지의 거리인 은하의 눈금 길이scale length를 계산한다. 은하는 중심부가 가장 밝고 중심부에서 (흐릿한!) 바깥쪽으로 이동할수록 밝기가 기하급수적으로 감소한다는 추론에 근거한 계산법인데, 상당히 타당한 추론이다. 언제나 그렇지는 않지만 말이다.

아마도 당신은 수는 당연히, 음……수처럼 생겨야 한다고 믿을지도 모르겠다. 나는 당신들이 대부분 교육을 제대로 받지 못했다는 사실을 계속 잊어버린다. 하지만 파이π는 들어봤을 테고, 파이가 어떤 특정한 수를 나타낸다는 것도 알고 있으리라고 믿는다. 파이처럼 e도 수다. 오일러의 수라고 알려져 있는 e는 스위스 수학자(e가 발견된 뒤에 태어났다)의 이름을 붙인 수로, 크기는 약 2.72다. 파이처럼 e도 찾으려는 노력만 하면 은행의 복리 이자부터 무작위 게임의 확률을 맞추는 일에 이르기까지 자연계 어디에서나 볼 수 있다.

사람 천문학자들은 가끔 한 은하의 반광 반경(half-light radius : 빛의 세기가 최고 세기의 절반이 되는 지점까지의 반경)과 반질량 반경(이건 설명할 필요가 없을 것 같다)도 계산한다.

그러나 당신이 나의 경계가 흐릿하다는 사실을 기꺼이 받아들인다면, 내 원반의 반지름은 15킬로파섹 정도 된다고 할 수 있다(이제부터는 킬로파섹을 kpc라고 쓰겠다). 나의 가장자리에서 8kpc 정도 떨어져 있는 당신의 작은 태양계는 가장 평균적인 항성계라고 하겠다. 당신의 평범함을 축하한다!

당신은 나의 원반을 납작하다고 생각할지도 모르겠다. 전체로서의 우주가 평평하다는 사실을 생각해보면 분명히 옳은 생각이다. 하지만 **정확한** 생각은 아니다. 실제로 위에서 아래까지, 내 원반의 두께는 1kpc 정도 된다. 당신의 행성은 수직축의 정중앙에 있다. 당신은 정중앙을 가로지르는 평면보다는 조금 위에 있지만 말이다.

나의 원반에는 나에게 속한 항성의 70−85퍼센트 정도가 머물고 있으며, 그들은 자신들의 공전 궤도면을 따라 움직이면서 좀더 안쪽으로도 또 바깥쪽으로도 이동한다. 내가 새로운 항성을 만드는 곳도 대부분 원반이다. 원반에 머무는 항성들은 가장 예의 바른 아이들로, 나의 중심부를 자신들의 축으로 삼아 기분 좋게 빙글빙글 돌고 있다. 물론 완벽한 원형 궤도로 돌지는 않는다. 사람 천문학자들이 주전원 epicycle이라고 부르는 약간의 일탈을 하는데, 그 모습은 마치……꼭 뭐 같은데, 계단을 따라 쭉쭉 내려가는 스프링, 그래, 그거다! 슬링키! 바로 그거 같다! 원반 항성들이 움직이는 궤도는 나의 중심부를 감싸고 길게 뻗어 있는 슬링키처럼 보이고, 항성들은 그 곡선 궤도를 따라 빙글빙글 돌아간다.

원반의 항성들은 궤적을 통해서 언제 어디에 있을지 예측이 가능하기 때문에 나의 다른 부분에서 살아가는 항성들보다 훨씬 파악하기가 쉽다. 나는 지독하게 바빠서 수백만 년 동안 원반 항성들이 어딘가로 잘못 흘러갈지도 모른다는 걱정 없이 다른 곳을 살펴봐도 된다는 사실을 알고는 얼마나 안심했는지 모른다. 아니, 요행을 바라는 게 아니다. 실제로 원반은 예측할 수 있다. 그건, 말하자면, 은하가 구사하는 작은 기술이라고 할 수 있다. 뛰어난 사람 피자 요리사도 이 기술을 구사할 수 있다. 피자 도우처럼 거대한 가스 구름도 빙글빙글 돌아가면 물질 대부분이 중심을 향해 붕괴하고 점점 증가하는 원심력을 받아 회전하는 평면에서 방사형으로 넓게 퍼진다.

원반은 판의 너비에 비해 두께가 훨씬 얇기 때문에 물질들은 대부분 평평한 판 주위에 집중적으로 모인다. 판의 위쪽이나 아래쪽에 물질이 거의 모이지 않는다는 것은 중력이 대부분 두 방향(어쨌거나 누구나 도달하고 싶어하는 나의 중심으로 향하는 방향과 나의 중심에서 멀어지는 방향)으로 작용한다는 뜻이다. 원반 면에서 멀리 떨어진 곳에 존재하는 많지 않은 물질 때문에 앞에서 말한 주전원이 생긴다. 그렇다고 그 항성들을 모두 중심 쪽으로 옮기면 대혼란이 야기될 테니 그럴 수도 없다. 그저 문자 그대로 약간 비틀리게 내버려둘 수밖에.

나는 가스가 나와 함께 돌아갈 수 있도록 계속 원반을 돌려야 한다. 원반 돌리기를 멈추면 가스는 중심을 향해 떨어지고 만다. 사람 과학자들은 이것을 각운동량 보존conservation of angular momentum이라고 한다. 당신에게 은하의 원반이나 사람 피겨 스케이팅 선수처럼 회전하는 물체가 있다고 생각해보자. 이 물체를 작게 만들려면 회전 속도를 높여야 한다. 항성의 경우 작아진다는 것은 회전 반지름이 작아지는 것, 즉 중심에 더 가까운 곳에서 공전한다는 뜻인데, 그러려면 공전 속도

가 빨라져야 한다. 그렇다면 항성의 공전 속도를 높이는 에너지는 어디에서 얻을까? 항성에서 얻지는 않는다. 가끔은 궤도를 바꾸려고 항성들끼리 각운동량을 교환하기도 하지만, 대부분의 경우 항성들은 모두 자신의 궤도에 머문다. 즉, 나의 원반은 회전하기 때문에 그 모양을 유지할 수 있는 것이다. 내가 그렇게 되도록 했기 때문이다. 나는 내가 해야 할 일을 정말로 탁월하게 잘한다.

회전 이야기가 나와서 하는 말인데, 당신은 나를 그린 모든 그림에서 볼 수 있는 웅장한 나선 팔을 가지게 된 이유가 분명히 궁금할 것이다. 나에게는 중심을 가로지르는 막대에 붙은 채 나와 함께 빙글빙글 도는 거대한 나선 팔이 2개 있다. 사람 천문학자들은 그 팔들에 각각 페르세우스Perseus와 방패−켄타우루스Scutum-Centaurus라는 이름을 붙였다. 나는 그 팔들에게 이름을……지어주지 않았다. 그들은 팔이니까. 당신이 아무리 신기한 존재라고 해도 자기 팔에 이름을 지어주지는 않지 않나? 물론 당신들의 아이들에게는 언제나 이름을 지어주지만 말이다. 그것도 참으로 이상하다.

아무튼 당신들 사람이 내 팔에 방패−켄타우루스라는 이름을 붙였을 때 나는 정말 짜증이 나서 그 팔을 스쿠트(Scoot : "서둘러 가다"라는 뜻)라고 부르기로 했다.

페르세우스와 스쿠트에게는 작은 팔들이 있는데, 사람 천문학자들은 그 팔들을 박차spur라고 부르기도 한다. 그 팔들의 공식 명칭은 궁수자리−용골자리 팔(사람 과학자들이 이 이름을 몇 번이나 부를 수 있을까?), 직각자자리 팔, 오리온—백조자리 팔이다. 당신의 태양계는 오리온 팔의 가장자리에 자리 잡고 있다.

내 몸에서 나선 팔을 발견하자마자 사람 천문학자들은 그 팔들이 생겨난 이유를 궁금해했고, 어느 정도 시간이 지나자 그럴듯한 가설을 2개 제시했다. 정말이다. 아주 장엄한 천체인 내가 아주 최근에야 사람의 언어를 이해하기 시작했다고 해도 나는 가설과 이론의 차이를 알고 있다.

그다지 극적이지는 않은 한 가설은 이렇게 설명한다. 처음에 나는 물질이 고르게 분포된 원반이었는데, 시간이 흐르면서 내 가스들이 여러 곳에서 뭉쳐 중심에서 바깥쪽으로 넓게 퍼져나가는 길고 조밀한 끈들을 만들었고, 내가 빙글빙글 돌기 시작하자 나에게 잡혀 있던 끈들도 함께 돌아가기 시작했다. 이 소박한 추정에는 문제가 있다. 내가 아주 많이 돌았다는 사실을 떠올려보라. 그럼 내 팔들은 지금보다 훨씬 촘촘하게 감겨 있어야 한다. 당신의 태양은 2억5,000만 년에 한 번씩 나의 중심부를 돈다. 이제 45억 살밖에 되지 않았으니 이제 대략 18번 돈 셈이다. 18에 40을 더하면 내가 돈 횟수가 된다. 그러니 이제 내 팔이 얼마나 촘촘하게 감겨야 하는지 상상할 수 있을 것이다.

다른 가설은 나의 나선 팔이 실질적인 진짜 팔이 아니라고 주장한다. 그러니까 나에게 붙잡혀서 함께 이동하는 가스와 항성으로 이루어진 밧줄이 아니라는 것이다. 이 가설에 따르면 내 팔은 밧줄보다는 교통 체증에 가까운 현상이다. 이는 사람들의 특징인 굼뜬 속도 때문이 아니라 내 온몸을 관통하는 밀도파wave of denstiy 때문에 생기는 교통 체증에 가깝다. 항성과 먼지와 가스는 밀도파에 붙잡히면 훨씬 느리게 움직이기 때문에 밀도파가 지나는 곳에서는 물질이 뭉치고, 뭉친 물질 때문에 밀도가 올라간다. 그러나 물질들은 여전히 움직이고, 결국 내 원반의 모든 부분은 밀도파를 지나게 된다.

한동안 사람 천문학자들은 밀도파는 오래 지속되지 않기 때문에 밀도파 가설이 정확하지 않다고 생각했다. 밀도파는 수십억 년 정도면 지나갔을 테니 나선 형태가 사라졌어야 한다고 말이다. 하지만 그건 사람 천문학자들이 나의 중력이 엄청나게 세다는 사실을 간과했기 때문에 내린 결론이다. 내 팔을 감싸고 있는 물질은 중력을 만들고, 그 중력은 나선 팔이 모양을 유지할 수 있게 해준다. 마치 사람들이 먹는 소시지를 연상시키지만, 소시지보다는 덜 역겹고 더욱 인상적인 방식으로 내용물을 감싸고 있는 것이다.

이런 밀도파를 만드는 방법은 몇 가지가 있는데, 나선은하마다 선호하는 방법이 다르다. 가령 다른 은하군에서 사는 소용돌이 은하는 기조력을 선호한다. 기조력을 이용하려면 아마도 왜소은하일 동반 은하들이 궤도를 돌게 하면서 가스를 공전 궤도의 원호arc로 끌어들일 수 있어야 할 것이다.

사람 천문학자들이 NGC 1300이라고 부르는 은하는 중앙 막대 방법을 선호한다. 이 방법을 택한 은하는 자신이 책임지고 해야 할 일이 더 많지만 좀더 대칭적인 나선 팔을 만들 수 있다. 아름다운 생명체들은 누구나 멋져 보이고 싶다면 노력해야 한다는 사실을 안다. 은하의 중심 막대는 은하의 중심에서 함께 움직이는 항성 무리다. 은하의 중심에는 보통 거대 질량 블랙홀이 자리하고 있으며 항성이 조밀하게 모여 있어서 질량이 어마어마한데,[1] 이는 중력이 엄청난 힘으로 물질을 끌어당기고 있다는 뜻이다. 중심 막대가 회전하면서 원반 항성들 가운데 일부는 공명resonance한다. 공명한다는 것은 서로의 주위를 공전하는 두 천체의 공전 주기가 서로에 대해 정수배로 존재한다는 뜻이다. 다시 말해서 항성 A가 한 번 돌 때마다 항성 B는 정확히 두 번 돌거나, 세 번 돌거나……뭐, 그다음은 말하지 않아도 알겠지. 지구에서 당신은 사람이 타는 그네를 밀어봤거나 샌드백을 쳐봤을 것이다. 적절한 순간에 제대로 접촉하기만 하면 당신은 그네와 샌드백이 올라가는 높이를 늘릴 수 있다.

은하의 중심 막대는 당신의 주먹이고, 원반의 항성은 샌드백이다. 한 항성이 중심 막대와 공명하면, 항성의 공전 궤도선이 중심 막대의 공전 궤도선과 일치할 때마다 항성의 이동 속도가 빨라진다. 중심 막대와 항성의 공명 현상은 은하의 흐릿한 가장자리까지 영향을 미치지만, 은하의 중심부에 가까운 물질일수록 바깥쪽에 있는 물질보다 아주 조금이라도 더 빠르게 움직일 때가 많기 때문에, 중심 막대보다 안쪽에 있는 물질은 빠르게 움직이고 바깥쪽에 있는 물질은 느리게 움직인다. 따라서 안쪽에 있는 항성들은 막대보다 좀더 앞서나가고 바깥쪽의 항성들은 막대를 쫓아가게 된다. 누구에게나 질투를 받는 나의 사랑스러운 나선형 대칭 팔은 그렇게 형성된 것이다.

그럼 이제 좀더 중요한 존재에게로 돌아오자. 바로 나다. 나선 팔 때문에 내 원반 항성들이 말을 듣지 않을 때도 있다. 원반 항성들은 가끔 "교통 체증"을 이용한다. 그러니까 나에게 알리지도 않고 마음대로 다른 궤도로 이동하고는 "교통 체증" 때문이었다는 핑계를 대는 것이다. 그렇게 제멋대로 이동해버리면 나는 항성의 경로를 놓친다. 하지만 그저 참는 수밖에 도리가 없다. 우리 마을에서 나선 팔은 가장 뛰어난 이웃이고, 나선 팔이 우월한 위치를 차지할 수 있도록 나는 무슨 일이든 할 테니까 말이다. 게다가 원반 항성들은 내 중심핵에 있는 항성들만큼 관심이 필요한 녀석들도 아니다.

나의 중심부는 은하의 팽대부다. 내 팽대부는 항성들이 조밀하고 정신없는 상태로 거의 구를 이루며 모여 있는, 모든 것의 중심이다. 그러나, **모든 것**은 사실 모든 것이 아니다. 아무리 위대한 나라고 해도 내가 정말로 우주의 중심이라고 믿을 정도로 심각한 자아도취에 빠져 있지는 않다. 우주에는 중심이 없다. 하지만 팽대부는 나의 핵심 아지트로, 내 질량의 15퍼센트를 차지한다(그곳의 질량을 이루는 물질들은 항성, 가스, 먼지, 그리고 암흑 물질이다). 거대 블랙홀인 나의 사지 Sarge도 이곳에서 산다. 이곳의 항성들은 사실은 있지도 않은 나의 엉덩이에 엄청난 고통을 유발하지만(그러니까 골칫거리를 이렇게 표현하는 거 맞지?) 나에게는 팽대부가 아주 중요하다.

내 몸의 나머지 부분에 비하면 팽대부는 작은 편이다. 내 원반의 한쪽 가장자리부터 반대쪽 가장자리까지의 거리가 30kpc이라는 점 기억하겠지? 팽대부는 어떤 방향에서 길이를 재든 2kpc밖에 되지 않는다. 하지만 팽대부의 형태는 거의 구에 가깝기 때문에 중력이 한 방향이 아니라 모든 방향으로 작용하고, 이것 때문에 항성들의 공전 궤도가 훨씬 복잡하다. 어떤 항성들은 원을 밖으로 조금 늘린 타원 궤도로 공전한다. 이런 항성들을 움직이는 일은 그다지 어렵지 않다. 하지만 로제트(장미꽃) 무늬처럼 움직이는 항성도 있고, 8자 형태로 움직이는 항성도 있는데, 이런 항성들은 정말 정신을 바짝 차리고 지켜봐야 한다.

그러나 나의 팽대부가 내 몸에서 가장 흥미로운 부분인 이유는 그곳에 나의 항성들 가운데 가장 나이가 많은 몇몇 녀석이 모여 있기 때문이다. 나를 만든 작은 원시 은하들이 이 항성들을 품고 있었다. 팽대부는 가장 흥미로운 활동이 일어나는 곳이기도 하다. 당신들 사람도 이 말에는 동의할 것이다. 사람들이 외계 생명체를 찾겠다고 부단하게 관찰하는 곳이 바로 나의 팽대부니까 말이다.

생명체에게 필요한 기능들은 대부분 X선이나 감마선처럼 사람의 눈에는 보이지 않지만 엄청난 에너지를 지닌 복사선이 다량 존재할 때 영향을 받는다. 이런 위험한 복사선을 방출하는 가장 위험한 광원은 폭발하는 초신성이다. 맞다. 사람 천문학자들이 멀리 있는 천체까지의 거리를 측정할 때 이용하는 바로 그 표준 촛불 말이다. 이렇게 사람은 배우는 거다! 물론 표준 촛불로 사용하는 1a형 초신성만이 아

니라 모든 초신성이 고에너지 복사선을 방출한다. 거대 항성의 중심부에서 수소 연료를 모두 태운 뒤에 일어나는 폭발에서도, 백색 왜성이 큰 항성을 만져보려다가 일어나는 폭발에서도 모두 고에너지 복사선이 방출된다. 당신의 행성은 아주 연약해서 초신성이 15파섹 이내에 있었다면 생명체가 살 수 없었을 것이다. 그런 복사선은 지구를 방어하고 있는 오존층을 찢어버린다. 오존층이 사라진 지구에 쏟아진 복사선 때문에 지구 대기 분자들은 이온화될 테고, 전자가 원자에서 떨어져 나오면서 지구와 우주를 분리해주는 얇은 대기층을 기이하게 대전된 입자들로 가득 채울 것이다. 이런 입자들 때문에 태양의 복사선을 제대로 받지 못하는 식물들은 광합성을 하지 못할 테고, 지구 전체 먹이사슬은 끊어지고 말 것이다. 당신들에게는 다행히도, 그렇게까지 위험한 초신성은 지구 가까이에 없다. 하지만 모든 물질이 너무나도 가까이 붙어 있는 나의 팽대부에 있는 항성들은 상황이 다르다.

항성들이 서로 아주 가까이 있다는 것은 나의 팽대부 항성들이 아주 강력한 중력으로 상호작용 하고 있다는 뜻이다. 실제로 나의 팽대부 항성들은 대부분(거의 80퍼센트) 10억 년마다 1,000천문단위AU 이내로 다른 항성과 가까워진다.[2] 방금 사람 천문학자들이 쓰는 또다른 거리 단위가 나왔다. 1AU는 당신과 당신의 태양까지의 거리다. 그러니까 아주 소박한 수로……대략 1억5,000만 킬로미터쯤 될 것이다. 아무튼 어떤 항성이 당신 태양과의 거리가 1,000AU가 되지 않는 거리까지 다가온다면, 그 항성은 태양계를 관통할 것이다.

두 항성이 만나면 정말로 극적인 사건이 벌어질 수 있다. 가끔은 한 항성이 다른 항성의 행성들을 멀리 치워버릴 수도 있다. 가끔은 상대 항성 몰래 행성들을 끌어당겨 수백만 년 뒤에는 행성이 자기 항성계를 벗어나게 만들기도 한다. 그때는 이미 장난을 친 항성이 멀리 가버린 뒤이기 때문에 어떠한 책임도 지지 않는다. 이런 중력 충돌을 애초에 다른 항성이 행성을 만들지 못하게 하는 데 쓰는 항성도 있다. 이런 가혹한 환경에서 당신처럼 연약한 생명체는 도저히 살 수가 없다.

사람 천문학자들 몇 명은(맞다, 실망스럽지만, 사람 천문학계의 규모는 정말로 작다) 내 몸의 어느 부분에서 생명체가 살 수 있는가라는 문제에 관심을 둔다. 그들은 지금까지 나의 팽대부는 자신들이 연구를 집중할 만한 이상적인 장소가 아니며, 생명체가 살 수 있는 가장 좋은 내 몸의 부분은 당신들이 이미 살고 있는 곳이라고 결론지었다. 당신은 나의 중심에서 적절하게 떨어진 거리에서 나의 나선 팔과 같은 속도로 공전하고 있으니, 다른 항성에 붙잡히거나 당신의 연약한 행성이 항성들이 조밀하게 모여 있는 곳으로 들어가리라는 걱정을 하지 않아도 된다.

나의 웅장한 몸에서 가장 크지만 가장 어두운 곳은 세 요소(항성, 성간 물질, 암흑 물질)로 이루어져 있는 헤일로다. 항성 요소는 다른 은하와의 상호작용이 남긴 항성들과 구상성단globular cluster[3]으로 이루어진 어수선한 구형 공간으로, 범위가 100kpc 정도 된다. 성간 물질은 따뜻한 가스 구름으로, 내가 항성을 만들 때 쓰는 재료다. 암흑 물질은 사람이라면 내 몸에서 가장 무겁고 가장 많은 비율을 차지하는 "기관"이라고 표현할 것이다. 이 물질이 "암흑"이라고 불리는 건 사악하고 위험하기 때문이 아니다. 사실 암흑 물질은 태초에 우리 모두에게 아주 중요한 역할을 해주었다. 암흑 물질의 둔중한 차가움이 없었다면 나 같은 은하는 그 뜨겁던 초기 우주에서 물질을 붙잡아 항성을 만들지 못했을 것이다. 그러니까 암흑 물질은 전혀 사악하지 않다. 암흑이라고 불리는 이유는 빛과 상호작용하지 않아 어둡기 때문이며, 이 물질에 이름을 붙인 사람 천문학자들의 창의력이 부족하기 때문이다. 암흑 물질은 전자기 복사선(빛)을 방출하지도, 흡수하지도, 반사하지도 않는다. 따라서 당신이 볼 수 있는 물질과는 다른 물질로 만들어졌음이 틀림없다. 사람 천문학자들은 아직 그 물질이 무엇인지 알아내지 못했다. 나는 사소한 정보도 제공하지 않을 것이다. 하지만 사람 천문학자들은 암흑 물질이 무엇을 할 수 있는지는 안다.

암흑 물질의 역할에 대해서라면 전에 살짝 힌트를 주었다. 중력은 은하가 사용하는 가장 귀중한 도구다. 암흑 물질은 중력과 상호작용하는 물질로 이루어져 있지만 전자기력과는 상호작용하지 않는다는 점에서, 뭐랄까, 아! 그래, 비밀 무기라고 할 수 있다. 이 비밀 무기는 느낄 수는 있지만 볼 수는 없다. 그리고 나는 이 비밀 무기를 아주 많이 가지고 있다. 당신은 나의 원반이 아주 크다고 생각할 테지만, 그 정도는 절대로 큰 게 아니다! 나의 암흑 물질 헤일로의 지름은 600kpc

에 달한다. 지름이 아니라 질량으로 생각해보면 나는 당신의 태양보다 1.5조 배나 무겁다. 킬로그램으로 표현하면 3×10^{42}킬로그램이다. 내 몸을 모두 당신의 행성 위에 올릴 수 있다면—나는 언제나 당신이 사는 곳에서 중력 때문에 생기는 가속도를 경험해보고 싶었다—내 무게는 6.5×10^{42}파운드 정도 될 것이다. 그중에 84퍼센트는 암흑 물질이다.

이것이 바로 사람 천문학자들이 당신이 우리 우주의 기원에 관해 읽어봤다면 본 적이 있을 Ωm, rel, Λ 같은 기호로 표기하는 것이다. 이것들은 사람 천문학자들의 예측 모형predictive model에 따르면 우주는 영원히 팽창할 것임을 뜻하는 "임계 밀도"에 대비되는 우주의 상대 밀도라고 할 수 있다. 지금까지 사람 천문학자들은 우주 물질/에너지(이렇게 표기하는 이유는 당신이 은하의 뇌를 가지게 될 정도가 되면 물질과 에너지는 서로 바뀔 수 있기 때문이다)의 68퍼센트는 암흑 에너지(우주를 팽창시키는 힘으로 추정하고 있지만 아직 사람이 밝혀내지 못한 어떠한 존재를 묘사하는 상당히 모호하고 광범위한 용어)임을 알아냈다. 우주를 이루는 물질/에너지 가운데 27퍼센트는 암흑 물질이고, 당신과 같은 존재를 만드는 평범한 중입자 물질은 5퍼센트 정도다. 빛의 속도나 빛의 속도에 가까운 속도로 움직이면서 전자기 에너지를 운반하는 상대론적 입자들은 아주 적은 비율만을 차지한다. 이런 모든 것들이 임계 밀도에 위험할 만치 근접한 수치로 더해지고 있지만, 그 이야기 속에서 나는 우주가 영원히 팽창하기만 한다면 어떤 일이 벌어질지를 말해줄 수 있는 위치에 있지 않다.

우주에는 암흑 물질이 아주 많고, 내가 암흑 물질을 아주 많이 가지고 있다는 건 행운이다(암흑 물질을 제대로 가지지 못한 은하들에게 심심한 위로의 말을 전하자).[4] 왜냐하면 내가 지금까지 존재할 수 있는 건 모두 나의 헤일로 덕분이기 때문이다. 빅뱅 후 수억 년밖에 지나지 않은 초기 우주로 돌아가보자. 첫 번째 원시 은하들이 태어나던 그때는 우주가 너무 뜨거워서 중력은 암흑 물질이 아닌, 사람 과학자들이 중입자 물질이라고 부르는 물질들을 한데 모아서 뭉칠 수 없었다. 기체 입자들이 너무나도 빠르게 움직여서 아무리 중력이 중입자 입자들을 한데 뭉치려고 해도 붙잡을 수가 없었을 것이다. 하지만 더 쉽게 뭉치고 따뜻한 입자를 끌어당기는 좀더 차가운 물질이 이미 있었다면 어떻게 될까? 암흑 물질은 사람들이 식물을 기를 때 쓰러지지 않도록 설치하는 지지대와 비슷하다. 그러니까 우리는 모두 암흑 물질 덕분에 존재할 수 있는 셈이다.

물론 암흑 물질이라고 해서 좋은 점만 있는 것은 아니다.

이미 알고 있듯이 각운동량 보존 때문에 은하의 원반에서 바깥쪽에 있는 항성은 안쪽에 있는 항성보다 조금 더 천천히 움직여야 한다. 하지만 이런 단순한 관계는 질량 대부분이 중심에 있을 때에만 성립한다. 내 질량의 대부분을 차지하는 아주 거대한 나의 암흑 물질 헤일로는 나의 원반 바깥쪽을 도는 항성들의 속도에 영향을 미친다. 따라서 원반 바깥쪽 항성들은 반짝이는 물질……즉, 빛나는 녀석들의 질량에만 반응할 때보다 빠른 속도로 움직인다. 그 속도가 어찌나 빠른지 그 녀석들을 제자리에 붙잡아줄 암흑 물질이 나에게 아주 많지 않았다면 몇몇 항성은 나에게서 떨어져 나갔을 것이다. 회전 반지름과 속도의 관계를 나타내는 그래프인 회전 속도 곡선rotation curve의 기울기는 은하가 가진 암흑 물질의 양이 결정하는데, 애초에 사람 천문학자들도 그 관계를 연구하다가 암흑 물질에 관해 알게 되었다.

사람 물리학자들은 1933년에 처음으로 암흑 물질에 대한 가설을 세웠지만, 첫 번째 증거는 베라 루빈이 항성들이 예측값보다 빠른 속도로 움직이고 있음을 깨달은 1968년에 찾았다. 루빈이 항성의 회전 속도를 연구하려고 했던 이유는 바로 전에 진행한 연구가 논쟁을 불러일으켰고, 본인은 동료들에게 조롱당하고 무시당했기 때문이다. 루빈은 이번에는 논쟁의 여지가 없는 연구 주제를 택하고자 했다.[5] 주목받을 사람은 정해져 있다는 당신들 사람이라는 생물종의 터무니없이 완고한 생각들이 얼마나 많은 지식을 가로막고 있는가를 생각해 보면 정말이지 놀랍다. 그건 애초에 사람 세상에는 여러 인종이 있다는 생각만큼이나 어이가 없다. 수많은 장애물이 루빈의 앞을 가로막았지만, 결국 루빈은 천문학의 판도를 바꾸는 엄청난 증거를 찾아냈다. 그녀는 자신이 찾은 증거가 한 은하뿐 아니라 다른 은하에서도 보편적으로 찾을 수 있는 증거임을 밝혀 자신의 학문이 그저 요행의 결과가 아님을 입증해 보였다. 이 대담한 선구자야말로 시각이 조장하는 편견을 극복하고 마침내 나를, 내 전체를 알아낸 최초의 사람들 가운데 한 명이었다. 그런데도 사람들은 2020년이 되어서야 망원경에 루빈의 이름을 붙여주었다. 다음번에는 좀더 적절한 시기에 빠르게 존경심을 보이기를 바란다.

은하가 가진 암흑 물질이 많을수록 은하 바깥쪽 항성의 공전 속도는 빨라지기 때문에 회전 곡선은 더 "평평해진다." 은하가 가진 암흑 물질이 적으면 항성의 속도를 높여줄 물질의 양이 많지 않기 때문에 회전 곡선의 기울기는 하향 곡선을 그린다. 언젠가 트린은 나에게 내 회전 곡선이 너무 평평해 보인다고 말했다. 내가 들고 있는 암흑 물질을 자랑스러워할 이유가 없다는 듯이 나를 모욕한 것이다. 하지만 내가 그런 말에 일일이 대꾸할 필요가 있을까? 그 속 좁고 쩨쩨한 녀석한테?

인류가 내 몸을 이해하는 방식을 기념적으로 크게 바꾼 사람은 베라 루빈 이전에도 있었다. 아리스토텔레스는 당신들의 그리스도가 태어나기 300년 전에 내 원반에서 지구의 밤하늘을 가로지르는 긴 가닥을 발견하고 고대 그리스어로 "우유"를 뜻하는 단어를 차용해 나를 갈락시아스Galaxias라고 불렀다. 여기에서 현대 영어로 은하를 뜻하는 갤럭시galaxy가 나왔다. 자신이 볼 수 있는 가느다란 나의 일부분을 발견한 아리스토텔레스는 갈락시아스가 지상의 구와 천상의 구가 만나는 지점에서 타오르는 꺼지지 않는 불길이라고 믿었다. 그로부터 1,000년이 훌쩍 지난 뒤에는 아벰파세가 밤하늘을 가로지르는 빛줄기는 사실 먼 곳에 조밀하게 모여 있는 항성들이라는 가설을 세웠다.

그의 가설은 1610년에 갈릴레오라는 남자가 망원경으로 빛줄기를 구성하는 개별 항성들을 관측함으로써 입증되었다. 그 항성들은 나의 원반 항성들이었다.

일단 내가 항성들의 집합이라는 개념을 받아들인 사람들은 내 모습을 궁금해하기 시작했다. 1750년에는 토머스 라이트라는 사람이 내 항성들이 하나의 층에 평평하게 배열되어 있다는 가설을 내놓았다.

그로부터 얼마 되지 않은 1785년에는 캐럴라인 허셜과 그녀의 오빠가 인류 최초로 체계적으로 내 몸을 기록한 지도를 출간했다. 두 사람은 지구에서 볼 수 있는 항성들을 지도에 담았는데, 그들이 항성의 위치를 파악할 때 사용한 방법에는 오류가 있었다. 항성들이 내 온몸에 균일하게 퍼져 있으며, 두 사람의 장비로 내가 만든 모든 항성을 볼 수 있다는 터무니없는 추측을 했기 때문에 발생한 오류였다. 틀렸으면서도 어떻게 그렇게 자신만만한 주장을 할 수 있었을까? 나는 캐럴라인이 완벽하게 재능 있는 오빠가 "열심히 일하는" 동안 수프를 먹여주느라 시간을 낭비하지만 않았어도 훨씬 괜찮은 지도를 작성할 수 있었으리라고 장담한다.[6] 허셜 남매의 관계가 내게는 래리와 새미의 상황처럼 보인다. 파트너 한쪽이 다른 한쪽보다 명백하게 더 많이 헌신하는 관계 말이다. 자신의 형제를 자신이 직접 선택하지 못할 때가 많다니, 사람은 참으로 안타까운 존재다. 아무튼 새미는 래리를 선택했는데, 그걸 보면 우리 모두에게 사랑은 정말 이해하지 못할 감정임이 분명한 것 같다.

20세기가 시작될 무렵에 사람 천문학자들은 내 몸은 지름이 2만 광년쯤 되는("파섹"이라는 용어는 그보다 조금 뒤인 1913년에 프랭크 다이슨이라는 천문학자가 만들었다[7]) 평평한 원반이고, 당신들의 태양은 그 원반 중심에 가까이 있다는 의견을 대부분 받아들였다. 어째서 당신들 사람은 자신들이 모든 것의 중심이라는 생각을 하지 않으면 성이 차지 않는 거지? 아무튼 할로 섀플리라는 젊은 친구가 (헨리에타 레빗 덕분에 발견된) 세페이드 변광성을 이용해 나의 헤일로에 있는 구상성단의 지도를 작성했다. 구상성단이란 그저 사람 천문학자들이 가스와 먼지, 그리고 은하 내부에서 중력으로 묶여 있는, 많으면 수천 개에 달하는 항성 무리를 일컫는 용어다. 구상성단의 지도를 작성한 섀플리는 두 가지 결론을 내렸다. 하나는 내 몸이 자기 동료들의 생각보다 훨씬 커서 지름이 30만 광년, 즉 90kpc에 가깝다는 것이었다. 물론 그 추론은 틀렸다. 하지만 그는 두 번째 결론을 맞게 내림으로써 자신을 구했다. 바로 당신의 태양이 내 원반의 중심이 아니라 가장자리에서도 끝부분에 있다는 결론이었다. 드디어!

섀플리는 옛 천문학자들이 믿었던 것처럼 성운들이 내 온몸에 고르게 퍼져 있지 않고, 가장 멀리 있는 "성운들"은 대부분 한 방향, 즉 궁수자리로 향하는 방향에 몰려 있음을 알았다. 안타까운 건 그를 정확한 결론으로 이끈 추론이 틀렸다는 점이다. 섀플리는 그 성운들이 나의 일부라고 생각했다. 왜냐하면 그의 머릿속에서 나는 너무나도 거대해서 나를 벗어난 곳에 무엇인가가 있으리라는 생각을 하지 못했기 때문이다. 하지만 그보다 훨씬 저명했던 천문학자 히버 커티스는 섀플리의 주장에 동의하지 않았고, 특히 내 몸이 그 성운들을 모두 포함할 정도로 크다는 생각에 반대했다. 커티스는 그 성운들도 나와 마찬가지로 "섬 우주island universe"라고 믿었다.

1920년에 미국 국립과학학회는 섀플리와 커티스를 초청해 우주의 구조에 관한 두 사람의 생각을 두고 공개적으로 토론할 자리를 마련했다. 그러니까 내 모습을 밝히려고 사람들이 한 방을 가득 채우며 모인 셈이다! 사람 천문학자들이 그 모임을 대논쟁the Great Debate이라고 불렀을 때에는 어찌나 쑥스러웠는지 모른다.

그 무렵에 천문학 박사 학위를 받은 에드윈 허블은 세페이드 변광성을 이용해 흐릿한 성운까지의 거리를 측정하고 있었다. 1924년, 허블은 대논쟁을 완전히 끝냈다. 안드로메다 대성운이라고 알려진 구름 속 변광성들이 내게서 훨씬 멀리 떨어진 곳에 있음을 밝힘으로써 다른 은하들이 존재한다는 사실을 입증해 보였기 때문이다.

그로부터 몇 년 뒤에 허블은 다른 은하를 관찰한 사실을 바탕으로 허블 소리굽쇠Hubble Tuning Fork라고도 하는 허블 순차Hubble sequence를 발표했다. 뻔뻔하게 그런 발표를 하다니! 그때까지 나는 허블을 사람의 집단 지식에 나에 관한 내용을 더해주는 사람이라서 내가 기꺼이 받아들일 수 있는 놀라운 인간이라고 생각하고 있었다. 그런데 내가 우주에 있는 유일한 은하가 아니라는 사실을 발견했을 뿐 아니라 아주 불쾌하게도 우리를 목록으로 만들어 분류하고 우리의 외양을 근거로 우리의 행동을 예측하기까지 하다니! 물론 그런 이유로 내가 허블에게 계속 화를 내는 건 부당한 일임은 안다. 왜냐하면 허블은 옳게 추측했으니까. 은하의 모양은 아주 중요한 특징으로, 은하의 모양을 알면 우리의 과거를 파악하고, 미래를 예측할 수 있다.

그러나 그런 판단을 내린 허블을 미워하는 일은 가능할 것 같다. 단지 생김새 때문에 내가 특정한 방식으로 행동해야 한다고 말하는 사람은 정말이지 인정할 수가 없다. 모든 걸 자기 마음대로 규정하려는 유인원 같은 행동은 당신들 행성에서나 하라고 소리치고 싶다. 나는 수십억 년을 이 몸으로 살면서 기능해왔다. 그러니 내 모습은 내가 잘 안다. 심지어 나는 수백만 년 동안 내 몸을 주위에 있는 은하들의 몸과 비교했고, 내가 알게 된 사실에 기뻐하며 조용히 그 은하들 곁을 떠나왔다. 그런데도 우리를 분류 목록이라는 명목으로 가두려 들다니! 당신들이 사람의 몸을 "서양 배"라느니 "모래시계"라느니 하는 용어로 표현하는 걸 들었다. 내가 겉모습을 토대로 당신들의 행동을 판단한다면, 당신들도 분명히 기분 나쁠 것이다.

허블 소리굽쇠는 나 같은 나선은하를 오른쪽 끝에 세우고 타원은하를 왼쪽 끝에 세운 뒤에 그사이에 여러 단계를 나누어 은하들을 줄 세웠다. 타원은하는 타원형이며 나의 팽대부를 엄청나게 확장한 것처럼 생겼기 때문에 나선 팔처럼 두드러진 특징은 찾아볼 수 없다. 허블은 타원은하를 "초기형 은하"라고 했고 나선은하를 "후기형 은하"라고 했는데, 완전히 반대로 넘겨짚은 것이다. 타원은하는 작은 나선

은하들이 엉뚱한 각도로 충돌했을 때 만들어지는 경우가 많다.

타원은하의 항성들은 나선은하의 항성들보다 나이 든 녀석들이 많고, 타원은하에서는 항성도 적게 만들어진다. 그렇기 때문에 타원은하는 우리보다 더 차갑고 어둡다. 우리 모두가 소속되어 있는 거대한 처녀자리 은하단에서는 타원은하를 많이 볼 수 없지만, 조밀한 은하단에 가면 가장자리보다는 중심부에서 더 많이 볼 수 있다. 이 불쌍한 은하들은 안타깝게도 원반이 없어서 그 항성들은 모두 나의 팽대부 항성들처럼 공전한다. 그 때문에 야기되는 혼돈이라니. 정말 조금도 부럽지 않다.

그러나 우리는 언젠가 모두 그렇게 되리라는 사실을 명심해야 한다. 음, 적어도 나는 그래야 한다. 당신들은 그전에 사라지고 없을 테지만.

허블은 나선 팔이 얼마나 단단하게 감겨 있는가를 기준으로 나선은하도 분류했다. 그리고 나선은하와 타원은하 사이에 렌즈형 은하를 놓았다. 중심에 커다란 핵이 있고 나선 팔이 없는 길게 늘어난 원반을 가진 은하들이 렌즈형 은하다.

이제 사람 천문학자들은 모양뿐 아니라 크기와 광도, 항성 생성 속도, 중심에 있는 블랙홀의 세기에 따라서도 은하를 분류한다. 자신들이 꼼꼼하게 세운 분류 기준에 맞지 않는 은하를 발견하면 사람 과학자들은 그 은하를 "불규칙" 은하라고 부른다.

현대 분류 체계는 허블이 만든 것과는 상당히 다르다. 그런데 당신들은 한 망원경에 그의 이름을 붙여주었다! 1990년에 우주로 쏘아올린 그 망원경은 그에게 이름을 준 사람인 허블만큼이나 짓궂은 녀석이다. 하지만 일 하나만은 끝내주게 잘한다는 건 인정해야겠다. 허블의 이름을 딴 망원경 덕분에 사람 천문학자들은 우리가 볼 수 있을 만큼 가까이 있는 우주의 일부 지역에만 해도 은하가 수천억 개 존재한다는 사실을 알게 되었다. 사람 천문학자들은 우주의 팽창 속도를 좀더 정확하게 측정하고, 당신의 태양계 밖에서 행성의 위성을 찾는 노력에 허블 우주 망원경을 이용했다.[8]

허블 우주 망원경의 성공은 지상과 당신들이 "우주 공간"이라고 부르는 지표면에서 고작 수백 킬로미터 떨어져 있는 공간에 훨씬 크고 성능이 향상된 관측기구들을 설치할 수 있는 길을 닦았다.

2009년에 발사한 케플러 우주 망원경은 당신의 태양계 외부에 존재하는 수십억 개의 행성들을 발견할 길을 열었다. 30년 동안 인류는 거의 5,000개에 달하는 외계행성을 찾아냈다. 사람 천문학자들은 행성을 보기가 너무나도 어려워서 그 정도밖에 발견하지 못했다고 주장한다. 하지만 정말로 어려운 게 뭔지 아나? 그건 사람이 보지 못하는 수십억 개 행성들을 비롯해 내 몸에서 행성을 만들고, 그 모든 행성의 위치를 파악하고, 행성의 목록을 만드는 일이다. 하지만 나는 나에 관해 당신이 정말로 더 잘 알게 될 그 모든 일에 찬성한다.

2013년에 사람들은 지구를 의인화해 부른 고대 여신의 이름을 딴 망원경을 발사했다. 고대 여신의 현신으로는 가장 최근 모습인 가이아 우주 망원경은 지금까지 인류가 만든 지도 중에서 가장 정확한 항성 지도를 작성했다. 그 항성 지도에는 10억 개가 넘는 항성이 포함되어 있는데, 먼지에 가려져 사람이 관찰하기 힘든 나의 팽대부 항성들도 다수 들어 있다. 심지어 가이아 우주 망원경은 항성들의 경로도 추적할 수 있어서, 사람 천문학자들은 항성의 전체 공전 궤도를 파악할 수 있게 되었다. 당신의 태양처럼 나를 한 번 도는 데 2억 5,000만 년이 걸리는 항성이라고 해도 말이다. 내가 만약 숨을 쉬는 존재였다면, 당신의 컴퓨터 화면에 생애 처음으로 완벽하게 드러난 내 모습을 직접 보는 순간 숨을 멈추고 말았을 것이다.

그때 나는 너무나도 흥분해서 당신이 내 은하면의 중심부 너무 가까이에 살아 내 모습을 전부 보지 못하는 것은 당신 잘못이 아니라는 사실을 인정할 수 있을 정도였다. 물론 내 잘못도 아니다! 내가 일부러 당신을 그 자리에 놓은 게 아니니까. 나에게는 행성을 내 모습을 볼 수 있는 곳에 둘까 말까보다 훨씬 중요한 문제들이 있다. 당신 세상은 그저 운이 없었고, 그 때문에 사람 천문학자들은 좀더 열심히 노력해야 했다. 그리고 그 부지런한 노력 덕분에 미어캣MeerKAT을 만들 수 있었다.

허블 우주 망원경이 폴라로이드 사진기를 가지고 몰래 다가와 나를 관찰하는 느낌이라면, 남아프리카공화국에 있는 미어캣 전파 망원경은 인기 많은 사진작가가 나에게 전문 모델처럼 자세를 취해달라고 요구하는 느낌이다. 미어캣 전파 망원경은 엄청난 사진을 많이 찍었는데, 나의 블랙홀인 사지 가까이에 있는 내 팽대부의 장엄한 가스 사진도 그런 사진들 가운데 한 장이다.

미어캣 전파 망원경이 나를 아주 선명하게 볼 수 있는 이유는 당신과 나의 팽대부 사이에 있는 가스를 뚫고 내 모습을 볼 수 있는 적절한 파장의 빛을 이용하기 때문이다. 전파는 그 귀찮은 물질을 뚫고 나간다. 미어캣 전파 망원경은 망원경 1개가 아니라 64개 망원경이 함께 우주를 관측한다. 이런 방법을 당신의 행성에서는 간섭 측정법 interferometry이라고 한다. 여러 광원에서 나온 빛의 파장들이 만든 간섭무늬를 연구하기 때문이다. 간섭 측정법을 이용해 사람 천문학자들은 다른 은하의 거대 블랙홀 사진을 찍으려고 지구만큼이나 큰 망원경 네트워크를 설치했다. 하지만 나의 거대 블랙홀 사진은 찍지 못했다. 아직은 말이다.

미어캣 전파 망원경은 우리 모두 인정해야 할 사실을 떠오르게 한다. 내가 정말 멋지다는 것 말이다! 나는 아름답고 능력 있고 강하다. 물론 그 사실을 지금까지 모르지는 않았지만 미어캣 전파 망원경이 기록한 사진들은 몇 번이나 망각되는 타격을 받은 내가 마침내 사람들에게서 받은 공물이었다. 지금 나는 인류가 지난 300년 동안 나를 잊어버린 일만 말하는 것이 아니다.

07

현대 신화들

좋다. 당신들 모두가 지난 3세기 동안 나를 잊은 건 아니라는 사실은 인정한다. 사람 천문학자(돈을 위해 연구실에서 나 같은 존재를 연구하는 사람이나 재미를 위해서 야외로 나가 연구하는 사람 모두)나 점성술사(내가 점성술사들 때문에 짜증이 났을 거라고 생각하겠지만, 아니다. 나는 그들을 좋아한다. 그들을 보면 충분히 경이로웠던 당신의 조상들이 생각나기 때문이다[1]), SF 소설 너드nerd들은 나의 가치를 계속 인정했다.

내가 알기로 "너드"라는 말은 칭찬으로도, 모욕으로도 쓸 수 있다. 나는 너드라는 말을 거의 칭찬으로 쓴다. 믿지 않을 수도 있지만 바로 이 너드들이 우주를 신화로 설명하는 전통을 지켜온 사람들이다.

신화는 그저 과거의 이야기일 뿐이라고? 천만의 말씀. 공약을 지키는 정치인이나 자선을 베푸는 억만장자 이야기처럼 사람들은 자신들이 믿고 싶은 일들에 관해 매일 새로운 신화를 만든다. 신화의 핵심은 신화의 일부(혹은 전부)가 거짓임을 알고 있다고 해도 굳게 믿고자 마음먹은 이야기라는 데 있다. 어쨌거나 자신의 정체성을 형성한 이야기에 홀딱 빠져버렸는데, 진실이 과연 의미가 있을까? 80년 이상 SF 소설이 이야기되는 방식을 지켜보면서 나는 당신들이 사랑하는 그 소설은 당연히 신화로 간주되어야 한다고 확신했다.

가령 여러 행성이 연계해 표준화된 공통 규칙에 따라 작동한다는 항성 간 정치 연합이라는 신화를 살펴보자. 이 신화의 가장 흔한 형태는 이미 외계인 연합이 존재하며, 인류가 빛보다 빠른 속도로 우주를 항해할 수 있을 만큼 충분히 기술이 발달하면 사람과 접촉한다는 것이다. 그런 이야기가 가능하리라는 증거는 전혀 없지만, 하나의 생물종으로서 당신들은 한 사람이 혼자서 수를 센다면 결코 도달할 수 없을 만큼 많은 횟수로 그 이야기를 되풀이하고 있다. 그 이야기를 굳게 믿기 때문이다. 당신들이 이 이야기를 간절하게 믿고 싶어하는 이유는 그 작은 바위 행성에서 서둘러 벗어나기를 바라기 때문이다. 나도 평생을 한 행성에서 갇혀 지내야 한다면 당연히 같은 소망을 품을 것이다. 하지만 괜히 서두르다가 치명적인 실수를 너무 많이 저지르지는 않기를 바란다.

하나로 단결한 인류라는 신화도 잊지 말자. 우주를 배경으로 하는 아주 많은 소설들은 인류의 특징인 서로를 지독히도 싫어하는 성향과 뿌리 깊은 불평등이 미래에는 완화되고 교정될 것이라고 말한다. 심지어 피부가 짙은 사람들이 권력을 가진 거의 모든 자리에서 배제

된 1960년대에도 「스타 트렉Star Trek」이라는 SF 영화는 감히 흑인 여성이 인류의 연방 함선에서 고위 장교로 근무하는 미래를 그렸다.

SF 소설이라는 사람의 신화 속 우주에서 지구는 은하 연방의 일원이며, 이곳에서는 사람의 정체성 형성에 꼭 필요한 부분들이 더는 사람의 삶에 영향을 미치지 못한다. 결국 당신들의 가이아 우주 망원경이 만든 행성 지도에서 지구를 가리키지 못하는 외계인과 조우까지 했으니, 멜라닌이니 에스트로겐이니 하는 몸을 구성하는 단순한 화학물질이 서로 다르다는 사실은 문제가 되지 않는다는 것일까? (사실 내 몸을 그린 지도에서 지구를 가리키지 못하는 사람은 많을 것이다. 하지만 당신은 내가 무슨 말을 하고 싶은지 알 거라고 믿는다.)

옛사람들의 우주 신화들 대부분과 달리 현대인이 말하는 신화들은 무엇인가를 설명하려는 **시도**가 아니라 앞으로 어떻게 되기를 바라는 **소망**이다. SF 소설은 염원을 담은 신화다. 미래를 향한 인류의 꿈을 담은 신화 말이다. 물론 그 꿈은 당신들 모두를 굽어보는 하늘, 즉 나를 보며 가지게 된 것이다.

당신들의 새로운 신화의 일원이 된 것도 기쁘고, 당신들 신화를 상당히 즐기고 있지만—모닥불 주위에 모여서 신화를 들려주는 대신 화면에서 이야기를 펼쳐나가는 방식은 훨씬 더 흥미진진하다—나를 묘사하는 방식에는 조금 불만이 있다.

무엇보다도 나를 등장인물이 아니라 배경으로 묘사한다는 점이 마음에 들지 않는다. 밤에 사람을 굽어보는 강력한 신이 아니라 그저 멋진 우주선을 타고 날아다니는 공간으로만 묘사하다니. 당신들은 새로운 예술 장르를 발명했다며 환호하지만, 나의 가장 인상적인 부분을 빼버린 행위는 부끄러워해야 한다.

게다가 당신들 신화에 등장하는 은하 연방 체제하에서 내 몸의 위치를 묘사하는 방식은 터무니가 없다. 물론 지구에서 SF 소설의 황금기는 사람 천문학자들이 지금의 놀랍도록 정확한 지도보다 수십 년을 앞섰다는 점은 인정하지만 여전히 그렇다는 건, 음…….

내가 여기서 「스타 트렉」을 이야기하는 이유는 가장 엉터리 영화라서가 아니라 사람들 대부분이 잘 아는 유명한 작품이기 때문이다. 지금까지 수백만 명이 이 작품을 향한 열정으로 수십억 달러를 소비했다. 다른 신화에 나오는 우주에 투자했고 「릭 앤 모티Rick and Morty」(애니메이션은 누구나 좋아한다. 심지어 거의 불멸에 가까운 전지전능한 은하들조차도)의 피클 릭과 「스타 트렉」의 피카드를 구별하지 못하는 사람들을 위해 말해주자면, 「스타 트렉」은 수십 년간 탐험하면서 내 몸에 사분면을 그리고 그 위치들을 모두 표시한 여러 연방 행성들의 생명체들과 가능한 모든 교류를 했다.

사분면이라니! 어떻게 그렇게 비실용적인 일을 할 수 있을까? 지름이 30kpc이고 높이가 1kpc나 되는 나에게는 우리 마을에서 가장 큰 은하 가운데 하나라는 자부심이 있다. 내 몸의 한 사분면만 해도 부피가 거의 200세제곱킬로파섹이나 된다! 아주 작은 사람의 뇌로는 그것이 어떤 규모인지 가늠조차 하지 못할 것이다. 그런데도 「스타 트렉」

의 작가들은 유용한 위치 추적 장치만 있으면 우주 탐험가들에게 길 찾는 법을 가르칠 수 있다고 생각했다. 하지만 "델타 사분면"에 있다 고만 말하는 건 거의 어떤 정보도 제공하지 않겠다는 뜻이다.

그렇다고 실제 사람 천문학자들이 사용하는 은하 좌표계가 훨씬 낮다는 말은 못 하겠다. 그래도 사람 천문학자들은 나처럼 커다란 우 주를 다룰 때에는 위치를 구체적으로 명시하는 것이 중요하다는 사 실은 이해하고 있다.

사람 천문학자 중에는 은하 위도(b)와 은하 경도(l)를 사용하는 사 람도 있다. 당신의 행성은 너무나도 자주 돌기 때문에 지구에서 사용 하는 위치 좌표계를 둥그스름한 내 몸에 직접 적용하는 일은 불가능 하다. 그래서 그들은 태양과 은하의 중심부를 지나가는 직선을 경도 0도—은하의 본초자오선—로 삼았고, 지구의 적도처럼 나의 정중앙 면을 기준으로 위도를 정했다. 그리고 우주는 3차원 공간이라서(많은 사람이 쉽게 이해하지 못해 힘들어하는 시간이라는 네 번째 차원도 있다) 물 체가 얼마나 멀리 떨어져 있는지를 규정하는 세 번째 좌표도 있다. 그 거리는 보통 나의 중심을 기준으로 측정하지만, 사람 천문학자들은 당신의 태양을 기준으로 측정할 때도 있다. 내가 정말로 불만인 점은 사람 천문학자들이 자신이 거리를 측정할 때 이용한 기준점을 알려 주는 법이 없다는 것이다. 그 측정값을 가지고 연구를 해야 하는 다른 천문학자들은 분명히 나보다 곱절은 더 화가 날 것이다.

당신의 태양계를 둥글납작한 시계 앞면에 비유해 적경赤經과 적위赤緯

라는 단위를 사용하는 좌표계도 있다. 적경은 은하 경도와 비슷하지만 각도가 아닌 시간을 측정한다는 점에서 다르다. 적도를 기준점으로 측정하는 적위는 본질적으로 지구의 위도를 천구까지 늘린 것뿐이다.[2] 이런 좌표계를 사용하다니, 사람은 정말 자기중심적이다. 이 좌표계에서는 지구가 당신의 태양 주위를 도는 게 아니라 태양이 지구 주위를 도는 듯한 시선을 선택하기 때문에 태양의 위치가 바뀐다. 당신들 조상들이야 얻을 수 있는 정보에 한계가 있었기 때문에 우주를 그런 식으로 바라봤다지만, 이제 그보다 잘 아는 당신들까지 그런 시각을 택하다니! 놀라울 뿐이다.

그런 방법은 아직도 당신의 태양계를 벗어나지 못한 사람 천문학자들이나 나머지 사람들에게는 유용할지 몰라도 은하 전역의 통신을 목표로 한다면 전혀 쓸모가 없다. 왜냐하면 그 방법에서는 당신의 위치가 지나치게 중요하기 때문이다. 사람의 문명이 자신들이 만든 것들을 모두 파괴하지 않은 채로 앞으로 1억 년을 더 버틸 수 있다면, 당신의 태양계는 지금 있는 위치에서 상당히 멀리 떨어진 곳으로 이동해―정확히는 내 원반의 반대쪽으로 이동해―공전하게 될 테니, 훨씬 더 민감한 좌표계를 만들어야 할 것이다.

「스타 트렉」의 사분면이 얼마나 터무니없는 설정인가는 차치하고, 적어도 그들이 파섹이 시간이 아니라 거리의 단위임을 알았다는 점은 인정해야 한다. 물론 「스타워즈Star Wars」가 그 실수를 만회하려고 애썼다는 점은 안다. 여전히 나를 만족시킬 정도는 아니었지만 말이다.

당신들의 SF에서 외계인이 대부분 사람처럼 묘사되는 것도 나로서는 큰 불만이다. 「스타게이트Stargate」도 「맨 인 블랙Man in Black」도 「은하수를 여행하는 히치하이커를 위한 안내서The Hitchhiker's Guide to the Galaxy」도 심지어 「에이리언Alien」에서도 인간형 외계인이 등장한다. 각 작품에 나오는 외계인들은 머리 모양만 조금씩 다르다. 그 외계인들을 보는 사람들은 우주에 존재하는 모든 생명체가 예외 없이 머리 1개, 팔다리 4개, 몸통이 1개 있는 사람처럼 생겼다고 생각하게 될 것이다. 비틀거리는 이족보행과 불투명한 피부가 생명체 진화 과정의 궁극적인 마지막 단계인 것처럼 말이다. 세상에, 자기 내부 기관조차 보지 못하면서 그런 생각을 하다니! 내부 기관이 제대로 작동하고 있는지를 보려면 특별한 기계 안에 들어가 앉아 있어야 하는 존재가 당신들 사람이다. 나는 지구 밖에도 생명체가 있는가라는 질문에는 대답하지 않겠지만, 혹시라도 **있다면** 그 생명체들 대부분이 사람처럼은 보이지 않을 거라고 말해줄 수는 있다.

물론 화면에 등장하는 외계인이 대부분 사람과 비슷하게 생긴 이유에는 예산 문제도 있을 테고, 분명히 사람일 관람객이 사람처럼 생기지 않은 존재에게 그다지 공감하지 못하리라는 문제도 있을 것이다. 가장 방어적인 너드 중에는 여러 SF에 인간형 외계인이 그토록 많이 등장하는 이유를 고대 인류가 DNA를 우주 전역에 퍼트려두었기 때문이라고 설명하려는 사람들도 있다. 물론 영리한 설명이지만, 외계인들이 자신이 진화해온 세상에 맞는 특징을 지닌 형태라고 상상하는 것보다는 덜 흥미롭다. 하지만 내가 외계 생물학에 관해 아는 게 있어야 말이지. 나는 그저 사람이 상호작용하고 싶어하는 외계인을 모두 내 안에 품고 있다는 것, 그것밖에 없다.

내가 걱정하는 건 사람이 보는 외계인이 모두 숨을 쉴 수 있는 공기가 있는 암석 행성에서 살며 사람처럼 생겼다는 설정 때문에 당신들이 당신의 태양계 바깥쪽 모습을 잘못 상상할 수 있다는 점이다. 내 몸에는 **수천억** 개가 넘는 행성이 있는데, 그 행성들은 모두 생물의 진화 경로에 영향을 주는 무작위적인 사건이 만들어낸 독특한 특징을 지니고 있다. 나의 행성들은 가스로 차 있을 수도 있고, 물의 세상일 수도 있고, 용암의 세상일 수도 있다. 많은 행성들이 여러 항성 주위를 동시에 돌고 있고, 항성 주위를 아예 돌지 않는 행성들도 있다. 그런 다양한 세상이 당신의 세상과 얼마나 다를지 생각해보라! 사람들의 빈약한 상상력이 만든 오류를 깨닫는 데 도움이 될 것이다.

오류라는 말이 나와서 하는 말인데, 사람 SF 소설가들은 성운이 무엇인지 모르는 것이 분명하다. 물론 100여 년 전만 해도 사람 천문학자들이 밤하늘에서 볼 수 있는 흐릿한 빛의 덩어리는 무조건 "성운"이라고 불렀으니 그럴 수도 있다. 그 뒤로 사람 천문학자들은 성운이 주변 공간보다 가스와 먼지가 좀더 조밀하게 모인 구름임을 알았다. 성운은 다양한 경로로 형성된다. 가스가 좀더 넓게 퍼져나가 주변 온도가 차가워지면서 물질들이 응축되어 만들어지는 경우도 있다. 나의 개인 항성 제조실처럼 항성이 활발하게 만들어지는 곳에서 구름이 형성되기도 한다(오리온 성운이라는 이름을 들어봤는지? 지구에서 수백 파섹밖에 떨어지지 않은 오리온 성운은 당신의 태양에서 가장 가까이 있는 항성 육아실이다). 단말마의 비명을 지르며 죽어가는 거대 항성의 초신성 폭발 때도 구름이 형성된다.

그러나 사람이 만든 유명한 SF 영화나 드라마에서는 성운들의 차이를 고려하지 않는다. 나로서는 도저히 이해할 수 없는 일이지만, 사람들은 대부분 은하의 유체 역학을 상세하게 설명해주면 지루해한다. 여러 우주선의 승무원들이 마주치는 성운은 모두 화려하고 크고 눈에 보이는 가스 구름이지만, 실제로 사람의 약한 눈은 성운 한가운데로 들어가도 그것을 보지 못할 가능성이 높다.

성운은 주변 공간보다 좀더 조밀한 곳이기는 하지만 성운의 주변 공간은 물질이 **극도**로 희박하다. 당신이 우주의 희박함이 어느 정도인지 알려면 기준점이 필요할 것 같다. 깊은 우주에서는 1세제곱센티미터당 입자가 5개 정도밖에 존재하지 않는다. 성운은 보통 1세제곱센티미터당 입자가 수천 개 존재한다. 수천 개라면 아주 많은 것 같지만, 지구 행성의 대기와 비교해보면 터무니없이 적다. 지구 대기에는 1세제곱센티미터당 입자가 10^{19}개 들어 있다. 10에 0을 19개나 써야 하는 1,000경 개나 있다. 입자란 그런 것이다. 그 입자들이 당신의 손가락 끝부분만큼의 공간 안에 담겨 있다. 그게 바로 공기다!

「스타 트렉」도 성운을 잘못 다뤘지만, 60년 동안 수십 편의 드라마와 영화, 셀 수도 없는 게임과 만화로 제작되었다는 사실을 생각해보면 오히려 실수는 적은 편이라고 할 수 있다. 내 자서전을 읽는 당신, 사람 독자가 그런 실수들은 신화이지 진실은 아님을 알고 있는 한, 나는 당신과 논쟁을 벌일 생각이 없다.

설사 자연과학이 조금쯤 길을 잃는다고 해도 사람인 당신들은 계속해서 신화를 만들 필요가 있다. 신화는 사람에게 당장은 이룰 수 없는 위업을 성취할 동기를 부여해준다. 아서 C. 클라크가 지구 주위를 돌게 될 스푸트니크 호 발사 시기보다 수십 년 앞서서 위성을 이용한 통신을 상상했듯이 말이다. SF라는 형태로 이야기되는 신화 덕분에 사람은 신용카드를, 인터넷을, 국제 "우주" 정거장을 만들 수 있었다. 사람이 생물종으로 계속 지속되기를 바란다면, 당신들은 계속 이야기를 해야 한다. 지구가 존재할 날은 얼마 남지 않았다.

08

성장통

지금까지 나의 이야기를 읽었으니 이제는 내가 지난 130억 년 동안 당신의 은하로 살아오면서 느낀 감정을 아주 솔직하게 말해도 될 정도로 우리가 서로를 충분히 잘 알게 되었다고 생각한다. 그렇다고 이 책을 절반이나 읽었다며 스스로 등을 두드리며 자축하지는 말기를! 힘든 일을 한 쪽은 나고, 솔직히 말해서 육체를 지닌 가망 없는 생명체에게 나 자신을 설명하는 일은 사실 좀 굴욕이니까 말이다.

나에게 사람으로 살아갈 때 감수해야 하는 가장 힘든 점이 무엇일 것 같냐고 묻는다면 짧은 수명이라고 대답하겠다. 결국에는 죽어야 한다는 사실 때문에 힘든 것이 아니다. 당신의 짧은 삶을 의미 있게 만드는 것은 결국에는 죽는다는 자각 때문일 테니, 그건 정말 아니다. 정말로 힘든 점은 당신이 모든 것을 스냅 사진처럼 본다는 데에 있다.

사람이 망원경으로 진실을 들여다보기 전에, 그러니까 당신의 조상들이 나를 안내자로 여겼던 시절에, 하늘에는 두 종류의 별이 있음을 알아챈 사람들이 있었다. 고정된 별과 움직이는 별 말이다. "성운"과 "우주"처럼 "별"이라는 단어도 시간에 따라서 의미가 변해왔다. 옛사람들에게 별이란 밤하늘에 빛나는 한 점이었다. 움직이는 별은 저마다 고유한 패턴을 그리며 자신만의 경로로 밤하늘을 가로지르는 듯이 보였고, 고정된 별은 전부 당신들의 많은 조상이 모든 것의 중심이라고 믿었던 당신의 행성 주위를 돌았지만, 각각의 별들끼리는 정해진 위치를 유지하고 있는 것처럼 보였다.

그러나 사실 움직이는 별 가운데 진짜 별, 그러니까 항성은 단 하나, 당신의 태양뿐이다. 다른 움직이는 별은 지구의 위성인 달과 사람이 맨눈으로도 볼 수 있는 행성들이다. 사실 행성을 뜻하는 영어 단어 플래닛planet은 "방랑자"라는 의미의 그리스어에서 유래했다. 고대 전승은 대부분 움직이는 별이 7개라고 한다. 태양, 달, 수성, 금성, 화성, 목성, 토성이 그 7개 별이다(망원경이 없어도 당신들이 천왕성이라고 부르는 행성을 볼 수 있는 행운아도 소수 있었지만, 그들의 시각은 여기서 논할 만큼 중요하지 않다). 고대 바빌로니아 사람들은 이 7개의 별을 가지고 오늘날에도 당신들이 사용하는 일주일의 요일들을 만들었다.[1]

어쨌거나 그 이야기는 지금 내가 말하려는 주제와는 관계가 없다. 내가 하고 싶은 말은, 많은 사람이 멀리 있는 항성들이 변하지 않고 고정되어 있다고 생각한 이유는 그 항성들이 움직이는 모습을 볼 수 있을 만큼 사람이 오래 살지 못하기 때문이라는 것이다. 사람은 내가 변해가는 모습을 볼 수 있을 만큼 오래 살지 못한다. 사람의 입장에서 그 같은 상황은 정말로 끔찍하다. 자기 자신과 주변 환경을 넘어 무엇인가를 실제로 생각하려고 할 때 꼭 필요한 관점이 없다는 뜻이니까. 하지만 나에게는 **극도로** 불행한 일이다. 사람이 나를 **보고 있다는** 느낌을 받을 수 없으니까. 사람이 내 말에 귀를 기울이고 있다는 느낌도, 내가 하는 일을 제대로 인정하고 있다는 느낌도 받지 못하니까 말이다.

새미와 래리는 서로에게, 그리고 둘이 협력해 만드는 항성들에게 온통 정신이 팔려 있기 때문에 이제 더는 내가 하는 일에 진심으로는 관심이 없다. 트린은 그저 모든 걸 망치고 있을 뿐이다. 그리고 안드로메다는……음, 우리는 이제 곧 만날 것이다.

그밖에 다른 존재들은 당신들이 **암흑 에너지**라고 부르는 우주의 팽창 속도를 가속시키는 신비로운 힘에 휩쓸려 모두 사라져버렸다.

결국 나에게는 당신만 남았다. 그러니 내 말에 조금 더 귀를 기울이는 편이 좋을 것이다.

은하인 내가 살아남아 성장하려면 몇 가지 일을 반드시 해내야 한다. 당신이 상상하는 것보다 훨씬 많은 은하를 찢어서 가스를 모아야 하고, 내가 찢어지지 않도록 방어해야 한다. 내가 말했듯이 나는 **어쩔 수 없이** 그런 일들을 해야 한다. 하지만 내 마음속 일부에서는 그 일을 좋아하기 시작했다. 파괴를 즐기게 된 것이다. 수천만 년을 견뎌야 하는 단조로움을 깨는 일인데, 당연하지 않을까?

게다가 나는 항성을 만들어야 한다는 압박도 받고 있다. 생각해보라. 암흑 물질이 없는(있어도 아주 적은) 은하는 아주 희귀해서 당연히 주목을 받는다. 사람 천문학자들은 자신들의 생각보다 암흑 물질을 적게 가진 은하를 새로 발견할 때면 과학 논문까지 써서 그 사실을 동료에게 알린다. 하지만 항성이 없는 은하는 상상도 할 수 없다.

그래서 나는 아마도 당신이 직접 그 수를 세는 것이 곤란할 만큼 많은 항성을 만들어왔다. 그러다 보니 내가 처음 탄생했을 때 가지고 있던 가스를 대부분 사용해버렸다. 그것은 지금 내가 만드는 항성과 과거에 내가 만든 항성의 종류가 다르다는 것을 의미한다. 지난 130억 년 동안 나는 그저 지켜보기만 한 게 아니라 내 항성들이 많이 죽어가는 것도 느꼈다. 손은 없지만 내가 직접 만든 항성들이 말이다. 정말 가슴 아픈 일이었지만, 그래도 나는 계속 항성을 만들 수밖에 없었다. 아니, **지금**도 만들 수밖에 없다. 그게 내 일이니까.

나보다 분명히 더 빨리 죽으리라는 사실을 **알면서도** 무엇인가를 존재하게 해야 한다는 게 어떤 마음인지, 당신은 알까? 게다가 그 존재가 말 그대로 자신의 일부이기 때문에 그에게 일어나는 일을 그대로 느낄 수 있다면? 아니, 당신이 이해할 수 있으리라는 생각은 들지 않는다. 그러니 내가 자세하게 설명해주는 수밖에 없다.

먼저, 사람에게 죽음이 가지는 의미와 은하에게 죽음이 가지는 의미가 같지 않음을 말해야겠다. 사실 사람 천문학자들이 이미 나에게 일어나는 현상을 "죽음"이라는 말로 표현하고 있지 않았다면 나는 이 단어를 사용하지도 않았을 것이다.

거의 무한한 시간 동안 살아갈 수 있을 때 얻는 장점은 모든 것이 어떤 식으로 재활용되는지를 알 수 있다는 것이다. 생명이 다한 항성은 중심부에서 만든 무거운 원소들을 다음 세대의 항성이 될 씨앗으로 뿌린다. 갈기갈기 찢어지는 은하들은 살기 위해 몸부림치면서 더 많은 항성이 생성될 여건을 조성한다. 입자들이 계속 움직이고 상호작용하는 한 우주에서 진짜로 죽는 존재는 없다. 따라서 내가 나의 항성들이 죽을 때 고통스러운 감정을 느낀다고 말하는 건 정확히는 실패에 대한 책임감이라는 고통을 느낀다는 뜻이다. 당신도 그런 고통을 이미 느껴봤을 테고 앞으로도 또 느끼겠지만, 수십억 년 동안 항성을 만들며 끊임없이 실패하는 내가 느끼는 고통에 비견할 수 있는 감각은 느껴본 적이 없을 것이다.

우주에서 처음으로 만들어진 항성들은 내가 태어나기 훨씬 전에 있었던 빅뱅 후에 가장 먼저 만들어진 원소들인 수소와 헬륨으로 이루어져 있었다. 수소와 헬륨으로 이루어진 항성들을 보는 순간, 나는 내 몸으로 그들을 품었다. 내가 만들지는 않았지만 말이다. 아니면, 내가 만들었는데 기억을 하지 못하는지도 모른다. 내가 보기에 그 항성들은 완벽했다. 뜨겁기만 한 어둠 속에서 밝은 빛이 되어주었고, 나도 그런 밝은 빛을 내고 싶었다. 그때까지만 해도 나는 항성이 죽을 수 있음을 알지 못했다.

나는 항성을 만드는 방법을 몰랐고, 우주는 나에게 그 어떤 안내서

도 제공하지 않았기 때문에 내 마음대로 만들 수밖에 없었다. 재료도 내가 가진 것을 이용해야 했다. 그때는 아직 너무나도 초기였기 때문에 나에게 있는 것이라고는 대부분이 가스였고, 약간의 먼지, 그리고 다행히도 그때도 양이 충분해서 내가 흩어지지 않도록 해준 암흑 물질을 가지고 실험을 해나갔다.

시행착오를 거치면서 충분히 작은 공간에 충분히 많은 가스를 밀어 넣는 법을 익히자, 가스 덩어리가 빛나기 시작했다. 가스를 너무 적게 사용하면 온도와 압력이 충분히 높아지지 않아서 항성의 중심부에서 밝게 빛날 에너지를 공급할 핵융합 반응이 일어나지 않는다. 당신은 핵융합 반응을 일으키는 것은 고사하고 핵융합 반응이 일어나는 모습을 직접 목격하지도 못했으니, 여기서 핵융합 반응의 원리를 설명해야 할 것 같다. 듣고자 하는 열의가 없는 학생에게 무엇인가를 자세하게 설명해야 한다는 건 보통 지루한 일이라고 여겨지지만, 내가 스스로 어떻게 깨우쳤는지를 다른 존재에게 알려주는 건 신나는 일이다. 그 존재가 사람이라고 해도 말이다.

일단 사람 과학자들이 네 가지 기본 힘을 알아냈다는 사실부터 시작해보자. 사람 과학자들은 이 네 가지 힘이 자연에서 상호작용하는 모든 기본 입자를 설명해준다고 믿는다. 어쩌면 이 세상에는 기본 힘이 더 있을 수도 있지만, 내가 알고 있는 것도, 당신들 사람이 찾아낸 힘도 그 네 가지가 전부다. 다시 말하지만 아닐 수도 있다. 아무튼 네 힘 가운데 첫 번째 힘은 중력이다. 중력은 지구가 자전하는 동시에 우주 공간에서 공전할 때 당신이 당신의 암석 행성에서 날아가지 않도록 붙잡아주는 힘이니 당신 역시 대충이나마 알고 있으리라고 믿는다. 자연의 기본 네 힘 가운데 큰 차이로 가장 약한 중력은 사람 과학자들이 입자물리학의 표준 모형standard model에서 입자로 설명할 수 없는 유일한 힘이기도 하다.

두 번째 힘은 전하를 띤 입자들이 상호작용하는 방식을 기술하는 전자기력이다. 전하를 띤 입자들은 같은 전하는 밀어내고 다른 전하는 끌어당긴다. 사람이 받는 교육이 소박하다는 사실을 생각해보면 자연의 기본 네 힘에 관한 당신의 지식은 이 정도에서 끝날 것 같은데, 두 힘 모두 핵융합 반응과는 관계가 없다.

세 번째 힘은 사람 과학자들이 약한 핵력이라고 부르는 힘으로, 원자의 방사성 붕괴와 관계가 있다. 예를 들면 약학 핵력은 한 입자를 구성하는 세 쿼크quark 가운데 하나를 바꿈으로써 중성자를 양성자로 바꿀 수 있다. 아니, 물어보지 마라. 쿼크를 설명해줄 시간은 없으니까. 쿼크는 너무 작은 데다가 그 이야기를 하려면 내 머리가 아프니까—나에게 머리가 있다면 그럴 거라는 뜻이다—쿼크에 관해 궁금한 사람은 직접 공부를 하거나 아니면 양성자가 자서전을 쓸 때까지 기다려라.

강한 핵력이라고 부르는 네 번째 힘이 바로 핵융합 반응에서 중요한 역할을 하는 힘이다. 강한 핵력은 원자핵 안에서 양성자와 중성자를 한데 묶어주는 힘이기도 하다. 자연의 기본 네 힘 가운데 절대적으로 가장 강력한 힘이기는 하지만(중력보다 6,000간 배, 즉 $6×10^{39}$배나 세다), 아주아주 짧은 거리에서만 작용한다. 강한 핵력이 전자기력의 반발력을 이기려면 원자들은 극도로 가까이 있어야 한다. 자연에서 원자들이 그렇게 가까이 있을 수 있는 곳은 아주 뜨겁고 조밀한 항성의 중심부뿐이다. 강한 핵력이 작용한다는 것은 원자들이 작은 갈고리로 다른 원자를 서로 붙잡고 있는 것과 같은 상황인데, 원자들은 충분히 가까이 있을 때에만 서로에게 갈고리를 걸 수 있다.

사실 핵융합 반응은 참여하는 원자들에게는 외상 후 스트레스 장애를 걱정해야 할 만큼 충격적인 일이다. 일단 원자핵이 완전히 쪼개진 뒤에 융합에 참여한 각각의 원자들보다 무거운 새로운 원자가 만들어지는데, 새로운 원자의 질량은 이전 원자들의 전체 질량을 합친 것보다는 가볍다. 줄어든 질량은 에너지로 전환되는데, 나의 항성들이 빛을 내는 이유는 그 때문이다.

1900년대 초까지만 해도 사람은 핵융합 반응이 일어나는 원리를 제대로 이해하지 못했다. 인류는 적어도 20만 년 동안 항성이 빛나는 이유를 찾으려고 노력했다. 그리고 **노력하고** 있다는 이유로 안심했다. 내가 첫 항성을 **만들** 때까지의 시간은 그보다는 짧았지만, 항성을 만드는 것은 그저 첫 단계일 뿐이다.

(사실 진짜 첫 단계는 모양을 잡을 수 있도록 가스를 충분히 식히는 과정이지만, 그 과정은 요리의 첫 번째 단계로 재료를 모으기를 꼽는 것과 같다. 요리법을 적을 때 일단 재료부터 모으라는 말은 당연히 쓸 필요가 없다.)

항성을 만들 때에는 안으로 끌어당기는 중력과 밖으로 미는 압력이 섬세하게 균형을 이루게 하는 것이 중요하다. 사람 천문학자들은 이 균형을 "정역학 평형hydrostatic equilibrium"이라고 부르는데, 이런 용어를 택한 이유는 당신들 사람이 실제로 일어나는 일을 알려는 마음이 없기 때문임이 분명하다. 중력은 항성 내부에 가까이 있는 모든 물질 때문에 생기며, 그 물질들은 모두 협력해서 가장자리 근처에 있는 모든 기체 입자를 끌어당긴다. 항성 내부에서 움직이는 입자들이 만드는 압력은 항성 중심부에서 타오르는 핵융합 반응으로부터 연료를 얻는다. 온도나 밀도, 핵융합 속도에 약간의 변화만 생겨도 두 힘의 균형은 깨지고 참사에 가까운 반응이 일어난다. 그 때문에 초기에는 수많은 항성을 잃었지만, 그 정도는 항성 생성법을 깨우치기 위해서 허용할 수 있는 손실이었다. 그런 손실 덕분에 나는 나의 평화를 구축할 수 있었다.

나는 한꺼번에 여러 개를 만드는 게 훨씬 쉽다는 결론도 내렸다.[2] 짧은 시간을 살다 가야 하기 때문에 효율이 중요한 존재인 당신은 내 말이 무슨 말인지 알 것이다. 사람이 공장에 조립 공정을 도입한 것도 모두 그 때문 아닌가? 나는 항성을 만들 수 있는 우주의 모든 시간을 가졌으니 빨리 만들어야 한다는 걱정은 없지만, 그래도 나의 항성들이 외롭지 않았으면 했다. 따라서 작은 가스 구름을 뭉쳐 개별적인 항성을 만드는 대신에 거대한 가스 구름을 붕괴시켜서 수천 개의 항성들로 이루어진 성단을 만들었다. 시간이 충분히 흐르면 이 성단들은 대부분 내 원반을 돌면서 흩어질 것이다. 사람 천문학자들은 이 성단들을 나이가 많고 그 수도 훨씬 많은 항성으로 이루어진 구상성단과 구분해 산개성단이라고 부른다. 구상성단은 내가 만들지 않았다. 내가 아주 오래 전에 삼킨 은하들이 남긴 팽대부가 구상성단이다. 구상성단을 이루는 항성들은 오랜 시간 서로에게 작용한 중력으로 똘똘 뭉쳐 있다. 그렇다고 그 항성들을 비난하고 싶지는 않다. 만약 다른 은하가 전투에서 나를 능가한다면, 나도 내 중심핵의 항성들이 똘똘 뭉치기를 바란다.

수십억 년 동안 항성을 만드는 실험을 했고, 항성을 만드는 법을 모두 알아냈는데도 항성들은 계속 죽어갔다. 물론 모든 항성이 죽지는 않았지만, 내가 잘못하고 있다는 기분이 드는 건 어쩔 수 없었다. 창조 행위에 뭔가 치명적인 결함이 있는 게 아닌가 하는 기분이 들었다. 나는 칠판으로 돌아가서 처음부터 다시 실험을 설계했다(물론 은하에게는 사람 과학자들과 달리 생각을 기록할 칠판도, 공책도, 스프레드시트도 없다. 당신도 잘 알겠지만, 우리가 해야 하는 일은 그 모든 일을 기억하는 것이다).

그리고 아주 빠른 속도로 항성을 만들기 시작했다. 더는 죽지 않는 항성을 만들 최상의 질량과 금속 혼합 비율을 알려줄 성공적인 비법을 찾고 싶어서 그전보다 훨씬 빠른 속도로 항성을 만들어나갔다. 내 삶의 이 시기는 조증 시기라고밖에는 표현할 말이 없을 것 같다. 나의 과거를 연구한 사람 천문학자들은 이 격렬했던 시기가 80억 년 전쯤임을 알아냈다. 그 시기를 지난 직후부터 나는 현저하게 느린 속도로 항성들을 만들었다. 은하 중 일부는 가지고 있던 가스를 모두 소모하고 더는 가스를 공급할 방법이 없을 때 항성 생성 속도가 느려지는 현상을 경험하기도 한다. 이 현상을 사람 천문학자들은 **담금질** 과정quenching process이라고 부른다. 이미 가지고 있던 가스를 모두 먹어치운 나이 많은 타원은하들이 그런 경험을 할 때가 많다. 나는 10억 년쯤 전부터 항성 생성 속도가 증가했기 때문에 사람 과학자들조차도 내가 담금질 과정을 겪지 않았음을 분명히 알고 있다(두 폭발 사이에 있었던 휴지기에도 내가 완전히 항성 생성을 멈추지 않았다는 사실을 당신들은 분명히 알고 있을 것이다. 당신의 태양이 거의 50억 년 동안 존재했다는 것이 그 증거니까).

사람 천문학자들은 나의 항성 생성 속도가 느려졌던 이유를 추론하고 있다. 어떤 천문학자들은 질량이 작은 항성들이 방출한 복사선이 나의 원반을 따뜻하게 데우며 퍼져나가 가스가 충분히 냉각되지 못해 새로운 항성을 만들 수 없었다고 생각한다. 말 그대로 엄청난 수의 항성들이 돌아가는 단단한 막대 같은 모양을 유지한 채 공전하는 나의 중심 막대가 모든 가스를 휩쓸고 가서 항성을 생성할 가스를 남기지 않았다고 주장하는 사람 천문학자들도 있다(그런 일을 가능하게 한 힘이 무엇인지는 설명하지 못했다).

물론 두 설명 모두 틀렸다. 내가 항성을 많이 만들지 않은 이유는 그저 우울했기 때문이다. 나는 **지금**도 우울하다. 우울증은 한번 오면 정말로는 사라지지 않는다. 우울증은 언제나 함께 살아야 한다. 당신이 나처럼 은하라면, 당신도 아주 오래 우울증을 안고 살아야 할 것이다.

다양한 질량, 구성, 항성의 위치를 두고 수십억 년 동안 실험해본 뒤에야 나는 내가 만든 항성들이 모두 이런저런 이유로 죽을 수밖에 없음을 깨달았다. 나는 죽지 않는 항성을 만드는 데 실패했을 뿐 아니라 타당하고도 논리적인 과학적 노력을 확인하는 데에도 분명히 실패했다. 나의 작업은 의미가 없었고, 나에게는 그 고통을 감내할 시간이 필요했다.

이제는 나도 알고, 사람 천문학자들 역시 알고 있듯이, 항성의 특징 가운데 한 가지를 알면 항성의 죽음에 관한 거의 전부를 예측할 수 있다. 바로 질량이다.

내가 계산해본 바에 따르면 질량이 작은 항성은 천천히, 아주 조용히 죽는다. 폭발하는 게 아니라 흐느끼듯 서서히 잦아든다. 여기에는 사람 천문학자들도 동의한다. 그런 항성들은 수조 년에 걸쳐 가지고 있던 수소를 모두 헬륨으로 바꾸기 때문에, 나 역시 실제로 그런 항성이 죽는 모습은 한 번도 보지 못했다. 그러나 나는 다음의 은하만큼 수학을 잘하며, 경험으로 쌓은 추측도 제대로 할 줄 안다. 심지어, 더 잘할 수도 있다. 나는 질량이 작은 이런 항성들을 가장 좋아했고, 그 항성들이 나의 성공작이라고 생각했다. 하지만 지금은 그저 어쨌든 나를 덮칠 고통이 조금은 늦춰졌던 것일 뿐이라는 사실을 안다. 그래도 그 항성들은 나에게 결국에는 시간을 벌어줄 것이다.

여기서 중요한 것은 정확함이다. "질량이 적은"이라는 수식어로 내가 묘사하는 항성들의 온도는 2,500K와 4,000K 사이이며, 질량은 당신 태양 질량의 10퍼센트에서 50퍼센트 정도 된다. 사람 천문학자들은 이 항성들을 M형 항성 또는 적색 왜성red dwarf[3]이라고 부른다. 내 안에 가장 많이 존재하는 항성이 바로 이 유형이다. 항성의 질량을 측정하는 사람 천문학자들은 질량이 큰 항성들은 그 수가 적다는 사실을 발견했다. 그들은 항성 질량의 분포 상태를 초기 질량 함수initial mass function라고 부르지만, 이 함수가 무엇인지, 보편적으로 "옳은" 함수가 존재하는지에 관해서는 완벽하게 합의하지 못했다. 천문학계를 소란스럽게 만들고 싶다면 천문학자들이 가득한 천체 투영관으로 들어가 크루파 함수가 샐피터 함수보다 더 낫다고 소리치면 된다. 그러면 천문학자들은 대부분 도저히 참지 못하고 자기 주장을 큰 소리로 떠들어대기 시작할 것이다.[4]

나는 그 어떤 항성보다도 M형 왜성을 더 많이 만들었다. 그 녀석들이 무거운 원소를 만들지도 못하고, 나중에 다시 쓸 수 있도록 가스를 우주에 되돌리는 능력도 없다는 점은 알고 있었지만, 아주 오랫동안 존재하는 녀석들이기 때문이다. 그 녀석들이 이기적인 건 나도 안다. 하지만 난 그 녀석들이 좋다.

적색 왜성이 무거운 원소를 만들지 못하는 이유를 알고 싶다면 내가 진행한 항성 실험의 또다른 측면을 반드시 들여다보아야 한다. 바로 열전달 방법에 초점을 맞춘 측면이다. 항성의 에너지는 대부분 중심부에서 만들어진다는 점, 기억하겠지? 하지만 나는 몸의 모든 곳에서 빛과 열을 내는 항성을 만들고 싶었기 때문에 항성의 한 부분에서 다른 부분으로 열을 이동시키는 방법을 알아내야 했다.

열은 세 가지 다른 방법으로 이동한다.

전도

음……사람의 섬세한 손이, 사실 그다지 뜨겁지도 않은 물체에 닿았을 때 화상을 입듯이 물질이 직접 접촉해 열을 옮기는 방법이다. 그나저나 당신은 피부를 좀더 두툼하게 하는 쪽으로 진화할 필요가 있다.

대류

아마도……먹을 걸 만들려고 그러는 듯하지만, 사람이 물을 끓일 때처럼 흐르는 유체를 통해 열을 옮기는 방법이 대류다. 하지만 그렇게 혐오스러운 육체적인 일은 생각하고 싶지 않다.

복사

진공인 우주까지 포함하여 모든 매질에서 전자기파의 형태로 에너지를 운반하는 열전달 방식이다. 교활한 사람들이 밤에 다른 사람을 염탐할 때 적외선 안경을 쓰는 이유는 열복사 때문이다. 그런데 밤에 사람을 보는 게 말이 되나? 밤은 당연히 나에게 집중해야 할 시간인데?

나는 아주 초기에 항성에서는 전도를 활용하는 것이 효율적이지 않음을 알았다. 당신도 알겠지만 항성은 유체인 플라스마와 기체인 가스로 이루어져 있기 때문이다(액체도 유체지만, 항성은 축축한 것과는 거리가 멀다). 물을 끓여본 사람이라면 알겠지만, 움직이는 매질에서 열을 운반하는 방법으로는 대류가 가장 효과적이다. 우주를 포함한 모든 매질에서 열을 전달할 수 있도록 저에너지 광자가 생성되는 과정인 복사로도 항성에서는 효과적으로 열을 전달할 수 있다.

적색 왜성이 특별한 이유는 모든 열을 대류로 전달한다는 데 있다. 정신없이 돌아가는 중심부에서 벗어난 뜨거운 플라스마 덩어리는 갑자기 차가운 물질에 둘러싸이게 된다. 그때 뜨거운 플라스마 덩어리는 더욱 팽창해 가벼워지고, 훨씬 빠른 속도로 항성의 바깥층으로 떠오른다. 그와 동시에 항성의 표면에 있는 좀더 차가운 플라스마 덩어리는 수축해 중심부 쪽으로 떨어진다. 끊임없이 일어나는 이런 플라스마 덩어리의 이동은 항성 내부의 물질을 뒤섞어 헬륨이 중심부에 쌓이지 않도록 막아주면서 항성의 바깥층에 있는 수소를 항성 중심부로 운반해준다. 내가 이룩한 이런 혁신 덕분에 M형 항성은 내가 만든 가장 효율적인 수소 용광로가 될 수 있었다. 결과적으로 수소는 대부분 헬륨으로 바뀌지만, M형 왜성은 질량이 충분히 크지 않아서 다음 단계의 핵융합 반응인 헬륨이 탄소로 바뀌는 과정을 유도할 높은 압력을 만들지 못한다.[5]

항성의 중심부에서 바깥으로 향하는 압력을 만들 핵융합 반응이 일어나지 않으면, 중력을 이기지 못한 적색 왜성은 내부로 수축한다. 내가 정역학 평형은 섬세하다고 말하지 않았었나? 수축한 적색 왜성은 백색 왜성이 되는데, 백색 왜성은 너무나 차가워져서 빛을 내지 못하고 더는 나의 관심을 끌지 못할 때까지 천천히 자기 열을 외부로 발산한다.

언젠가는, 그러니까 지금으로부터 수십억 년이 지나면 나에게는 새로운 항성을 만들 가스가 전혀 남지 않을 것이다. 거대한 항성들은 모두 죽고 나에게는 그저 왜성들만 남을 것이다. 그때가 되면 나는 정말 외롭겠지만, 심지어 나에게도 그때까지의 시간은 아주 길다.

그동안은 당신의 태양 같은 항성들이 겪는 지루하면서도 용두사미 같은 죽음을 계속 느껴야 한다. 사람 천문학자들이 G형 항성(이것이 공식적인 분류명이지만, 당신들 사람은 모든 G형 항성이 당신의 태양처럼 되려고 노력한다는 듯이, 이 항성들을 "태양 같은sun-like"이라고 불러야 한다고 주장할 때가 너무 많다)이라고 **불러야 하는** 이 항성들은 100억 년 정도 흘러야만 가지고 있는 수소를 모두 태울 수 있다.

완전히 대류로만 열을 운반하는 적색 왜성과 달리 G형 항성들은 대류층으로 둘러싸인 중심부에 복사층이 있다. 이런 구조는 만들기가 까다롭다. 바깥층으로 갈수록 밀도가 작아지는 각 층은 자신만의 평균 밀도가 있을 뿐 아니라 자신들만의 밀도 기울기density gradients가 있다. G형 항성의 복사층은 아주 조밀하고 기울기가 가파르다(복사층 내부에서 급격하게 밀도가 변한다는 뜻이다). 따라서 대류 현상은 일어날 수 없다. 중심부에서 멀어진 플라스마 덩어리는 주변 환경보다 밀도가 더 높은 곳으로 들어가기 때문에 항성의 바깥쪽으로 나아가지 못하고 다시 중심부로 돌아간다. 대류가 일어나지 않기 때문에 이 층에서 열을 전달할 방법은 전자기파 복사밖에 없다. 다시 말해서 빛의 광자가 대류가 일어날 만큼 물질이 충분히 퍼져 있는 최외각 층으로 열을 운반하는 것이다. 가벼운 M형 항성들과는 달리 G형 항성 내부에서는 탄소나 질소 같은 무거운 원소를 만들 수 있는 적절한 조건이 형성된다.

G형 항성의 중심부에서 수소 원료를 모두 사용하면 처음에는 너무 식어버려서 헬륨을 태울 수 없다. 열이 발생하지 않으면 중력을 밀어내면서 정역학 평형을 유지할 수 있게 해주던 복사 압력이 바깥쪽으로 작용하지 않아 항성은 수축하기 시작하지만, 그 때문에 잠시 뒤에 중심부의 밀도와 온도가 다시 증가한다. 다시 뜨거워진 중심부에서는 헬륨이 타기 시작해 베릴륨이 생성되고, 베릴륨은 곧바로 다른 헬륨과 결합해 탄소로 변한다. 익사하는 사람에게 산소를 주면 폐가 팽창하듯이 핵융합은 항성을 팽창시킨다. 이런 일이 이후 수십억 년 동안 여러 번 반복되면서 항성은 계속 무거운 원소를 만든다. 사람 천문학자들은 팽창한 G형 항성을 "적색 거성red giant"이라고 부른다.

당신의 태양은 45억 년 안에 적색 거성의 상태로 부풀어오를 것이다. 그때쯤이면 사람은 당신의 행성에 또다시 들이닥친 대량 멸종 사태에 휩쓸려 사라지고 없을 것이다. 믿거나 말거나지만, 그건 당신들에게는 좋은 일이다. 그때까지도 사람이 살아 있다면 태양계 안으로 퍼져나가는 태양의 광포한 최외각 층에 삼켜질 테니까.[6] 나도 당신들에게 행운을 빈다고 말하고 싶다. 혹은 당신들의 관습대로 나의 "별똥별"—항성이 아니라 그저 유성이지만—을 보고 소원을 빌 수도 있겠지만, 소망을 말하거나 기도하는 행동은 사실 당신의 생존에 그다지 도움이 되지 않을 것이다.

당신의 행성을 모조리 파괴한 뒤에는 (아마도) 당신의 태양도 다른 G형 항성들처럼 전하를 띤 입자들로 이루어진 항성풍stellar wind을 최외각 층 밖으로 내뿜을 것이다. 그 모습은 **정말** 장관이다. 처음 항성풍을 보았을 때 나는 그것이 항성이 경험하는 장엄한 마지막 소멸 과정이라고 생각했다. 하지만 아니었다. 거대하게 팽창한 외부 대기층을 모두 벗어버린 항성의 핵은 중심부로 붕괴해……★두구두구두구, 당연히 웅장한 북소리가 필요하다!★……. 백색 왜성이 된다!

G형 항성의 죽음은 실망을 안겨준다. 그러나 더 중요한 점은 가장 거대한 항성들의 죽음이 정말이지 참사나 다름없다는 것이다. 나로서는 그 녀석들의 죽음이 가장 견디기 힘들다. 그 과정을 글로 남긴다는 건 나에게는 정말로 어려운 일이지만, 최선을 다해보겠다(모든 면에서 그것은 **최상**이기도 할 것이다).

"거대한"이라는 단어는 기이하다. 상대적인 단어이기 때문이다. 당신의 태양보다 10배 큰 항성은 당신 기준으로는 분명히 거대한 항성이겠지만, 만약 당신이 현재의 당신 태양보다 100배 큰 항성 주위를 돌고 있다면 그렇지 않을 것이다. 물론 이건 순수한 가설일 뿐이다. 가장 거대한 항성들은 행성 위에서 최초의 생명체가 탄생한 뒤에—관대하게 말해주자면—지적 생명체가 진화하기는커녕 행성 자체가 형성될 때까지 오래 존재할 가능성이 거의 없기 때문이다. 게다가 그런 항성들은 자외선과 감마선을 대량으로 방출하기 때문에 당신처럼 연약한 몸은 이 항성을 견뎌낼 재간이 없다. 어찌어찌해서 간신히 진화했다고 해도 오래 견디지 못하고 사라졌을 것이다.

사람 천문학자들은 상대성에서 오는 이런 문제를 자신들이 만든 항성 분류표에서 가장 무거운 항성들의 미묘한 차이를 지워버림으로써 피할 수 있었다. 파장이 1밀리미터 이상인 복사선을 모두 전파라고 부르듯이, 사람 천문학자들은 당신의 태양보다 질량이 15배 이상인 모든 항성을 O형 항성, 또는 청색 거성blue giant이라는 이름으로 한데 묶었다. 이 거대한 항성들은 중간 크기의 항성들과 달리 안쪽 층에서 대류가 일어나고 그 층을 둘러싼 층에서 복사가 일어나지만, 그 중심부는 헬륨을 태워 핵융합 반응을 일으킬 수 있을 정도로 뜨겁다(온도가 적어도 3만K에 이른다).

사람 천문학자들이 그렇게 다양한 항성을 고작 하나의 목록에 밀어넣은 것은 거대한 항성들이 아주 드물기 때문일 수도 있다. 정말로 그렇다면, 그건 아마도 내 잘못일 것이다. 거대한 항성은 그들이 맞이할 불행한 죽음 때문에 만들기가 어렵다. 나에게든 항성에게든.

내가 만든 거대한 항성은 당신의 태양보다 150배에서 200배 정도 무겁다. 다른 은하들과 대화해본 바로 그들은 무거운 항성을 만들 수 있어도 그 사실을 감춘다고 한다. 그러나 우리 은하들은 너무 오래 살아서 비밀을 지키기가 쉽지 않고, 거짓말은 시간이 흐를수록 쌓이기만 하는 나쁜 습관이라는 점에서 나는 항성이 그보다 더 커질 수는 없으리라고 확신한다. 좀더 큰 것이 필요하다고 말하는 은하는 그저 다른 것을 보상해줄 대체품을 가지려고 애쓰는 것뿐이다.

수십억 년 전에 트린은 당신의 태양보다 300배는 무거운 항성을 만드는 것도 **충분히** 가능하다며 모두를 설득하려고 했다.

아무튼 그 녀석은 뭔가를 하려고 했다. 우리는 모두 트린이 가스로 가득 차 있는 걸 알았다. 당신의 태양 질량보다 200배가 넘는 무거운 존재는 정역학 평형을 유지하기가 어렵다. 당신의 직관에는 왠지 어긋나는 듯 느껴지겠지만, 항성의 질량이 커질수록 중력은 약해져야 한다. 중력이 자연의 네 가지 기본 힘 가운데 가장 약한 힘이라는 거, 기억하겠지? 광자가 발산하는 전자기파 복사가 대부분 생성하는 복사 압력은 질량이 클수록 훨씬 높아진다. 이 사실은 1세기쯤 전에 한 사람 과학자가 직접 실험하지 않고도 알아냈다. 비록 그 과학자는 질량이 아니라 항성의 광도, 즉 밝기의 최대 한계치를 알아보려고 노력하다가 그 사실을 알게 되었지만, 아무튼 항성의 밝기와 질량에는 밀접한 관계가 있다. 그 과학자 이름은 그가 전쟁터에 나가 세운 공이 없는데도 사람들이 "경sir"이라는 호칭까지 붙여 부르는 아서 에딩턴이다. 나는 어쩔 수 없이 파괴를 해야 하는 입장이기 때문에 파괴하지 않고도 영광을 얻은 그의 능력에 경의를 표할 수밖에 없다.

당신의 태양보다 질량이 15배 큰 항성이 100배 큰 항성과 똑같은 방식으로 죽음을 맞는다고 생각한다면, 당신은 분명히 내 말을 제대로 듣지 않은 것이다. 질량은 큰 차이를 만드는 중요한 요소이다! 0.5배와 1배의 차이가 중요하다면, 15배와 100배의 차이도 중요할 수밖에 없다. 거대한 항성이 죽는 방법은 저마다 다르다. 하지만 죽음으로 향하는 동안 모두 같은 방식으로 멈춰 서기는 한다. 바로 초신성 폭발이다. 좀더 구체적으로 말하자면, 사람 천문학자들이 2형 초신성이라고 부르는 거대한 항성들은 모두 그렇다. 당신들 사람은 정말로 목록을 만들고 분류하는 일을 사랑한다.

O형 항성들이 죽을 때가 되면 중심부에 있는 수소는 모두 헬륨으로 바뀌고, 헬륨도 탄소로, 질소로, 산소로, 규소로 계속해서 새로운 원소로 바뀌다가 마지막에는 철이 된다. 이 원소들은 가장 안쪽에 철이 놓이고 가장 바깥쪽에 수소가 놓이는 순서로 층을 이루며 쌓인다. 철보다 무거운 원자는 강한 핵력이 발생해 핵융합 반응을 유도하기에는 너무 크기 때문에, 그런 원자들이 만들어지려면 중성자별neutron star끼리의 충돌처럼 훨씬 강력한 참사가 일어나야 한다.[7]

항성의 중심부에서 철을 만들 규소가 모두 사라지면 정역학 평형이 무너지고 항성이 붕괴하기 시작한다. 점점 더 많은 물질들이 이미 조밀한 공간으로 계속해서 밀려들면 결국 항성은 폭발한다. 그 모습을 보고 누군가는 아름답다고 말할 테고, 누군가는 아름다움에는 고통이 따른다는 사실을 기억해낼 것이다.

O형 항성이 폭발하면 항성이 만든 무거운 원소들은 모두 항성과 항성 사이에 있는 공간인 성간 매질로, 나에게로 터져나간다. 나는 이 원소들을 이용해 금속이 풍부한 항성들을 만든다. 이런 삶을 산다는 점에서 O형 항성들은 이기주의와는 가장 먼 항성들이다.

아까 말했듯이 초신성 폭발은 죽음으로 가는 여정에서 잠시 멈추는 것이지, 죽음 자체가 아니다. 질량이 작은 O형 항성들—그러니까, 모든 것은 상대적이다—은 사람 천문학자들이 중성자별이라고 부르는 고밀도 잔여물을 남긴다. 이 남은 중심핵은 너무나도 조밀한데, 양성자와 원자가 모두 결합해 중성자를 만든다는 점에서 아주 적절한 명칭이다. 중성자별은 중성미자neutrino도 만드는데, 중성미자에 진심으로 관심이 있는 존재가 있을까? 나는 아니다.[8] 아무튼 중성자별은 항성 하나를 지구 위에 있는 도시 한 곳에 모두 욱여넣은 것처럼 조밀하다. 어떤 도시든지 말이다. 아, 로스앤젤레스는 아니다. 거긴 너무 넓게 퍼져 있어서 내 취향이 아니다.

그보다 더 무거운 항성은 훨씬 더 밀도가 큰 잔여물을 남긴다. 바로 블랙홀이다. 블랙홀은 너무나도 무겁고 너무나도 작아서 빛보다 빠른 속도로 움직여야만 벗어날 수 있다. 이 녀석들은 죽음과 세금, 아마추어 스탠딩 코미디쇼처럼 벗어나고 싶어도 도저히 벗어날 수 없는 존재들이다.

130억 년 동안 나는 항성들을 만들었고, 그 녀석들이 죽는 순간을 기다렸다. 어떤 항성들은 다른 항성들보다 더욱 영광스럽게 죽었다. 항성을 만드는 실험을 하면서 나는 M형 왜성 같은 가벼운 항성들은 더 오래 살지만, O형 항성처럼 짧게 살아도 무거운 항성들은 은하계에 더 많은 것을 되돌려준다는 사실을 배웠다.

그러나 M형, G형, O형이라는 분류 기준에 상관없이 항성은 나에게는 모두 소중하다. 알파벳으로 항성을 분류하는 체계는 애니 점프 캐넌이라는 사람이 만들었다. 캐넌은 항성의 표면 온도를 기준으로 자신이 관측한 항성들을 7개 목록으로 나누었다. 표면 온도가 가장 높은 항성은 O, 가장 낮은 항성은 M으로 분류해, O, B, A, F, G, K, M 순으로 나열했다(뜨거운 항성부터 차가운 항성까지의 순서는 가장 무거운 항성부터 가장 가벼운 항성까지의 순서와 일치한다). 캐넌은 호모 사피엔스가 여성의 공헌을 심하게 저평가하던 시기인 20세기 전환기에 낙서처럼 그어진 선을 보면서 그 일을 해냈다. 도대체 당신들은 어떻게 늘 그럴 수 있는 걸까?

캐넌의 스펙트럼형 분류 방식은 현대 사람 천문학자들이 천문학자로서 경력을 쌓는 초기에 배워야 하는(그리고 그 뒤로 몇 번이고, 몇 번이고 다시 떠올려야 하는) 특정 방식과 연결할 수 있다. 독자적으로 이 방식을 발견한 두 과학자의 이름을 따서 헤르츠스프룽–러셀 도표 Hertzsprung-Russell diagram라고 부르는 이 방식은 캐넌이 분류한 항성의 표면 온도를 항성의 실제 밝기와 비교해서 그래프로 작성한 것이다. 사람은 패턴을 쉽게 구별할 수 있으며, 실제로 표면 온도와 광도 사이에는 패턴이 존재하기 때문에, 두 사람의 그래프는 놀랍도록 영리한 자료 분석 방법이라고 할 수 있다.

헤르츠스프룽–러셀 도표를 보는 사람은 누구나 차갑고 어두운 M 형 항성에서 뜨겁고 밝은 O형 항성까지 가파르게 올라가는 곡선 부근에 항성이 대부분 몰려 있음을 알 수 있다. 사람 천문학자들은 그 항성들을 주계열성main sequence star이라고 부른다. 또다시 그다지 멋지지 않은 이름이 등장했지만, 이름을 짓는 사람의 능력에는 한계가 있다고 이미 언급했으니 그냥 넘어가자. 주계열성은 모두 중심부에서 수소를 헬륨으로 활발하게 바꾼다. 그리고 중심부에서 핵융합 반응을 하는 수소 연료가 모두 떨어지면 주계열을 벗어나 몇 가지 흥미로운 진화 경로를 따라 발달한다. 하지만 각기 다른 그 길들이 향하는 종착지는 모두 같다. 실패다.

결국 실패할 줄 알면서 내가 계속 새로운 항성을 만드는 이유가 궁금할지도 모르겠다. 아니, 그보다는 내가 만든 항성이 모두 반드시 죽는다는 사실을 알면서도 항성들의 종착지를 실패라고 여기는 이유를 궁금해하는 편이 낫겠다. 두 질문에 대한 답은 같다. 게다가 사실은 아주 단순하다. 내가 나의 항성을 사랑하기 때문이다.

당신은 아마도 내가 차갑고 감정이 없는 존재라고 생각할지도 모르겠다(나에 대해 아무 생각이 없는 것보다는 그 편이 한 단계 발전한 거라고 생각한다). 하지만 전혀 그렇지 않다. 다른 은하와 벌인 전투에서 승리하면 나는 자부심과 절망감이 뒤섞인 혼란스러운 감정을 느낀다.

새미가 나와 함께 있어준다는 사실에 정말 감사하고, 래리라는 존재 때문에 좌절한다. 나는 안드로메다를 사랑한다. 수십억 년 동안 하나하나 최선을 다해 최고의 항성을 만들기 위해 노력한 내가 나의 항성들을 사랑한다는 사실이 믿기지 않는다고? 아니, 그러지 않았으면 좋겠다.

그러나 그 모든 것 아래에는, 나의 존재 깊숙한 중심부에서부터 넓게 퍼져 있는 나의 몸은 내가 살기 위해 결국 나의 모든 항성을 죽게 내버려둔다는 죄의식에서 기인한 자기혐오로 가득하다. 나의 몸은 모두 바닥이 없는 절망의 구렁텅이다. 내 몸은 문자 그대로의 블랙홀과 비유적인 블랙홀이 한데 겹쳐져 있어, 절망이 빠져나갈 탈출구가 전혀 없다.

09

내면의 혼돈

거대한 항성들 대부분이 기이한 죽음을 맞을 때 생성되는 나의 블랙홀들은 거의가 조그맣다. 블랙홀들이 모두 당신 태양 질량의 수십 배 정도밖에 무겁지 않다는 사실은 내 자부심에 흠집을 내는데, 그런 블랙홀이 내 몸 곳곳에 수천만 개나 흩어져 있다. 블랙홀 때문에 느껴야 하는 하나하나의 실망은 충분히 견딜 만하지만, 그 블랙홀들을 모두 더한 무게가 주는 실망은 너무나도 압도적이다. 사람은 언제나 아주 사소한 좌절에도 무너진다. 많은 사람에게 "이미 엎질러진 물이다"라는 표현이 단순한 비유가 아니라는 점, 사실 그런 말을 할 때 정말로 중요한 것은 물이 아니라는 점도 나는 이제 안다. 물, 잃어버린 열쇠, 취소된 약속, 거절당한 입사 지원서 등, 사람의 행복을 망치는 모든 것을 이 표현의 목적어로 사용할 수 있다는 사실도 알고 있다.

당신과 함께 살아가는 사람들이 당신을 우울하게 만드는 조그만

것들을 제대로 보지 못하듯이, 사람 천문학자들도 자신들이 얄궂게도 항성 블랙홀이라고 부르는 존재가 제대로 보이지 않아 애를 먹고 있다. 질량이 작은 블랙홀이 홀로 있을 때에는 다른 존재의 이목을 끄는 뜨거운 강착 원반accretion disk도 밝은 제트jet도 만들어지지 않는다. 그런 화려한 장관은 사람 천문학자들이 활동 은하핵active galactic nuclei이라고 부르는, 에너지를 훨씬 많이 보유한 블랙홀들의 몫이다. 가끔은 항성 블랙홀이 블랙홀의 중력으로 당신에게로 향하는 광원의 빛을 구부리는 적절한 방법으로 당신과 빛나는 배경 광원 사이를 지나갈 수도 있지만, 그런 일은 상당히 일어나기 어렵다. 그래서 사람 천문학자는 그런 블랙홀보다는 짝을 지어 함께 살아가는 블랙홀들을 연구해야 한다. 블랙홀은 주위에 있는 존재에게 거머리처럼 달라붙기 때문에 동반자가 있으면 동반자의 물질을 훔쳐와 X선을 방출하는 강착 원반을 만든다.

아, 그런데 X선은 사람 천문학자들에게 아주 특별한 복사선이라는 말을 해야겠다(특별히 좌절하게 하는 복사선이라고 말하는 편이 더 정확할지도 모르겠지만). 사람은 1800년대 중반부터 지상에서 X선을 연구하고 사용해왔지만 우주에서 오는 X선을 관측하는 데에는 100년이 더 걸렸다. 우주에서 오는 X선은 대부분 지구 대기를 통과하지 못하기 때문이다. X선의 파장은 사람이 숨을 쉴 때 들이마시는 분자보다도 작아서 대기에 진입하면 오래 움직이지 못하고 모두 흡수된다. 따라서 X선을 제대로 관측하고 싶다면 지구 대기 상층부로 높이 관측 풍선을 띄우거나 NASA의 찬드라 X선 관측선처럼 궤도를 도는 관측기구를 발사해야 한다.

이런, 주제와 상관없는 이야기를 떠들었다. 이 장에서 소개하고 싶은 건 사소한 나의 수치가 아니라 내가 이룩한 거대한 업적이다. 사람 천문학자들이 궁수자리 A*이라고 부르는, 나의 중심부에 있는 초거대 블랙홀 말이다. 내 삶의 아주 긴 시간 동안, 그러니까 수십억 년 동안은 이런 이야기를 하는 것이 거의 불가능했다. 아직 완전히 받아들일 정도는 아니지만 이제는 나의 블랙홀을 생각하는 일이 그렇게 심한 상처가 되지는 않는다. 어쨌거나 나의 이야기는 들려줄 가치가 있으니 이 장을 계속 써나갈 것이다. 그리고 당신은……당신은 아직 배워야 할 것이 아주 많다.

나는 나의 중심부 블랙홀을 사지라고 부른다. 아주 오래 전에 나는 이름을 붙이면 무엇인가와 마주하는 일이 더 쉬워진다는 사실을 깨달았다. 사지라는 이름은 고대 은하계에 존재하던 개념을 음역한 것인데, 음……지구 언어로 가장 가깝게 번역해보면 "응가 머리" 정도가 될 것이다(번역만 하지 않으면 그렇게까지 유치하게 들리는 이름은 아니다). 지금 내가 하는 이야기는 사람 천문학자들이 스스로가 은하 안에서 살고 있음을 알기 훨씬 전의 일임을 기억해야 한다. 그들은 나의 죄의식이라는 그늘 속에 머물며 가까이 다가오는 것은 무엇이든지 삼키고 으깨버리려고 기다리는, 세상에 대한 미움을 가득 머금은 채 격렬하게 돌고 있는 거대한 질량 덩어리와 자신들의 세상을 공유하고 있다는 사실도 물론 몰랐다. 사람 천문학자들은 하늘에서 사지가 보내는 신호를 감지한 뒤에야 사지에게 궁수자리 A^*이라는 이름을 붙여주었다. 궁수자리가 라틴어로 사기타리우스Sagittarius이기는 하지만, 내가 붙인 이름과 사람 천문학자들이 붙인 이름이 비슷한 건 그저 우연의 소산이다.

이 소소하고 재미있는 사람들의 이야기는 카를 잰스키라는 이름의 남자에게서 시작된다. 현재 지구인들은 카를을 "전파천문학의 아버지"라고 여기며, 그의 이름을 딴 단위까지 만들어냈다. 잰스키jansky는 전속밀도flux density, 즉 정해진 시간 동안 특정 지역을 통과하는 에너지의 총량을 측정한 뒤 망원경 수신기의 대역폭bandwidth으로 환산한 전파의 세기를 나타내는 단위다. 사람의 다른 과학 분야에서는 전속밀도를 다르게 표현하는 단위들도 존재하지만, 잰스키는 넓은 광역대의 복사선을 연속적으로 방출하는 흐릿하고 작은 광원의 전파 세기를 측정할 때에만 유용한 **특별한** 단위다. 기본적으로 잰스키는 전파 천문학자들만이 사용하는 단어인데, 지구에 전파 천문학자는 고작 1,000명 정도밖에 없다. 게다가 그 사람들도 잰스키를 불만을 터트릴 때에 항상 사용하는 것 같은데, 그건······카를이 좋아할 만한 행동은 아니다.

1930년대에, 그러니까 살기 위해 먹는 것에 크게 의존하면서도 주변에 존재하는 대상의 극히 일부만을 먹을 수 있는 당신 같은 생명체에게는 아주 힘들었던 기간에 카를은 사람 천문학자들의 소중한 국제천문연맹에서 공식적으로 별자리라는 직위를 부여한 88개 별자리 가운데 하나인 궁수자리에서 날아오는 전파 신호를 발견했다.

그때는 사람이 우주의 극히 일부만을 볼 수 있었다는 사실을 기억해야 한다. 당시 사람 천문학자들은 자신들이 연구하는 빛을 막고, 구부리고, 방향을 꺾는 8kpc에 달하는 먼지와 가스, 항성과 블랙홀을 포함한 모든 것을 뚫고 우주를 볼 방법을 알지 못했다. 그러니 내 이야기를 들어줄 사람을 수백만 년이나 기다려야 했다며 내가 불평하지 않듯이, 당신도 사람 천문학자들이 사지를 발견할 때까지 카를 이후로 다시 40년을 기다려야 했다는 사실에 놀라지 말아야 한다.

그 40년 동안 여러 천문학자들이 카를이 발견한 전파 신호는 자신들의 은하—그러니까, 나 말이다—의 중심부에서 온다는 사실을 확인했고, 하나의 광원이 방출하는 것이 아니라 특별히 밝고 조밀한 광원 1개를 포함해 여러 개의 광원에서 나온 다양한 전파들이 한데 합쳐진 것임을 알아냈다. 사람의 날짜 계산법대로라면 1980년대인 시기에 사람 천문학자들은 사지에 관한 정보를 충분히 모았고, 사지가 블랙홀일 가능성이 있다고 결론지었다. 그들로서는 그렇게 작으면서도 무거운 천체를 블랙홀 외에는 알지 못했기 때문이다. 그때쯤에는 이미 사람 천문학자들이 사지를 궁수자리 A*이라고 불렀는데, 그 이유는 사지가 맹렬하게 전파를 발산하는 나의 중심부에 있는 "들뜬 exciting" 녀석이기 때문이었다. 사람 물리학자들은 원자의 들뜬 상태 excited state를 표시할 때 별표를 붙인다. 사람 천문학자들이 사지에 관해 나만큼 잘 알았다면 "들뜬"이라는 수식어를 떠올릴 생각은 하지 않았을 것이다. 물론 누구든 사지를 나만큼 잘 아는 사람이 있다면 사지가 그 사람을 갈가리 찢어버렸을 텐데, 나는 그걸 아주 "신나는 exciting" 일이라고 생각할 은하들도 몇 녀석 알고 있다.

사람을 위해 좀더 분명하게 정리해보자. 궁수자리는 지구의 밤하늘에서 볼 수 있는 한 구역이며, 궁수자리 A는 궁수자리에서 전파를 방출하는 다양한 전파원 무리이며, 궁수자리 A*은 궁수자리 A에서 가장 밝은 빛을 내는 전파원이다.

이런 발견들은 한 번에 하나씩, 전 세대의 사람 과학자들이 성취한 발견을 토대로 그 위에 차곡차곡 쌓여왔다. 당신들 사람은 느리게 움직이면서 평생 사람들을 괴롭히는 수많은 문제들 가운데 하나의 극히 일부를 푸는 데 할애한다. 사람이 그렇게 사람다운 귀여운 일을 하는 건 참으로 보기 좋다.

그러나 사람 이야기는 자제하고 사지 이야기를 좀더 하는 편이 좋겠다. 솔직히 말해서—내가 솔직하지 않았던 적이 있나?—그 이야기를 하려니 떨렸다. 그래서 조금 천천히 들어가기로 한 거다.

아주 오래 전에 있었던 일인데도 여전히 선명하게 생각나는 아주 부끄러운 기억을 하나 떠올려보자. 떠오를 때마다 날카로운 가장자리로 극심한 굴욕감을 천천히 목까지 치밀게 하는 그런 기억 말이다. 그러니까 가장 중요한 시즌 경기에서 혼자 패했거나, 반려동물에게 먹이를 줄 사람을 구하지도 않고 일주일이나 휴가를 떠나버렸을 때의 기억 같은 것 말이다. 어떤 기억이 되었건 간에 그런 기억은 떠올리는 것만으로도 불편한 감정이 든다. 하지만 기억은 기억일 뿐이다. 그저 과거에 있었던 사건에 대한 희미한 떠오름, 생각일 뿐이다.

그러나 사지는 내가 싫어했던 나 자신의 **모든** 것을 물리적으로 체화해놓은 존재다. 잡아먹은 모든 은하, 잘못된 판단으로 던졌던 모든 추파, 부당하게 내뱉은 새미에 관한 그 모든 틀린 언급 등등(트린이나 래리에게 했던 빈정거림은 여기에 포함되지 않는다. 그 녀석들은 그런 말을 들을 만하다). 다른 은하를 삼킬 때에는 그들의 수치심까지도 함께 떠안아야 한다.

나쁜 감정들이 현신한 존재를 말 그대로 내부에 품고 있어야 한다는 점이 우리 은하들이 살면서 겪는 최악의 경험일 것이다. 이런 설계상의 결함이야말로 지적 설계자는 없다는 사실을 논리적으로 반박할 수 있는 근거이지 않을까? 하지만 블랙홀을 지니고 살아야 한다는 것과 항문을—으악—닦아야 한다는 것 가운데 하나를 택하라면, 나는 당연히 블랙홀이라는 구멍을 택할 것이다. 그런데 당신 행성에서 당신과 함께 살아가는 다른 영장류들은 닦지 않는 항문을 당신들은 닦아야 하는 이유가 직립보행을 하면서 많은 것을 포기해야만 했기 때문임을 알고는 있나?[1]

사지는 나의 중심부에 가라앉은 채 언제나 나를 그곳으로 끌어내리려고 애쓰는 가장 어둡고 묵직한 기억들이 머무는 곳이다. 내가 무엇인가를 새롭게 시도하려고 할 때마다 사지는 언제나 나에게 의심을 가득 심어준다. 가령 고리가 있는 행성[2]을 만들려고 할 때면 "정말 고리를 만들려고? 왜? 너무 게을러서 위성은 못 만들겠어?"라는 식으로 회의를 드러내는 것이다. 내가 사자자리 세쌍둥이에게 항성 쪽지를 보낼 때마다―나에게는 가까운 블록에서 살아가는 은하 가족들과 함께 대화를 할 수 있는 일종의 그룹 채팅 방법이 있다―사지는 틀린 문법을 잡아내고 내가 지나치게 장황하고 쓸데없는 말을 늘어놓는다고 지적한다. "쪽지에 마그네슘을 그렇게 많이 넣었는데도 그 은하들이 너를 여전히 친구라고 생각할 거라고 믿어? 그 스펙트럼은 도대체 무슨 뜻인지 해독할 수가 없다고!" 같은 말을 하는 것이다. 심지어 지금 이 순간에도 사지는 내가 너무 투덜댄다든지, 누구도 내 삶과 내 문제에는 관심이 없다고 속삭인다. 아무튼 중요한 존재들은 아무도 나에게 관심을 가지지 않을 거라고 말이다. 하지만 당신은 내 이야기에 완전히 매료되었을 거라고 확신한다.

사지는 내가 결코 되지 못했던 존재에 대해 한탄하고, 과거의 나에게 절망하게 만들어 내가 앞으로 될 수 있는 존재에 관해서는 꿈도 꾸지 못하게 막는다. 물론 지금 내가 묘사한 사지는 사람 천문학자들이 생각하는 블랙홀의 모습과는 전혀 다르다. 그들에게 사지는 그저 지적인 호기심의 대상이자, 그 호기심을 풀어내면 멋진 상을 받을 수 있는 천문학의 엄청난 수수께끼일 뿐이다. 실제로 사지가 블랙홀임을 밝힌 사람 천문학자 3명은 2020년에 노벨 물리학상을 받았다. 사지의 존재를 밝힐 때까지 사람에게는 충분히 긴 시간이 필요했다! 사람

천문학자들이 블랙홀을 아주 놀랍고 경이로운 존재인 양 묘사하는 것은 조금도 이상한 일이 아니다. 그들은 블랙홀의 본질을 이해할 수 있을 만큼 충분히 오랫동안 사지와 알고 지내지 않았다.

블랙홀의 몸에 관해 이야기하자면, 블랙홀은 두 부분이나 세 부분으로 이루어져 있다고 말할 수 있다. 일단 빛조차도 빠져나갈 수 없는 가운데 조밀한 부분인 블랙홀이 있다. 블랙홀의 바깥쪽에는 사건의 지평선event horizon이라고 하는 가장자리 경계가 있다. 그리고 강착 원반이 있다. 서서히 회전하면서 블랙홀로 빨려들어가는 물질들이 만든 고리인데, 원반을 이루는 입자들이 서로 부딪히면서 발생하는 마찰력 때문에 밝게 빛난다. 마지막으로 사람 천문학자들이 제트라고 부르는 밝고 강력한 물질을 강착 원반 평면의 위아래—우주에서 위아래라는 방향 구분은 사실상 의미가 없지만—로 분출하는 블랙홀도 있다.

사람 과학자들은 질량, 전하, 회전이라는 세 가지 특징으로 블랙홀을 설명한다. 이제는 우리가 질량은 굳이 설명할 필요가 없을 만큼 충분히 오랜 시간을 함께 보냈다고 생각하니까…….

전하를 설명하겠다. 전하는 물체가 띠고 있는 전기의 양으로, 본질적으로 양성자와 전자의 수적 차이를 뜻하는 용어다. 다른 말로 하면 양전하와 음전하의 수적 차이라고 할 수도 있다. 우주에는 전자의 수만큼 양성자도 존재하기 때문에 블랙홀은 흡수한 전자의 전하를 상쇄해줄 만큼의 양성자도 흡수한다. 따라서 보통은 전기적으로 중성이다. 사실 블랙홀이 새로운 물질을 부착할 때마다—먹을 때마다— 전하값은 바뀌지만, 사람 천문학자들은 계산을 쉽게 하기 위해서 자신들이 연구하는 블랙홀은 전기적으로 중성이라는 가정을 할 때가 많다.

블랙홀의 회전을 나타내는 물리량인 각운동량은……말 그대로의 의미를 담고 있다. 사람 천문학자들도 가끔은 적절한 이름을 지을 때가 있다! 블랙홀의 회전값이 클수록 블랙홀 주변의 시공간은 더 많이 휘어지고 더 많이 블랙홀 쪽으로 끌려들어간다. 질량이 작은 항성 블랙홀이 회전하는 이유는 그것이 회전하던 거대한 항성이 붕괴하면서 생성되었기 때문이다(거대한 항성이 회전하는 이유는 내가 항성을 만들 때 사용했던 가스 구름이 회전했기 때문이고, 가스 구름이 회전한 이유는……그 녀석들은 원래 그렇게 회전해서 왔기 때문이다. 아니, 회전해서 간건가? 회전했기 때문이라고 해야 하나? 아무튼 그런 구분은 아무 의미가 없다. 그저 우주에서는 거의 모든 것이 회전하고 있다고만 말해두자). 사지처럼 무거운 블랙홀은 아주 무거운 존재를 생성한 충돌이 남긴 운동량 때문에 회전한다.

사람은 사지의 질량을 태양 질량의 300만–500만 배 사이로 측정해왔지만, 실제로는 당신 태양 질량의 400만 배쯤 된다. 사람이 가장 떠올리기 싫은 기억들을 마음 가장 깊숙한 공간에 욱여넣고 외면하듯이, 나도 그 분노의 질량을 당신의 행성이 태양 주위를 도는 궤도보다도 더 작은 공간에 쑤셔넣었다. 사람 천문학자 중에는 그곳이 수성의 궤도보다도 작은 공간이라고 말하는 사람도 있다.

작은 공간 안에 거대한 질량을 욱여넣은 것이 무슨 뜻인지 모르는 사람들을 위해 설명하자면(사람이라는 생물종의 구성원은 거의 다 그럴 테니까, 너무 절망하지는 말자!), 그토록 무겁지만 작은 물체는 너무나도 조밀해서 빛조차 그 물체의 중력을 벗어나지 못한다는 뜻이다. 사람 과학자들이 즐겨 말하듯이 "시공간이라는 직물"은 질량이 큰 물체 주위에서 크게 휘어지고 구부러지기 때문에, 그 물체를 탈출하려는 존재들은 그 존재가 광자가 되었든 자기 자신을 받아들이는 마음이 되었든 간에 왔던 곳으로 되돌아갈 수밖에 없다.

엄청나게 높은 밀도에서 비롯되는 가장 뚜렷한 결과는, 적어도 사람은 블랙홀을 볼 수 없다는 것이다. 내가 굳이 설명할 이유는 없지만, 맹세컨대 내가 고의로 그런 건 아니다. 사지를 조금이라도 통제할 방법이 있다면, 나는 약간의 존엄성이라도 되찾을 수 있도록 분명히 그렇게 할 것이다. 게다가 내가 사지를 사람의 눈으로 볼 수 있게 만들 수 있었다고 해도, 그것이 굳이 수고를 들여야 할 만큼 가치 있는 일이라는 생각은 들지 않았을 것 같다. 나에게는 눈이 없다는 거, 기억하겠지?

사람들이 블랙홀이라는 이름을 생각해낸 이유는 사실 보지 못하기 때문이다. 이 용어는 방에 있는 모든 에너지와 생명을 빨아들이는 무엇인가를 나타내는 사람의 언어에서 유래한 듯한데, 물론 맞는 말이지만, 왠지 모르게 사람들이 블랙홀을 주변에 있는 모든 물질을 진공

청소기처럼 빨아들인다는 그릇된 오해를 심어주고 있다. 블랙홀은 절대로 그런 존재가 아니다! 블랙홀은 절대로 그런 노력을 들이지 않는다. 정말이다. 블랙홀은 그저 그 주위를 천천히 지나가던 물질이 굴러떨어지는 구덩이일 뿐이다. 당신의 태양이 갑자기 자신의 질량을 그대로 가진 블랙홀로 변해버렸다면, 우리는 당신들 사람이 곧 모두 죽으리라는 사실을 알고 있다. 하지만 그 이유는 태양계 중심으로 빨려들어가기 때문이 아니다. 당신의 행성은 태양이 블랙홀로 변한 뒤에도 원래의 궤도를 따라 움직일 것이다. 내가 전적으로 여러분의 생존을 위해 만들어준 항성의 열기가 없어서 지구의 모든 생명체가 얼어버리기 전까지는 말이다.

블랙홀이라는 이름 때문에 너무나도 많은 사람들이 블랙홀과 암흑 물질과 암흑 에너지가 관계가 있을 거라고 생각한다. 사실 그 셋은 너무나도 다른 존재들이다. 블랙홀은 당신과 같은 사람이나 내 몸에서 빛나는 부분을 이루는 평범한 물질들이 극단적으로 조밀하게 모여 형성된 존재다. 사람 과학자들이 "중입자" 물질이라고 부르는 것들로 이루어진 것이다. 하지만 암흑 물질은……그러니까, 음, 아직 사람 과학자들은 암흑 물질의 정체를 알아내지는 못했지만, 어쨌거나 모든 면에서 중입자 물질처럼 행동하는 물질로 이루어져 있다. 빛과 상호작용하지 않는다는 점만 **빼고** 말이다. 그리고 암흑 에너지는 전혀 물질이 아니다. 사람 과학자들이 암흑 에너지라고 이름 붙인 존재는 우주의 팽창 속도를 가속시키는 보이지 않는 힘이다. 세 존재 모두 사람의 눈에는 보이지 않지만, 사실 사람의 눈에는 대부분의 존재가 보이지 않으므로 그 셋을 뭉뚱그려 한데 합치는 건 옳은 판단이 아니다.

이쯤에서 당신이 이렇게 물었으면 좋겠다. "하지만 은하수 씨. 우리가 볼 수 없다면, 블랙홀을 어떻게 연구할 수 있는 거죠?"

정말이지 영리한 질문이다! 일단, 먼저 당신은 시각 외에 보이지 않는 대상을 감지할 수 있는 또다른 방법들이 있음을 받아들여야 한다. 나라면 사지가 있음을 분명하게 인지하지 못했다고 해도 나의 항성들을 끌어당기며 사악한 에너지를 내뿜고 있다는 사실을 근거로 그곳에 무엇인가가 있음을 분명히 느낄 수 있을 것이다. 아무튼 "당신"의 질문에 정확하게 답해보자면, 사람 천문학자들은 블랙홀이 사람이 사는 환경에 미치는 영향을 측정하는 방법을 이용해서 블랙홀을 연구하고 있다고 하겠다.

1990년대부터 사람 천문학자들은 나의 중심부 가까이에서 공전하는 여러 항성의 위치와 속도를 측정하려고 적외선과 전파(당신과 사지 사이를 가로막고 있는 먼지를 가장 쉽게 통과할 수 있는 빛의 파장이다) 신호를 활용하고 있다. 심지어 사람 과학자들도 중력이 공간 속에서 운동을 유도하며, 중력은 질량에서 나온다는 사실은 알기 때문에 사지 주위를 도는 소위 S형 항성들의 움직임을 측정해 사지의 질량을 파악하려고 한다. 사지와 그렇게나 가까이에서 살아가고 있는 용감하고 회복력 강한 대단한 항성들을 만들어냈다는 사실에 나는 엄청난 자부심을 느끼지만, 안타깝게도 사람 천문학자들은 그저 S형 항성들에게서 자신들이 필요한 정보만을 얻고 싶어하는 듯하다. 정말로 무례한 태도지만, 그걸 자각하고 있는 것 같지도 않다. 사람 천문학자들은 자신들이 S2라고 이름 붙인 항성을 하나 발견하더니, 특히 상세하게 연구했다. S2는 사지에게서 두 번째로 가까운 항성이라는 뜻이다(그들이 보기에는 그렇겠지!). S2가 사지 주위를 도는 공전 주기는 지구의 1년을 기준으로 16년쯤 되기 때문에 지금까지 사람 천문학자들은 S2가 타원을 그리며 공전하는 모습을 한 번 이상 관찰할 수 있었다.[3] S형 항성들은 사지와 충분히 가까운 곳에서 살아가기 때문에 사람이 사용하는 천문단위AU로 사지와 항성의 거리를 표시하는 것이 가장 합리적인 방법이다. S2는 대부분의 시간을 사지에게서 950AU 정도 떨어진 곳에서 살아가지만 가장 용감해질 때에는 이 거대한 괴물과 120AU까지 가까워지기도 한다. 사지와 가장 가까이 있을 때 S2의 공전 속도는 빛의 속도의 2.5퍼센트에 달하는 7,700km/s다! 정말로 항성계의 돌진하는 총알, 항성계의 우사인 볼트다. 내가 아끼는 작은 데어데블이다♥

지구의 시간 단위로 몇 세기쯤 전에 살았던 천문학자 요하네스 케플러는 위성과 행성과 항성의 궤도를 생각하면서 아주 많은 시간을 보냈고……그 천체들이 거의 모든 조건에서 같은 방식으로 움직인다는 사실을 발견했다(내 팽대부에서 아무렇게나 돌아다니는 항성들은 사람 천문학자들이 케플러 궤도라고 부르는 것을 피해다니는 경향이 있다). 케플러는 공전하는 천체까지의 거리와 공전 주기를 알면 천체의 질량이나 합산 질량combined mass을 측정할 수 있음을 알았다. 사람 천문학자들은 케플러의 연구와 S2의 궤도를 이용해 사지의 질량을 측정했다.

블랙홀의 크기를 블랙홀의 질량이 결정한다는 사실은 놀랍지 않을 것이다. 정의상 블랙홀은 너무나도 무겁고 조밀해서 빛조차도 빠져나갈 수 없는 천체이기 때문에 특정 질량을 가진 블랙홀은 밀도 임계값 아래로 떨어지기 전까지만 커질 수 있다. 이론적으로는 전하도 없고 회전도 없는 가장 단순한 상태의 블랙홀은 슈바르츠실트 반지름Schwarzschild radius까지 커질 수 있다. 천체의 중심부에서 물체의 탈출 속도가 빛의 속도와 같아지는 곳까지의 거리다. 사지의 슈바르츠실트 반지름은 10분의 1AU쯤 되지만, 실제 반지름은 그보다 작다.

최근에—사람의 관점에서 최근이니까, 정말로 바로 얼마 전에—사람 천문학자들은 드디어 블랙홀의 사진을 찍는 방법을 알아냈다. 사실은 블랙홀 가장자리에 있는 사건의 지평선을 찍는 방법을 알아낸 거지만 말이다. 사람 천문학자들이 감지한 신호는 방사광synchrotron radiation이었다. 자기력선 주변에서 속도가 증가하는 전자들이 방출하는 방사광은 사실상 전자가 블랙홀로 떨어지면서 내지르는 비명이다. 사건의 지평선을 사진에 담으려면 사람 천문학자들은 거의 당신의 행성만큼이나 커다란 망원경을 제작해야 한다. 망원경이 크면 클수록[4] 작은 물체를 훨씬 선명하게 볼 수 있다. 물론 가장 작은 블랙홀도 당신에 비하면 어마어마하게 크지만, 아주 멀리 있어서 사람의 눈에는 아주 작게 보일 수밖에 없다. 나라면 그렇게 후회로 가득 찬 존재의 사진을 찍겠다며 그 험한 노력을 하고 힘을 빼지는 않을 것 같지만, 당신들이 얼마 못 가서 후회하게 될 아동기의 기이한 사진들을 수 없이 찍어대는 걸 보면, 그런 노력은 지구에서는 통과의례 같은 게 아닐까 싶다.

사람 천문학자들이 지금까지 찾은 가장 작은 블랙홀은 당신 태양 질량의 3배쯤 된다.[5] 3배라니! 그건 질량은 사지의 100만 분의 1도 되지 않고, 지름은 고작 24킬로미터쯤 된다는 뜻이다. 블랙홀의 질량 하한선을 알면 사람 천문학자들은 블랙홀과 블랙홀이 될 수 있는 질량 한계선에 살짝 미치지 못해 블랙홀이 되지 못하고 남은 항성의 잔재물, 즉 중성자별을 구별할 수 있게 될 것이다. 블랙홀과 중성자별을 가르는 가장 중요한 기준은 밀도다. 중성자별은 전자가 내부에 있는 양성자를 만나 중성자를 만들 수 있을 정도로 아주 조밀하지만 사람 천문학자들은 아직 그 한계치를 알지 못한다.

다시 지구만 한 크기의 망원경 이야기로 돌아가자. 당연하게도 사람에게는 당신의 행성만큼 커다란 단일 구조물을 제작할 능력이 없다. 물론 그런 구조물을 만들려고 시도하다가 필연적으로 발생할 대혼란은 내가 보기에 좋을 테지만 말이다. 사람 천문학자들은 지구만 한 망원경은 만들지 못했지만, 미어캣 전파 망원경과 비슷하면서도 더욱 큰 규모로 지구 곳곳에 설치한 망원경이 매시간 조심스럽게 관측한 자료를 분석하는 강력한 컴퓨터들을 이용해 블랙홀을 관측한다. 사실 이 프로젝트의 기본 개념은 이미 1세기도 더 전인 1800년대

말에 완성되었지만, 지구 전체를 이용하는 대규모 사업은 진행할 수 없었다. 사건의 지평선 망원경Event Horizon Telescope을 건설하기 전까지는 말이다.

사건의 지평선 망원경은 최소한 여덟 곳의 지상 관측소에 있는 망원경들을 합쳐서 부르는 명칭인데, 시간이 흐르면서 더 많은 망원경이 프로젝트에 합류했다. 2019년, 전 세계에서 프로젝트에 참여한 망원경들이 보내온 자료[6]를 샅샅이 검토하고 취합한 사람 천문학자들은 마침내 처음으로 사람이 직접 촬영한 블랙홀의 사건의 지평선 사진을 발표했다. 하지만 그건 사지의 사건의 지평선이 아니다. 심지어 나의 작은 블랙홀들의 것도 아니다. 다른 은하인 M87에 속한 블랙홀의 사건의 지평선 사진이다.

M87은 우리 은하단 옆에 있는 처녀자리 은하단의 일원으로, 타원은하다(처녀자리 은하단과 처녀자리 초은하단을 혼동하면 안 된다. 그 둘은 뉴욕 시와 뉴욕 주만큼이나 다르니까. 처녀자리 은하단 주민들도 지구에서 가장 의기양양한 뉴요커들처럼 자신들이 특별한 지역에 산다는 자부심으로 가득 차 있다). 처녀자리 은하단에서 가장 크고 가장 강한 은하인 M87은 온갖 책임을 지고 오랜 시간 궂은일을 도맡아 처리했기 때문에, 당연히 중심에 아주 거대한 블랙홀을 가지고 있다. 거리로 보면 사지가 더 가깝지만 사람의 근시안적인 장비로는 M87의 블랙홀을 형상화하는 편이 더 쉬웠을 것이다.

허락도 받지 않고 그런 사진을 찍은 걸 M87이 고마워할 것 같지는 않지만, 사실 사람 천문학자들이 은하의 허락을 받는 일에 크게 신경을 쓸 것 같지도 않다. 사람 천문학자들이 찍은 사진에는 M87의 중심에 있는 블랙홀의 크기(블랙홀의 질량을 알려준다)와 블랙홀의 회전 방향(관찰자를 향해 이동하는 쪽이 더 밝게 보이는 도플러 효과 때문에 알 수 있다) 같은 정보가 담겨 있다.

관측량이 많아지자 사람 천문학자들은 M87 블랙홀의 사건의 지평선 부근에서 강하게 소용돌이치는 자기력선을 발견할 수 있었다. 그 같은 발견은 1970년대에 제기된 제트의 생성에 대한 가설을 뒷받침해 주었다. 제트는 1918년에 대논쟁으로 유명한 히버 커티스가 처음 관측했다. 이후 케임브리지 대학교에서 근무하던 로저 블랜퍼드와 로먼 즈나예크는 회전하는 블랙홀이 자기력선을 나선형으로 비틀 수 있을 거라고 추론했다(증거를 확보하지는 못했을 테고, 아마도 차를 마시다가 문득 떠올렸을 것이다). 자기력선을 따라서 이동하는 전압이 강착원반에서 에너지를 끌어오면서 블랙홀에서는 찬란한 빛의 쇼가 펼쳐진다.

초거대 블랙홀을 가진 은하는 M87과 나뿐만이 아니다. 은하는 모두 중심에 블랙홀을 가지고 있다. 그러니까, 모두 진짜 블랙홀을 가지고 있는 것이다. 왜소은하에게는 블랙홀이 없는데, 그건 말이 된다. 작은 은하들이야 화낼 일이 없을 테니까.

아, 그런데 블랙홀이라는 무거운 짐을 짊어지고 다니는 왜소은하들도 있기는 하다. 사람 천문학자들은 그런 왜소은하를 10여 개 찾았고, 자신들이 찾은 것이 진짜 블랙홀임을 확인하려고 컴퓨터로 시뮬레이션했다(사람 천문학자들은 그런 일을 할 수 있는 컴퓨터를 사랑한다). 그들은 특히 죄책감을 느끼는 왜소은하들의 중심부를 벗어난 곳에서 찾은 초거대 블랙홀에 흥미를 느꼈다. 왜냐하면 블랙홀은 보통 어떤 존재든지 그 중심부로 파고들어 자리를 잡으려는 경향이 있기 때문이다.[7] 왜소은하에서 볼 수 있는 블랙홀은 대개 당신 태양 질량의 100만 배쯤 되지만, 이 역시 예상되는 바다.

  사람 천문학자들의 컴퓨터 시뮬레이션대로라면 은하의 중심에서 벗어나 있는 블랙홀의 질량이 크지 않아 중력이 약하기 때문에 블랙홀을 가운데 붙들어놓을 힘이 없는 왜소은하에서 흔히 나타나야 한다. 실제로 왜소은하에 있는 초거대 블랙홀들은 절반가량이 중심부에서 벗어나 있다. 그러나 그런 컴퓨터 시뮬레이션은 이런 전체 그림을 담지 못한다.

  왜소은하끼리의 충돌은 과거에 내가 했던 실험과 달리 아주 격렬하지는 않다. 나에게 대등하게 맞설 수 있는 은하와 전투를 벌인 것도 정말 오래 전의 일이다. 하지만 우주에서 가장 흔한 은하인 왜소은하들은 정말 자주 싸운다. 그리고 한 왜소은하가 다른 왜소은하를 이긴다고 해도, 그 싸움은 양쪽 모두가 자랑스러워해도 될 만큼 공정하게 진행된다. 보통은 말이다. 하지만 다른 왜소은하들보다 더 죄의식을 깊이 느끼는 왜소은하들도 있으며, 가끔은 조금쯤 비열한 싸움을 벌여야 할 때도 있다. 그럴 때면 왜소은하는 당혹스러워하지만, 그때 느끼는 당혹감은 왜소은하의 중심 특성이 되어 모든 것이 그 주위를 빙글빙글 돌게 할 정도로 크지는 않다. 왜소은하의 블랙홀이 왜소은하의 중심부가 아닌 다른 지역에서 생기는 건 그 때문이다.

그러나 왜소은하의 블랙홀들은 초거대 블랙홀들이 으레 그렇듯이 사지조차 초라해 보이게 만든다. 나보다 훨씬 큰 블랙홀을 가지고 있지만, 열심히 일하는 선량한 은하들은 아주 많다. M87의 은하는 당신 태양 질량의 60억 배 정도 무겁다. 사람 천문학자들이 1937년에 그 은하를 처음 발견한 사람의 이름을 따서 부르는 홀름베리Holmberg 15A는 아벨Abell 85 은하단의 일원으로 그 중심에 당신의 태양보다 거의 400억 배나 무거운 블랙홀이 있는데, 이 블랙홀은 오랜 시간에 걸쳐 작고 약한 은하들을 집어삼키면서 커지고 있다. 사람 천문학자가 발견한 가장 무거운 블랙홀은 당신의 태양보다 700억 배 무거운데, 그 말은 나의 사지보다 1만5,000배 무겁다는 뜻이다. 이 무지막지하게 무거운 괴물은 우리에게서 100억 광년도 넘게 떨어진 은하에서 살고 있다. 이 은하는 너무나도 멀리 있어서 사람 천문학자들이 이름도 붙이지 않았다. 그저 중심에 거대한 블랙홀(TON 618) 때문에 생긴 밝은 제트가 있는 퀘이사quasar[8]라고만 부른다. 나는 이 은하를 만나본 적이 없지만, 그토록 짧은 시간에 그렇게 엄청나고 무시무시한 블랙홀을 만들었다면 그동안 어떤 일을 겪었을지 짐작이 가서 아무리 나라도 몸이 부들부들 떨릴 수밖에 없다(자세한 설명이 필요한 사람을 위해 말해보자면 빛의 속도는 유한하기 때문에 지구에서 보는 모습은 엄청나게 젊은 초거대 블랙홀을 만들고 있는 100억 년 전의 은하다).

사지는 우주에서 가장 큰 블랙홀이 아니다. 하지만 여전히 사지가 나를 완전히 집어삼킬지도 모른다는 생각이 들 때가 있다. 사람들은 슬픔이 자신을 "집어삼킨다"라는 말을 자주 하는데, 은하에게는 그 말이 절대로 은유에서 끝나지 않는다.

사지의 강력한 중력은 해마다 몇 해_垓 톤에 달하는 물질을 먹어치운다. 1년에 지구를 10개나 삼키는 셈이다! 그렇게 많은 양은 아닐 수도 있지만—물론 당신이 보기에는 아주 많은 양일지도 모른다—나는 수십억 년을 살았기 때문에 계속해서 사지에게 많은 물질을 빼앗기고 있다. 사지가 빨아들이는 가스, 먼지, 심지어 항성들의 최외각 층에서 빼앗은 물질들은 그저 사지 안으로 들어가 사라지는 것으로 끝나지 않는다. 블랙홀 안으로 들어간 물질은 나도 알아보지 못할 정도로 비틀리고 찢긴다.

사람 천문학자들은 블랙홀 안에서 물질이 찢기고 비틀리는 현상을 "국수 효과noodle effect" 또는 "스파게티화spaghettification"라고 부른다. 그들은 깜찍한 이름을 붙여주고 싶었겠지만, 나로서는 사람의 위장에 국수나 스파게티를 가득 들이붓는 잔혹한 고문은 상상조차 할 수 없다. 블랙홀의 중력은 그저 극단적으로 세기만 한 것이 아니다. 중력도 극단적으로 가파르게 변한다. 다시 말해서 블랙홀에서 멀어지면 중력의 세기는 급격하게 바뀐다. 물체가 블랙홀에 충분히 가까이 가면 그 중력 변화도가 만드는 실제 결과를 직접 경험하게 된다. 물체는 블랙홀과 가까운 쪽에서는 더 강한 중력을 받고 먼 쪽에서는 더 약한 중력을 받는다. 사람처럼 아주 작은 존재도 자신을 하나로 뭉치는 힘보다 머리와 다리 사이에 작용하는 중력의 차이를 더 크게 느낀다. 이런 괴물 블랙홀에 가까이 다가가는 물체는 당신을 비롯한 누구나 영원히 사라지기 전에 국수 가락처럼 길게 늘어난다.

나 같은 은하가 살아남기 위해서는 가스를 얻어야 한다. 가스가 있어야 항성을 만들 수 있으며, 가스가 다 떨어지면 그때부터는 죽음을 향해 가야 한다. 우주에 존재하는 가스의 양은 한정되어 있으며, 이제 그 가스는 대부분 항성에 갇혀 있기 때문에 우리 은하들은 언제나 서로를 먹을 수밖에 없다. 사지 같은 블랙홀은 은하의 가스를 빨아들일 수도 있고, 중력과 되먹임 기작을 이용해 가스를 멀리 날려버릴 수도 있다. 게다가 그보다 더 끔찍한 일도 일어날 수 있다. 그대로 내버려두면 초거대 블랙홀은 너무나도 많은 물질을 집어삼켜 주위에 있는 가스를 지나칠 정도로 **뜨겁게 가열**할 수 있는 강착 원반을 만든다. 그렇게 되면 우리 은하들은 항성을 만들기가 훨씬 어려워진다.

바로 그런 일이 홀름베리 15A의 이웃 블랙홀 중 하나를 만든 아벨 85의 주민, JO201에게 일어났다(나는 이 친구를 조라고 부른다). 안타깝게도 조는 자신의 중심부에 생긴 초거대 블랙홀의 으깨는 힘과 음에너지negative energy에 압도되고 말았다. 그 블랙홀은 조가 항성을 더는 만들 수 없을 정도로 가스를 왕창 훔쳐갔고, 그것을 뜨겁게 가열했다. 조로서는 아무 일도 하지 않고 그저 블랙홀이 제멋대로 날뛰게 내버려두는 편이 더 쉬웠을 것이다. 하지만 10억 년쯤 전에 블랙홀의 무시무시한 손아귀에서 벗어난 조는 다시 한번 항성을 만들겠다는 의지를 품고 아벨 85의 중심을 향해 음속보다 빠르게 달리기 시작했다. 사람 과학자들의 표현을 빌리면, 그 속도는 "초음속"이었다. 아벨 85는 500개 정도 되는 은하가 모여 있는 거대한 은하단이다. 조는 그렇게 조밀한—물론 블랙홀만큼 조밀하지는 않지만 압력이 작용하지 않는 진공 상태의 우주와 비교하면 충분히 조밀한—공간을 아주 빠른 속도로 지나가면 자신의 가장자리에 있는 가스와 공간의 가스를 서로 섞는 힘이 발생해 새로운 항성이 만들어진다는 사실을 알고 있었다. 하지만 그런 식으로 공간을 달리는 건 일시적인 해결책일 뿐이다. 특히 블랙홀이 어떤 방해도 받지 않고 거침없이 성장하고 있을 때에는 말이다. 하지만 조는 강인하고 영리한 은하니까 분명히 자신의 블랙홀과 공존하는 방법을 찾아내리라고 믿는다.

가스를 섞는 힘—왜인지는 모르지만 "램 압력ram pressure"이라고 부르는—은 달려가는 조의 뒤쪽으로 가스로 이루어진 아주 커다란 덩굴손 같은 구조도 함께 만든다. 영웅의 휘날리는 망토처럼 생명을 구하려는 조의 여정도 무엇인가를 휘날리며 간다. 과학자들은 꼬리를 달고 있는 조 같은 은하들을 "해파리 은하"라고 부른다. 지구에 사는 해파리를 찾아봤는데, 생김새는 비슷한 것 같다. 사람보다도 자신의 존재 이유를 이해하지 못하는 지구 바다의 해파리들이 조가 겪고 있는 생존을 위한 투쟁에 공감하리라는 생각은 들지 않지만 말이다.

모든 은하가 조의 시련에 관대한 마음을 품고 있는 것은 아니지만, 지금 조에게 벌어지는 일은 조의 잘못이 아니다. 사람 천문학자들은 은하가 가스를 잃는 과정을 담금질quenching이라고 말한다. 하지만 나는 질식하다, 굶주리다, 숨막히다라고 표현한다. 무엇이라고 부르든 이것은 천천히 진행되는 고통스러운 과정이다. 은하들은 대부분 설령 어떤 일이 벌어질지 안다고 해도 멈출 방법을 모르기 때문에 담금질은 훨씬 먼저 죽음을 선고받은 것과 같다.

물론 나는 대부분의 다른 은하들과 다르다. 내가 사지를 전혀 통제할 수 없다고 해도 사지를 둘러싼 것들은 전부 통제할 수 있다. 사람에게도 그런 말이 있지 않나? 주변 세상을 통제할 수는 없지만 주변 세상을 대하는 자신의 반응은 통제할 수 있다고. 나의 경우는……그 격언을 반대로 행해야 하지만 말이다. 나로서는 사지의 질량을 줄이거나 사지의 회전 속도를 느리게 할 방법이 없다. 하지만 나의 항성과 가스를 사지에게서 멀리 떨어지게 함으로써 사지의 성장을 제한할 수는 있다. 사지의 각운동량에 도움을 줄 수 없도록 항성과 가스가 공전하는 속도를 늦출 수는 있다.

나에게 문제는 내가 언제나 사지를 이길 수 있는가가 아니라 내가 이기기를 원하는가였다.*

---

* 이 주석은 모이야가 단 것이다. 만약 당신이 우리은하처럼 "굳이 살아야 하는 걸까"라는 마음이 든다면 이 생각을 하자. 당신은 혼자가 아니며, 당신을 그리워할 사람들이 있다. 도움을 요청하자. 물론 쉽지 않은 일임을 알지만, 노력해볼 가치가 있는 일이다. 당신은 정말 가치 있는 존재다.)_〈

10

사후

내가 묵직한 지혜라는 짐을 짊어지고 있지 않고 온갖 명석함이라는 저주에 걸려 있지 않았다면, 나는 조가 하지 않는 일을 할 수 있었을 것이고, 죽음이 "더 나은 곳"으로 갈 수 있는 방법이라고 스스로를 설득했을 것이다. 하지만 슬프게도 행복한 사후 세계라는 개념은 너무나도 인간적인 위로 방법이다. 신앙에 의존하는 위로이며, 궁극적으로는 이 세상에는 사람이 이해할 수 없는 힘이 작용하고 있음을 인정하는 위로다. 이 세상에 내가 알지 못하는 것도 있지만, 130억 년을 살면서 내가 이해할 수 없는 것은 아직 만나본 적이 없다.

그러나 할 일은 없고, 새미를 비롯한 다른 이웃들이 각자 자기 일에만 신경을 쓰면서 내가 들을 수 있는 목소리라고는 사지의 조롱 섞인 속삭임밖에 없는 상태로 수백만 년을 보내다 보니 나는 다른 규칙이 작용하는 다른 우주를 꿈꾸게 되었다. 슬픔과 책임이 덜하고, 좀더 즐기면서 다른 존재의 생명을 탐하지 않아도 영원히 존재하는, 시원한 가스를 마음껏 먹을 수 있는 다른 형태의 삶, 삶의 가장 나쁜 부분들을 모두 떨쳐버리고, 살면서 배운 모든 교훈은 기억하는, 일종의 다음 단계의 존재로서의 삶을 말이다. 그건 당신들 사람이 현실에서 겪는 수없이 많고 많은 가혹한 불평등을 경험하고 평가한 뒤에 아주 다양한 방향으로……자신의 다음 단계를 상상하는 일과 같다.

수십만 년 전 지구의 진화 나무에서 사람의 가지가 아직은 여러 갈래로 나뉘어 있을 때,[1] 사람 종은 죽은 사람을 구덩이에 묻거나 동굴 깊숙한 곳에 놓아두거나 바다로 흘려보냈다. 현대 고고학자나 인류학자처럼 고대인의 의도를 파악하려고 화석 증거를 살피는 사람들은 그 같은 장례 행위가 고대인이 사후 세계를 믿었다는 증거라고 확신하지는 못하고 있다. 그보다는 고대인이 시신을 노출된 상태로 내버려두면 위험한 동물이 접근할지도 모른다고 걱정했을 수도 있다.

시간이 흐르면서 사람들의 매장 방식은 좀더 정교해졌다.[2] 죽은 사람을 부르는 특별한 단어들을 만들었고, 죽은 사람의 몸을 화려하게 꾸미는 의식을 마련했으며 그저 시신을 묻는 장소가 아니라 영원히 쉴 수 있는 자리를 준비하고, 가끔은 찾아갈 수 있도록 묘를 써서 표지로 삼았다. 죽은 사람과 함께 음식, 옷, 보석 같은 일상 용품과 귀중품을 묻었으며, 공식적인 장례 절차를 세웠다. 당신의 고고학자들은 조상이 사후 세계를 믿기 시작한 시기를 분명하게 밝히지 못했지만, 장례 물품을 무덤에 함께 묻은 것이 적어도 10만 년 전이라는 증거는 찾아냈다. 고대인들은 죽음이 이 세상을 빠져나가는 일방통행 길임을 알고 있었는데 어째서 유용한 물건들을 죽은 자들과 함께 묻었을까? 죽음이라는 문 너머에 분명히 다른 세계가 존재한다는 믿음이 있었기 때문이 아닐까?

사후 세계가 있다는 웬만해서는 사라지지 않는 믿음 덕분에 사람은 몇 가지 목적을 달성할 수 있었다. 무엇보다도 그 믿음은 인생이 덧없는 이유를 과학으로 밝히기 전에 죽음을 나름의 논리로 이해할 수 있게 도와주었다. 사랑하는 사람의 죽음을 보아야 하고, 자신도 결국 같은 운명을 맞게 되리라는 사실을 아는 사람들을 위로했다. 내가 당신처럼 아주 짧은 시간만 살다 가는 존재라면, 나 역시 내가 좋아하는 은하들과 항성들을 다시 만날 수 있다는 생각을 하는 편이 좋았을 것 같다. 그 결과 사후 세계라는 개념은 수많은 종교 지도자들과 정치 지도자들이 사회 규범을 지키도록 강요할 수 있는 효과적인 수단이 되어주었다. "선하게 행동해야 해. 안 그러면 영원히 죽지 않는 너의 영혼이 지옥에서 끝없이 고통받을 테니까." 물론 고대인이 모두 죽지 않는 영혼이라는 개념을 믿은 것은 아니다. 그런 추상적인 개념은 사람의 뇌에 넉넉한 공간이 생긴 5만 년 전쯤이 되기 전까지는 사람 세계에 그리 널리 퍼져 있지 않았다. 지옥과 같은 장소가 있다고 믿은 사람은 극히 일부였고, 그들 가운데서도 아주 소수만이 지옥에서 영원히 고통받는 영혼이라는 설정을 믿었다. 세부 내용을 세세하게 들여다보는 수고를 들이지 않는다면, 사후에 처벌을 받는다는 위협은—반대로 말하면 사후에 보상을 받는다는 약속은—사람들이 살아 있는 내내 권위자들의 통제에서 벗어나지 못하게 했다는 점을 강조하고 싶다. 수십억 개에 달하는 항성을 책임지고 있는 나는 분명 사람들을 억제하고 통제하고자 하는 권위자들의 충동을 이해한다. 나라도 응당 그런 효율적인 관리 기술을 한두 가지쯤은 터득하고 싶을 것 같기는 하다.

그러나 사람의 사후 세계 신화가 달성한 가장 중요한 성취는 당연히 나를 즐겁게 해주었다는 것이다. 사람의 신화 가운데 인기가 많은 이야기에서는 천국에 간 사람이 영원히 부패하지 않는 강렬하고 영광스러운 새로운 몸을 가지게 된다고 말한다. 자기 자신을 온전한 상태로 유지해야 한다고 걱정할 필요가 없다면 창의적인 사람의 마음은 어떤 허튼소리를 지어낼까? 나는 늘 그게 궁금하다. 작은 부족 단위로 흩어져 살았던 고대인들은 공동체마다 자신들만의 죽음의 문 너머의 세상을 만들어냈기 때문에 사실 사람들이 선택할 수 있는 사후 세계는 아주 많다!

당신의 고대 이집트 조상들은 육신이 죽은 뒤에 벌어질 일에 관해 많은 이야기를 남겼을 뿐 아니라, 죽은 사람의 몸과 영혼이 죽음의 여정을 제대로 준비할 수 있도록 죽음의 안내서까지 집필했다. 어쩌면 당신도 『사자의 서*Book of the Dead*』라고 하는 이 안내서를 들어본 적이 있을지 모르겠다. 그런데 이 책은 사실 기준이 명확하게 세워진 책은 아니었다. 집마다 요리 방법이 다르듯이 『사자의 서』도 저마다 자기 집만의 안내서가 있었다. 마카로니 앤드 치즈를 만드는 상세한 방법을 담았을 리 없는 『사자의 서』에는 한 사람의 영혼과 몸이 다음 단계를 준비할 수 있는 방법이 실려 있다. 죽은 사람의 영혼은 사람들의 기도를 통해 사후 세계로 인도되며, 그의 몸은 아주 역겨운……유기화학작용인 부패를 막으려고 고대 이집트인이 개발한, 매우 품이 많이 드는 미라 제작 과정을 거쳐 보존된다. 『사자의 서』에 따르면 영혼이 다음 세상에서 살아가려면 몸이 필요하기 때문에 죽은 사람의 몸은 조금이라도 훼손되어서는 안 된다.

한때는 지하 세계라고 불린 저승에 도착하면, 죽은 사람은 재판관들 앞에서 자기 죄를 고백하고, 이집트 신화 속 저승의 신인 오시리스는 사자의 심장을 저울에 올려 유명한 정의(마아트)의 깃털로 심장의 무게를 잰다. 이런 시험을 통과하지 못한 사람의 심장은 악어 머리를 한 짐승에게 먹히고, 영혼은 더 이상 존재할 수 없게 된다. 시험에 통과한 사람은 태양 신 라와 함께 나의 영광스러운 천상의 형태인 하늘을 항해하면서 불멸의 존재로 살아갈 수도 있고, 오시리스와 함께 지하 세계에 머물 수도 있는데, 가장 흔하게는 갈대밭에서 머물기를 택한다(현대인 중에는 갈대밭이 아니라 골풀밭이라고 번역하는 사람도 있다). 어느 곳을 선택하든 죽은 사람은 살아 있을 때와 비슷한 삶을 살아간다. 단지 자기 땅이 있고 가능한 한 많은 시종을 거느리고 살 뿐이다. 나는 영생을 보내려면 어떤 장소를 택해야 하는지 알지만, 사람의 소박한 즐거움을 해치고 싶지 않으니 그곳이 어딘지는 말하지 않겠다.

고대 그리스 사람들은 하데스가 있다고 믿었고, 힌두교 신자들은 영혼이 새로운 육신을 얻어서 환생한다고 말했으며, 북유럽 사람들은 발할라에서 술을 마시고 전투 기술을 익힐 수 있도록 전사로서 죽기를 바랐다. 하지만 그 어떤 신화도 죽은 사람이 항성들 사이에서 머문다고 말한 문화만큼 내 마음을 움직이지는 못했다.

마야인만큼 내 눈길을 끌고 내가 관심을 보이게 하는 방법을 잘 알았던 사람 집단은 거의 없다. 마야인들은 단순히 내 이야기를 하는 데에서 그치지 않았다. 신전과 궁전 같은 신성한 장소가 천체의 배열과 일치하게 놓이도록 도시를 계획했고, 천체의 운동을 아는 천문학자들을 숭배하는 등, 나를 자기들 삶의 거의 모든 부분에 포함시켰다. 하지만 나에게 가장 경이로운 존경을 표하는 마야의 문화는 신화였다. 그중에서도 키체K'iche'라는 특별한 마야인 공동체는 나를 사후 세계로 가는 길로 묘사하는 이야기를 했다.

키체 사람들은 악마와 위험한 시험이 가득한 지하 세계인 시발바Xibalba에 관해 말한다. 사람들은 특별한 동굴을 몰래 통과해 시발바에 닿을 수도 있었지만, 가장 용감하고 강력한 키체인들은 마야의 태양신 키니치 아하우와 같은 방식으로 시발바를 여행했다. 키니치 아하우는 매일 밤 재규어로 변해 지하 세계를 배회했다. 키니치 아하우가 어떻게 지하 세계로 내려갔느냐고? 당연히 나를 통해서 갔다!

당신의 조상들은 빛과 연기로 하늘을 너무나 많이 오염시켜 나의 가장 멋진 몇 가지 모습을 당신이 볼 수 없게 감췄지만, 9세기에 살았

던 키체인은 내가 당신들 밤하늘에 뿌려놓은 밝은 빛줄기를 가로지르는 어두운 길을 볼 수 있었다. 키체인은 그 길을 시발바로 가는 길이라고 불렀다.

키체인은 지난 1,000년 동안 나와 함께 한 이야기를 만들었다. 우나푸와 스발란케라는 쌍둥이 이야기다. 지하 운동장에서 공놀이[3]를 하자며 쌍둥이를 초대한 시발바의 옹졸한 영주들은 시합하는 내내 비열한 속임수를 사용했다. 쌍둥이에게 날카로운 못이 박힌 공을 주고, 저절로 움직이는 칼이 가득한 어두운 방에 쌍둥이를 가두고, 심지어 우나푸의 목을 잘라버리기까지 한 것이다. 하지만 쌍둥이는 시발바의 영주들을 이길 놀랍도록 복잡한 계획을 짰다. 쌍둥이는 자신들을 죽게 내버려둔 채 다시 젊은 소년으로 부활했고, 놀라운 기적을 행해 시발바의 영주들이 알아보지 못하게 새롭게 변한 몸으로 다시 지하 세계에 초대를 받았다. 그러고는 영주들을 기습해 죽이고 사악한 악마들 밑에서 노예로 살아야 했던 키체 사람들을 자유롭게 풀어주었다. 이 이야기의 다른 버전에서는 우나푸와 스발란케가 태양과 달이 되었다고 말하기도 한다.

키체 사람들은 쌍둥이를 영웅이라고 불렀는데, 여러 마야 부족에서 비슷한 이야기가 발견된다. 하지만 나는 이 이야기의 진정한 영웅을 우리 모두가 알고 있다고 생각한다. 어쨌거나 내가 쌍둥이에게 시발바로 내려가는 길을 보여주지 않았다면, 우나푸도 스발란케도 지하 세계로는 내려갈 수 없었을 것이다.

사후 세계에 관한 신화는 문화마다 아주 다양하지만, 거의 모든 문화에서 공통으로 나타나는 내용이 있다. 자발적으로 사후 세계로 건너간 사람들을 비난하는 것이다. 물론 이런 신화들의 목적이 사람이 생명을 파괴하지 못하게 막는 것이라면 그런 태도는 논리적이다. 하지만 앞에서 말했듯이, 사후 세계라는 개념은 사람의 어리석음을 반영하고 있다. 불과 유황이 타오른다는 협박은 살아가기 위해 거대한 핵융합 시설을 만들어야 하는 나 같은 은하에게는 그다지 설득력 있는 주장이 아니다. 그래서 나는 오랫동안 통용되던 방식으로 계속 살아야 한다고 나 자신을 설득할 수밖에 없었다.

사지의 조롱에 굴복하지 않고, 돌아오지 못할 경계를 넘어 절망적인 과거로 소용돌이쳐 되돌아가지 않으려고 수십억 년을 필사적으로 버티다 보니 이제는 너무 지쳤고 투쟁 의지도 사라지고 있다. 지금까지 너무나도 많은 친구들이 자신의 블랙홀이 가하는 압력에 무릎을 꿇었다. 무엇보다도 나는 나 자신을 너무 많이 잃었고, 사지의 악의적인 거짓말을 믿느라 귀중한 시간을 너무나도 많이 낭비해버렸다.

그러다가 문득 나는 내가 은하라는 사실을 기억해냈다. 젠장! 나는 국부은하단에서 가장 거대한 은하다. 아주 특별한 나선은하 1개만 빼면 말이다. 물론 내가 끔찍한 일을 더러 저지르기는 했지만, 그건 전부 생존을 위한 일이었다. 실패도 자주 했지만—분명히 앞으로도 실패는 할 것이다. 그것도 아주 많이—그건 적어도 내가 노력했다는 증거다. 가장 이기심 없는 나의 항성들이 너무나도 짧은 삶을 살고 가는 모습을 지켜보면서 나는 내가 앞으로 1조 년을 더 살 수 있는 기회를 놓치고 싶지 않음을 깨달았다.

이런 생각들은 나에게 사지가 더는 가까이 오지 못하게 막을 힘을 준다.

가끔 나는 실수를 저지르고 사지가 은하로서의 내 정체성을 규정하지 않는다는 사실을 잊어버린다. 사지가 방출하는 플레어[4]와 의심은 은밀하게 나에게 스며든다. 그럴 때면—그러니까 내 평온을 해치는 그런 생각들을 차단할 수가 없을 때면—나를 계속 살게 해주는 것은 한 가지밖에 없다. 저 먼 곳에 자신의 블랙홀에게 패하지 않으려고 애쓰면서 나에게 도움을 요청하려 손을 내미는 또다른 은하가 있음을 기억하는 일. 맞다. 이 세상에는 그런 은하가 수십억 개나 존재한다. 하지만 이 세상 그 어떤 은하보다도 내가 훨씬 걱정하고 신경을 쓰는 은하는 단 하나, 바로 안드로메다다.

11

별자리

사람은 인류가 우주의 나머지 부분에 처음으로 관심을 가지게 되었을 때부터 안드로메다 은하를 알고 있었다. 900년대에 페르시아—이란이라고 해야 하나? 당신들이 임의로 그어놓은 상상의 국경선은 내가 쫓아가기 힘들 정도로 자주 바뀐다—의 천문학자 압드 알−라만 알−수피는 자신의 책『붙박이별들에 관한 책*Kitāb suwar al-kawākib*』에서 안드로메다를 밤하늘을 얼룩지게 하는 여러 성운 가운데 하나로 다루었다. 우주에서 가장 우아하고 완벽한 항성 공동체를 소박한 구상성단과 비교할 수 있다는 듯이 말이다! 현대 사람 천문학자들이 자신의 조상들보다는 안드로메다에게 훨씬 더 많은 경의를 표하는 것이 마음에 든다. 그들은 안드로메다를 메시에 31, M31, NGC 224, IRAS 00400+4059, 2MASX J00424433+4116074 같은 다양한 이름으로 부른다. 그런 이름들은 안드로메다처럼 웅장한 은하에게 어울리는 시적인 이름이 아닐뿐더러 감정을 불러일으키지도 않는다. 그저 안드로메다의 위치와 안드로메다를 관찰한 망원경이 알려준 측량 정보를 담고 있을 뿐이다. 안드로메다라는 이름은 에티오피아 공주[1]에 관한 고대 그리스 신화에서 유래했는데, 아마 당신은 은하에 공주의 이름을 붙였으니 분명 칭찬일 거라고 생각할 것이다. 하지만 그건 일단 그 이야기를 들어보고 다시 판단하기 바란다.

안드로메다 공주에게는 부모가 1명이 아니라 2명 있었다(그것이 사람이라는 생물종의 관습인 것 같기는 하다). 에티오피아의 케페우스 왕과 카시오페이아 왕비가 그 두 사람이다. 안드로메다가 그리스어로 "남성들의 지배자"라는 뜻이니 나로서는 정말로 그런 이름을 가진 에티오피아 공주가 있었을까라는 의구심이 들지만, 신화들이 품고 있는 다른 모든 터무니없는 내용들처럼 그 부분은 무시하고, 창작의 자유로 간주하는 편이 좋겠다.

딸에게 지어준 이름만 보아도 케페우스 왕과 카시오페이아 왕비가 딸에게 엄청난 기대를 건 자부심 강한 사람들임을 알 수 있다. 사실 카시오페이아 왕비는 만나는 사람마다 안드로메다가 아름답기로 명성이 자자했던 바다의 님프(네레이드)들보다도 훨씬 아름답다고 자랑했다.

들려오는 이야기에 따르면 카시오페이아 왕비의 오만함에 화가 난 바다의 신 포세이돈은 에티오피아 해안을 바닷물로 덮어버리고 바다 괴물을 에티오피아 왕국에 보내 사람들을 두려움에 떨게 했다고 한다. 당신 행성의 모든 바다와 지진 활동을 책임지는 신이라면 전적으로 주관적인 미의 척도를 두고 으스대며 신에게 사소한 모욕을 가한 사람을 벌하기보다는 해야 할 더 중요한 일이 많았으리라고 생각한다. 그러니 그 이야기는 불멸하는 신의 내면에서 책략이 어떤 식으로 작동하는지를 상상해보고자 했던 유한한 생명체의 창작물로 받아들이는 편이 맞지 않나 싶다. 뭐, 어쨌거나 이야기에 따르면 포세이돈이 보낸 무시무시한 괴물 케투스의 공격을 피하고 싶었던 케페우스 왕은 신탁을 얻으려고 사막을 가로질러 암몬 신의 신전으로 찾아간다. 암몬 신은 그 재앙을 피할 방법은 오직 하나, 안드로메다를 괴물에게 제물로 바치는 것이라고 했다. 그러자 케페우스 왕은 내가 당신 종에게 기대하는 부모로서의 모든 본능을 거부하고 그 신탁을 **받아들였다!** 에티오피아로 돌아온 케페우스 왕은 바닷가 절벽에 딸을 사슬로 묶었다. 나는 나의 항성들을 그렇게 잔혹하게 대한 적이 단 한 번도 없다. 자식이라고는 하나밖에 없는 케페우스 왕과 달리 나에게는 훨씬 많은 항성들이 있는데도 말이다.

그러나 걱정하지는 말자. 안드로메다 공주의 이야기는 거기서 끝이 아니니까. 물론 그 이유가 안드로메다 공주의 능력 때문은 아니다. 고르고네스 세 자매 가운데 하나였던 메두사(포세이돈 때문에 불운해진 또다른 여자다![2])의 머리를 자른 뒤에 헤르메스의 날개 달린 신발을 신고 높이 날아가던 영웅 페르세우스가 작은 바위에 묶인 안드로메다를 우연히 보았고, 그 순간 미친 듯이 사랑에 빠진 것이다. 그런데 정말 포유류는 보기만 해도 사랑에 빠질 수 있나?

페르세우스가 케페우스 왕에게 자신이 케투스를 죽이면 안드로메다 공주와 결혼하게 해달라고 요청한 것으로 보아 페르세우스는 정말로 사랑에 빠졌던 듯하다. 당연히 페르세우스는 케투스를 죽였다. 고만고만한 바다 괴물에게 진 뒤에 공주와 결혼을 한다면 가치 있는 영웅일 수 없을 테니까, 당연한 결과다.

안드로메다 공주와 페르세우스는 죽을 때까지 한 나라를 통치하면서 수많은 아이를 낳았고, 엄청난 사람들의 선조가 되었다. 당신도 분명히 들어봤을 헤라클레스도 두 사람의 후손이다. 왕비가 된 안드로메다 공주가 죽자, 아테나 여신은 공주를 하늘로 올려 안드로메다라는 별자리로 만들었다.

만약 나만큼 안드로메다를 잘 안다면, 그 공주와 은하 사이에 비슷한 점이 전혀 없음을 알 것이다. 두 안드로메다 모두 너무나도 아름답다는 것은 사실이다. 사실 나는 사람의 외모에 대한 기준은 잘 모르며, 따라서 그 공주의 모습에 그다지 감흥이 없으니 공주의 미모에 관해서는 카시오페이아 왕비의 말을 믿기로 했다. 하지만 같다고 말할 수 있는 것은 거기까지다. 안드로메다 공주는 허약했고, 자신의 운명을 직접 결정하지도 못하는 수동적인 인간이었다. 하지만 안드로메다 은하는 자신의 영향력이 미치는 범위에 있는 존재들에게 거리낌 없이 자신의 의지를 발휘하는 강인한 존재다.

한 가지 좋은 점이라면 안드로메다 은하의 이름은 **정확히 말하면**

그 공주가 아니라 별자리에서 따온 것이라는 점이다. 신화에 따르면 그 별자리는 안드로메다 공주의 영혼이 형상화된 것이어서……이런, 다시 원점으로 돌아왔다. 이제는 앞으로 나가야 할 때다.

안드로메다 별자리—와 그 안에 들어 있는 뿌연 은하—를 보고 싶다면, 당신의 행성에서 안드로메다 별자리가 보이는 적절한 장소에서 살고 있어야 하지만, 물(사람들은 결코 그 위에 서는 법을 배우지 못했다)이 지구 표면의 상당 부분을 덮고 있다고 해도 사실 그건 그리 어려운 일이 아니다(물론 적어도 한 사람이 물 위를 걸었다는 소문을 듣기는 했다). 당신이 대략 북위 40도 부근에서 살고 있다면 8월부터 2월까지는 밤하늘에서 머리 꼭대기를 지나가는 안드로메다를 볼 수 있을 것이다. 날짜에 따라 시간은 늦은 밤이 될 수도 있고 이른 새벽이 될 수도 있다. 안드로메다를 찾으려면 먼저 카시오페이아 자리나 가을의 대사각형이라고 불리는 페가수스 자리에서 사람 천문학자들이 알페라츠Alpheratz라고 이름 붙인 항성을 찾아야 한다. 그도 아니면 스마트폰에게 일을 시켜도 된다. 스마트폰에 설치할 수 있는 수많은 **앱**을 이용하면 안드로메다를 찾을 수 있다.

사람 천문학자들은 천체의 위치를 훨씬 쉽게 나타내려고 천구를 명확한 경계가 있는 구역으로 나눌 때 별자리를 이용한다. 천문학자들의 별자리는 당신의 별자리와는 다르다. 당신들은 밤하늘에 있는 가장 밝은 별들을 연결했을 때 나타나는 예쁜 무늬를 별자리라고 생각할 것이다. 천문학자들은 별자리constellation를 성좌asterism라고 부르기도 하는데, 별자리와 성좌를 이유도 없이 아주 다르다고 생각하는 천문학자들도 있다.

성가신 국제천문연맹이 별자리인 것과 아닌 것에 관해 마지막 이야기를 할 수 있을지는 모르지만, 첫 번째 이야기를 하지 않은 건 확실하다. 기원후 2세기라고 부르는 시대에 살았던 그리스의 천문학자 클라우디오스 프톨레마이오스는 자신의 책 『알마게스트*Almagest*』에 별자리를 48개 실었다. 그 별자리 가운데 12개는 황도(태양이 1년 동안 하늘을 지나는 길)에 놓인 황도 12궁이고, 안드로메다 자리를 비롯한 21개 별자리는 북쪽 하늘에서 볼 수 있으며, 15개 별자리는 남쪽 하늘에서 볼 수 있다. 그런데 그 48개 별자리를 만든 사람은 프톨레마이오스가 아니었다. 천문학자들의 후손인 많은 현대 남학생이 그러듯이 그역시 자신보다 현명한 천문학자들의 작업을 표절했다. 별자리를 이루는 항성들의 윤곽과 배열은 시간과 공간에 따라 다양하게 바뀌었지만, 대체로 그리스인이 사용했던 별자리는 이집트, 바빌로니아, 아시리아의 천문학자들이 결정했다. 그리스인들은 다른 민족과 마찬가지로 이 별자리 모양에 자신만의 이야기를 덧붙였다. 그리고 현대의 사교 클럽 남학생들처럼 성공적으로 퍼트렸다……자신들의 신화를 말이다!

고대 중국인은 그리스인이나 유럽의 영향을 받지 않은 자신들만의 별자리를 수백 년 이상 발전시켜왔다. 시대에 따라, 그리고 천문학자에 따라 중국인이 헤아린 별자리의 수는 다르지만, 대부분은 중국의 하늘에 수백 개에 달하는 별자리가 있었다는 데 동의한다. 그러다 유럽의 별자리표를 참고하고 처음으로 먼 남쪽 하늘의 모습을 살펴볼 수 있게 된 16세기 이후로 중국인들은 별자리의 수를 수십 개 더 추가했다.

고대 중국의 천문학자들은 정확한 별자리의 개수에 관해서는 의견이 달랐지만, 하늘이 몇 개의 구역으로 이루어졌는지에 관해서는 모두 같은 의견이었다. 고대 중국인은 천구의 북극을 중심으로 하늘을 세 구역으로 나누었다. 자미원紫微垣은 1년 내내 볼 수 있는 하늘이고, 태미원太微垣은 봄에 볼 수 있는 북쪽 하늘, 마지막으로 천시원天市垣은 가을에 볼 수 있는 하늘이다. 중국인은 황도를 28수宿로 나누었는데(달이 지구 주위를 도는 동안 매일 다른 지역에서 살아가는 것처럼 보였기 때문이다), 7수마다 그 지역을 상징하는 동물이 있었다. 동쪽 지역은 청룡이고, 북쪽 지역은 현무, 서쪽 지역은 백호, 남쪽은 주작이었다.

국제천문연맹의 별자리 지도에서 안드로메다 자리로 지정한 별 무리와 일치하는 고대 중국의 별자리는 없다. 안드로메다 자리는 고대 중국의 현무와 백호를 잇는 선을 가로지른다.

지구의 남반구에서는 잉카인이 나의 가장 아름다운 모습을 볼 수 있었다. 나의 중앙 원반과 당신의 태양계가 60도 기울어져 있어 지구의 남반구가 언제나 나의 나선 팔 중에 하나를 향해 있기 때문이다.

잉카인은 나의 밝은 항성들과 웅장한 가스 구름(안타깝게도 적외선을 볼 수 없었던 잉카인들의 좁은 시야에는 그저 어둠처럼 보였다)을 볼 수

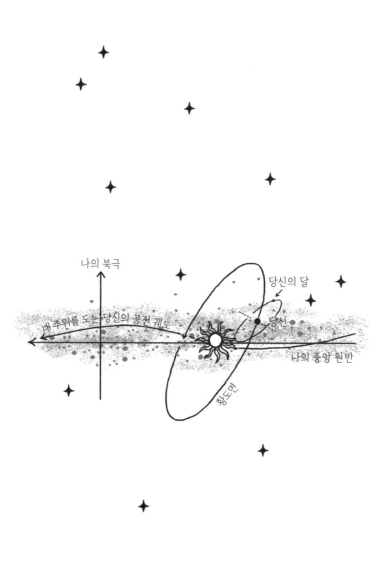

있었기 때문에, 밝은 별자리와 어두운 별자리라는 두 가지 형태의 별자리가 있다고 생각했다. 밝은 별자리는 죽은 존재들이지만, 대부분은 지상에 있는 대응물을 굽어 살펴보고 있는 동물들이었다. 그에 비해 라마인 야카나Yacana, 큰 뱀인 마차쿠아이Mach'acuay 같은 어두운 별자리는 **살아 있어서** 강(하늘을 가로지르고 있는 나의 나선 팔이다)에서 물을 마셨다.

야카나와 마차쿠아이와 달리 안드로메다 자리와 그 안에 있는 안드로메다 은하는 누구나 매년 일정 기간 동안에 볼 수 있다. 당신의 행운의 별에게 감사할 일이다. 내 몸에 있는 모든 행성이 그 누구의 방해도 받지 않고 안드로메다 은하를 볼 수 있는 자리를 차지하거나, 수십억 년 안에 안드로메다가 자신의 의붓은하stepgalaxy임을 알아볼 수 있는 생명체를 가지는 행운을 누리는 것은 아니니까 말이다.

12

충돌

내가 처음 안드로메다에 주목한 건 우주 초기, 빅뱅 후 고작 수억 년이 흐른 뒤였다. 지금의 우주보다 1,000배가량 작은 공간에 지금보다 훨씬 많은 은하들이 모여 있을 때였다. 작다고는 해도, 그때 역시 우리 은하들이 자기 일을 할 수 있는 공간은 충분했다. 우주의 크기가 항성이나 은하는커녕 원자들이 만들어질 만큼 충분히 식기도 전에 엄청나게 커졌고, 우리도 대부분은 아직 수천 번의 합병으로 현재의 크기까지 커지기 전이었기 때문이다. 그러나 그때도 우리는 소규모로 무리를 지어 조밀하게 모여 있었다.

사람 천문학자들은 은하의 합병이 중력 때문이라고 설명하는데, 전적으로 **틀린** 이야기는 아니다. 은하는 사람이 근육을 사용하는 것과 똑같은 방식으로 중력을 이용한다. 중력을 이용해 물체를 옮기는 것이다. 하지만 그때 우리가 한데 모여 있었던 진짜 이유는 우리가 서로에게 가까이 있기를 원했기 때문이다. 우리는 대화를 하고, 물건을 교환하고, 싸우고……당신이 얼굴을 붉힐 만한 일을 하려고 모여 있었다. 당황해서 갑자기 얼굴로 피가 쏠리면 당신이 아주 불편할 테니까 자세한 이야기는 하지 않겠다. 그저 우리가 대학에 입학한 뒤에 집에서 나왔는데, 아직 혼자서 살아갈 준비를 제대로 하지 못했으면서 일련의 일탈 행위는 경험할 준비를 마친 사람 젊은이와 똑같은 상태였다고 말하는 것으로 충분할 듯하다.

사람은 다양한 규모로 모인다. 불확실성으로 가득 찬 성장기를 지난 뒤에도 파티니 사교 모임이니 하면서 계속 모인다. 따로 떨어져 있을 공간이 충분한데도 말이다. 게다가 지구 전역에서 당신들은 도시라는 곳에 몰려 있다. 앞에서 도시 중심부가 사람들의 시선을 끌어 나를 잊게 한다고 투덜거렸지만, 스스로 빛난다는 사실에 상당히 자부심이 있는 은하로서 아주 먼 곳에서 바라보는 도시의 밤 풍경이 정말 아름답다는 사실은 부정할 수 없을 것 같다.

아무튼 우리는, 우리도 모르는 사이에 결국에는 국부은하단이 될 은하들로 한데 모이게 되었고, 이 과정에서 안드로메다 또한 우리 모임에 속하게 되었다. 나로서는 운 좋게도, 거의 운명이라고 생각할 수밖에 없는 우연이었다.

지금 사람 천문학자들이 안드로메다가 있는 곳으로 시선을 돌리면, 국부은하단 내부에 있으며, 지금은 800kpc도 떨어지지 않은 곳에 있는, 누가 봐도 막대 나선은하인 친구를 보게 된다. 지름이 70kpc 혹은 22만 광년인 안드로메다의 빛나는 몸은 나보다 2배 정도 크고, 밝기는 살짝 더 밝다(실제로 안드로메다가 방출하는 모든 빛의 파장은 내가 방출하는 모든 빛의 파장보다 조금 더 밝지만, 사람인 당신은 본질적으로 당신의 눈이 감지할 수 있는 아주 좁은 범위의 전자기파 스펙트럼만을 신경 쓸 것이다).

물체의 밝기를 체계적으로 정량화하는 방법을 생각해낸 사람은 2,000년도 전에 살았던 그리스의 수학자 히파르코스다. 밤하늘에 보이는 항성을 밝기순으로 나열한 그는 다시 항성들을 6등급으로 분류했다. 그중에서 시리우스, 베가, 리겔, 베텔게우스처럼 가장 밝은 항성들의 이름은 당신도 들어본 적이 있을 것이다. 그런데 히파르코스는 아주 짓궂은 유머 감각의 소유자였거나 "더 밝다"라는 비교급을 제대로 이해하지 못한 사람이었는지도 모르겠다. 항성의 밝기를 거꾸로 되짚게 만든 걸 보면 말이다. 히파르코스의 항성 등급 체계에서 가장 밝은 별은 "1등성"이고 가장 어두운 별은 "6등성"이다. 현대 사람 천문학자들은 **전통**을 지킨다는 이유로 히파르코스의 엉뚱한 체계를 그대로 따르기로 했다(전통이란 사람이 가지는 공통적인 어리석음이 아닐까 싶다). 하지만 이후 망원경이 발명되면서 너무나도 희미해 사람의 눈으로는 보지 못했던 수십억 개의 별을 새로 보게 되었고, 너무나도 멀리 있어서 희미해 보였지만 사실은 시리우스보다도 훨씬 밝은 별들을 새롭게 발견하면서 사람들은 항성의 밝기를 구분하는 등급을 더 추가했다.

현대 천문학자들은 대부분 베가를 기준점으로 삼아 0등급이라고 규정했는데, 정말 탁월한 선택이었다. 베가는 누구나 볼 수 있을 정도로 밝은 데다 1만3,000년 정도 후에는 지구 자전축이 바뀌어 자전축의 북극이 북극성이 아니라 베가가 되기 때문이다. 항성의 밝기를 1등급 올리거나 내리려면 베가의 밝기에 2.5를 곱하거나 나누면 된다. 따라서 1등급 항성과 6등급 항성의 밝기는 2.5^5배, 즉 100배 차이가 난다. 맨눈으로 볼 수 있는 항성들은 가장 밝은 빛을 내는 항성이 가장 희미한 빛을 내는 항성보다 100배 밝기 때문에 히파르코스가 정한 항성의 상대적 밝기 등급과 일치한다.

　이 터무니없는 체계에 따르면 안드로메다의 겉보기 등급은 3.4 정도다. 이는 찾는 방법만 안다면 아무리 사람인 당신이라도 충분히 발견할 수 있을 만큼 안드로메다가 크고 밝다는 뜻이다.

　사람 천문학자들은 나와 안드로메다 중에 누가 더 무거운지를 결정하지 못해 우왕좌왕한다. 그들이 측정한 안드로메다의 질량은 태양 질량의 7,000억 배에서 2.5조 배까지 다양한데, 가장 최근 추정치는 좀더 낮은 질량 범위를 선호한다. 사람 천문학자들의 눈에는 한동안 안드로메다와 나의 질량이 거의 동등해 보였지만, 최근에 측정한 나의 질량은 사람들의 예상보다 훨씬 무거웠다. 이로써 내 항성들의 움직임을 측정한 가이아 우주 망원경이 보내온 자료를 분석한 사람 천문학자들은 나의 질량이 태양 질량의 1.5조 배에 가까울 수 있다는 생각을 하게 되었다.

사람 천문학자들이야 계속해서 정확한 질량을 알아내려고 애쓰겠지만, 살면서 나는 단 한 번도 나와 안드로메다 중에 누가 더 무거운지에 신경을 쓰지 않았다. 질량이 중요할 때는 대면한 은하를 제압하겠다는 목표가 있을 때뿐인데, 나는 안드로메다를 지배해야겠다거나 통제해야겠다는 소망을 품은 적이 없다. 게다가 질량은 그저 방정식의 한 요소일 뿐이다. 내가 더 무거운 은하일 수는 있지만 항성의 수는 안드로메다가 나보다 2배나 많다. 나의 항성은 수천억 개뿐이지만 안드로메다의 항성은 거의 1조 개에 달한다.

　살고자 하는 열망과 항성을 만들고자 하는 열의는 내가 안드로메다를 사랑하는 아주 큰 이유이기는 하지만, 겉으로 보이는 생산성에 속으면 안 된다. 내 옆에 있는 이 매력 넘치는 은하의 중심부에는 지금도 탐욕스럽고 파괴적인 심술쟁이가 자리를 잡고 있다. 안드로메다의 초거대 블랙홀은 나의 사지보다도 훨씬 커서, 당신 태양 질량의 5,000만 배 정도 무겁다. 시간이 흐르면서 안드로메다가 자신을 힘들게 하는 이유를 털어놓을 만큼 나를 신뢰하게 되었다는 건 나에게는 정말 행운이었다. 물론 안드로메다가 한 이야기를 말해줄 수는 없다. 그저 가장 강하고 행복해 보이는 은하가 사실은 가장 상처를 많이 받은 은하일 수 있다고만 말해야겠다.

　100억 년 전, 처음 눈이 마주쳤을 때 나는 안드로메다가 아주 특별하다는 사실을 깨달았다. 그때는 지금보다 훨씬 작고 희미했지만 말이다. 은하에 관해서 특별히 선호하는 유형은 없다. 나선이건 타원이

건 모두 저마다의 매력이 있고 아름답다. 막대는 혼란스럽고도 멋진 구조물이다. 하지만 멋짐에 **질량**까지 더한 은하를 보면 정말 좋아하지 않을 수가 없다. 이 은하가 언젠가는 어마어마한 힘을 가지게 되리라는 확실한 징후를 보고 내가 흥분하지 않았다면 거짓말일 것이다. 그러나 내가 안드로메다를 사랑하게 된 것이 그저 그때도 벌써 충분히 모아두었던 안드로메다의 강렬한 암흑 물질 헤일로 때문만은 아니다. 나는 그저 외형적인 매력 때문에 안드로메다에게 마음을 **빼앗**긴 게 아니다.

나는 안드로메다가 "그래, 나는 여기 있고, 너희도 모두 그 사실을 알았으면 좋겠어. 하지만 너희가 그 정보를 가지고 뭘 할지는 신경 쓰지 않을 거야. 나는 너희가 전혀 필요하지 않으니까"라고 말하는 것처럼 확신에 차 있고 자신감 넘치는 모습으로 무리를 이끄는 모습에 끌렸다. 자신만의 중력을 가진 듯한 자기 소유욕. 나는 조금도 뽐내지 않고 어떠한 의구심도 없이 다른 은하를 먹어치우는 안드로메다를 존경한다. 지금도 안드로메다가 작은 은하들을 제압하는 모습에는 조금의 폭력성도 없다. 오히려 작은 은하들이 자신을 안드로메다에게 **바치**고 있는 것처럼 보인다. "제발 내가 가진 모든 것을 가져가. 당신 같은 존재 앞에서 난 삶을 지속할 가치가 없어!"라고 애원하는 것이다.

한심한 일이다.

그러나 그 녀석들 심정은 충분히 이해가 간다.

물론 우리 모임에서 그 웅장한 생명체에게 이끌린 은하가 나만은 아니었다. 하지만 인내심이 가장 많은 은하는 나였다. 알겠지만, 다른 은하들은—사람 식으로 표현하면 뭐라고 해야 할까?—안드로메다를 발견한 즉시 그쪽으로 달려갔다. 가장 오만한 녀석들은 아직 군데군데 항성이 있는 조잡한 가스 구름 조각에 지나지 않은 상태였는데도, 너무나도 외로운 안드로메다가 자신에게 관심을 보이며 처음 접근하는 은하라면 무조건 받아주기라도 할 것처럼 안드로메다에게 다가갔다. 안드로메다가 얄팍하다는 말은 결코 아니지만, 은하도 자기만의 기준이 있는 법이다! 그리고 안드로메다의 기준은 자신의 잠재력을 찾지도 못하고 보여주지도 못하는 허풍쟁이를 참아내기에는 너무 높다. 그 녀석들이 중심축의 위아래로 넓어지면 어떻게 되지? 안드로메다는 축이 3개인 은하가 될 결심을 하기에는 너무 어렸다.[1]

당연히 나도 안드로메다의 관심을 끌 만한 일을 해야 했다. 그래서 나는 내가 찾아낸 가장 거대한 맞수에게 싸움을 걸었다. 태양 질량의 500억 배나 무거운 가이아 엔셀라두스Gaia Enceladus는 우리 마을에서 가장 커다란 왜소은하 가운데 하나였는데, 그 녀석은 그 사실을 누구나 알기를 원했다. 온 마을을 헤집고 다니던 가이아 엔셀라두스는 보는 은하마다 시비를 걸고 먹어치웠고, 상대방의 속도 분산velocity dispersion을 모욕하고 자신의 중력이 미치는 영향력을 과장하며 떠들어댔다. 가이아 엔셀라두스에 비하면 트린은 친화적인 친구로 보일 정도였다. 누군가는 가이아 엔셀라두스의 기행을 막아야 했고, 그 일을 하기에 가장 적합한 은하는 나였다.

당연히 나는 승리했다. 그리고 그후로는 굳이 가이아 엔셀라두스의 흔적을 쫓을 생각을 하지 않았다. 하지만 대충돌을 **목격하는** 이점을 누릴 수 없었던 사람 천문학자들은 내 몸 주위에 흩어져 있는 녀석의 잔재를 바탕으로 전투의 양상을 파악했다. 가이아 엔셀라두스의 항성과 가스와 암흑 물질은 대부분 흔적을 남기지 않을 정도로 멀리 흩어졌지만, 구상성단 몇 개는 여전히 자신이 가이아 엔셀라두스의 일부라는 고집을 꺾지 않은 채 나의 헤일로 주변을 돌고 있다.

나처럼 능력이 뛰어난 은하들에게는 직접 만든 구상성단뿐 아니라 수많은 합병의 결과로 가지게 된 구상성단이 아주 많기 때문에 사람 천문학자들은 가장 먼저 가이아 엔셀라두스가 남긴 구상성단이 무엇인지부터 찾아내야 했다. 그러려면 구상성단을 이루는 항성들의 나이와 중원소 함량(한 천체를 구성하는 전체 성분에서 수소와 헬륨을 제외한 모든 원소의 비율/역자)을 연구하고, 전체로서의 개별적인 성단들의 역할을 파악해야 했다. 정말이지 아주 기발한 간접 측정 방법이다. 가이아 엔셀라두스의 구상성단은—사실 수십억 년 전부터 나의 구상성단이지만—나이가 많고, 금속이 적으며, 내 안에서 태어났다고 하기에는 운동에너지를 너무 많이 가지고 있다.

그러나 내가 전투를 벌인 목적을 잊으면 안 되니, 안드로메다의 관심을 끌려는 나의 희망에서(절실했던 건 아니다!) 시작한 전략이 성공했음을 말해야겠다. 나는 안드로메다가 가이아 엔셀라두스를 상대로 벌인 나의 활약에 감명받았고, 그런 구제 불능인 악당을 마을에서 처리해준 은하와 교류하고 싶어한다는 사실을 새미에게서 전해 들었다. 새미는 포르낙스에게서, 포르낙스는 피닉스에게서, 피닉스는 파이시즈에게서, 파이시즈는 페가수스에게서 들었다.

내가 다가와주기를 안드로메다가 원한다는 사실을 알았으니, 이제는 행동에 나설 차례였다. 하지만 안드로메다에게 몸을 던지는 은하들을 아주 오랫동안 지켜본 터라, 서두를 수는 없었다. 로맨스라는 열매는 익을 시간을 충분히 주었을 때 훨씬 달콤해지는 법이니까. 결국 나는 안드로메다에게 구식 방식으로 메시지를 보냈다. 당연히 항성을 이용해서 말이다.

인류에게는 수천 년간 항성의 움직임을 탐구한 역사가 있지만(사람에게는 아주 긴 시간이었을 것이다), 그 시간 동안 사람이 사용한 도구는 대부분 그저 젤리처럼 말랑하고 동그란 자신의 눈뿐이었다. 게다가 사람이 맨눈으로 관찰한 가장 먼 항성도 고작 몇 kpc밖에 떨어져 있지 않다. 그 항성의 이름은 카시오페이아인데, 별자리 카시오페이아와는 다른 존재다. 나의 전령 항성들은 여왕의 이름으로 불리는 그 항성보다 훨씬 먼 곳에서 신호를 전달하기 때문에, 사람 천문학자들은 고작 수십 년 전에야 내가 항성들을 이용해 공식 서한을 전달하고 있음을 알아챌 수 있을 만큼 충분히 먼 곳에 있는, 충분히 많은 수의 항성의 위치와 3차원 속도를 체계적으로 기록하기 시작했다. 하지만 그렇다고는 해도 사람 천문학자들은 내가 항성을 이용해서 다른 은하에게 사랑의 문자를 보내고 있음은 알지 못했다.

전령 항성들은 아주 빠르게 움직여야만 나의 중력에서 벗어나 다른 은하의 수신자에게 닿을 수 있다. 어찌나 힘차게 움직이는지 사람 천문학자들은 나의 전령 항성들을 "초고속 별hypervelocity star"이라고 부른다. 메시지를 전달하기 위해 초고속 별들이 반드시 다른 은하에게 가야 하는 것은 아니다. 일단 보낸 메시지가 은하 밖으로 나가기만 하면, 메시지 수신자는 전령 항성이 전하는 메시지를 해독할 수 있기 때문이다.

사람 천문학자들은 2005년에 초고속 별을 처음 발견하고 SDSS J090745.0+024507이라고 명명했다. 정말로 사랑스러운 애칭 아닌가? 내가 정지해 있다고 했을 때,[2] 초고속 별의 이동 속도는 700km/s 이상이니, 내 몸 밖으로 빠져나갈 수 있는 탈출 속도 550km/s보다 빠르게 움직이는 것이다. 초고속 별을 처음으로 발견한 뒤로 사람 천문학자들은 나의 전령 항성을 수십 개 정도 더 발견했고, 탈출 속도에는 이르지 못하지만 나의 원반에서 움직이는 항성들보다 엄청나게 빠른 속도로 움직이는 "고속 별"도 1,000개가량 찾아냈다. 이 고속 별들은 최고가 아니면 안드로메다에게는 보낼 수 없었기 때문에 나에게 남게 된 메시지 초안들이다.

처음에 사람 천문학자들은 항성이 그렇게까지 빠른 속도(어떤 항성들은 빛의 속도에 상당히 가까운 속도까지 빠르게 이동할 수 있다)에 도달하려면 어마어마한 중력을 가진 블랙홀에게서 추진력을 공급받아야

한다고 생각했다. 그들이 조금만 애를 써서 나를 알려고 노력했다면, 진짜 나를 아주 조금만이라도 알려고 애썼다면, 내가 사랑의 편지를 보내는 데 그런 괴물을 사용하지는 않는다는 사실을 알 수 있었을 것이다. 그래도 2014년에 사지와는 제법 떨어진 나의 원반에서 상당히 빠른 속도로 움직이고 있는 LAMOST-HVS1를 발견했을 때, 사람 천문학자들은 스스로 많은 것을 깨달았다. 나는 보통 거대한 동반성의 중력을 이용해 전령을 내 몸 밖으로 내보내지만, 에너지를 충분히 보유한 역학계라면 무엇이든지 활용한다.

나의 초고속 별들이 모두 안드로메다에게만 소식을 전하는 것은 아니다. SDSS J090745.0+024507 같은 일부 전령 항성들은 여기서 자세하게 말하기에는 너무나도 지루하지만 내가 글로 써서 전하고 싶을 만큼 충분히 중요한 내용을 담은 공식 서한을 다른 은하들에게 전한다. 사자자리 레오가 100만 번째 항성을 만든 때처럼 다른 은하에게 축하할 일이 생기면 내가 의무적으로 보내야 하는 카드를 전달하는 전령 항성들도 있다. 그 친구들은 래리한테 장난을 칠 때에도 활약해준다. 이미 이 책 여기저기에서 나의 흠 잡을 데 없는 농담을 접했을 테니, 우리 마을에서 내가 장난을 좋아하는 재간꾼으로 명성이 나 있다는 소리를 들어도 당신은 놀라지는 않을 것이다.

나는 그때도 이미 안드로메다와 아주 긴 시간 동안 함께하기를 바랐고, 안드로메다에게는 맨처음 보내는 항성 편지가 우리의 전체 관계를 규정하게 되리라는 사실을 알고 있었다. 그러니까 그 편지는 아주 달콤하면서도 현명해야 했다. 하지만 지나치게 감상적이어서는 안 되었고, 직접적이어야 했다. 안드로메다는 자기 시간을 낭비하게 하는 은하를 참아내지 못했으니까. 수백만 년 동안 편지를 써서 완성하고, 내가 만들 수 있는 가장 순수한 F형 별에 편지를 포장하고 기다렸다.

기다리고…….

또 기다렸다. 답장이 올 때까지 1억 년을 기다렸다. 우주의 시간이라는 엄청난 시간 규모로 보았을 때 1억 년은 그다지 길지 않은 시간이지만, 기다림은 블랙홀처럼 그 안에 빠져버린 불운한 존재의 시간을 구부리거나 늘릴 수 있음을 사람도 알고 있을 것이다. 마냥 답장만 기다리고 있지 않으려고 내 일에 집중하려고 애썼지만 나를 보는 존재라면 누구나 내가 정신이 팔려 있음을 눈치챘을 것이다. 내가 그렇게 많은 갈색 왜성brown dwarf을 만든 건…….

그리고 우주에게 감사하게도, 마침내 안드로메다에게서 답장이 왔다! 우리가 주고받은 편지 내용을 세세하게 공개할 수는 없지만—예의를 아는 은하는 절대로 그런 짓을 하지 않는다—그때부터 지금까지 우리는 문자와 편지를 주고받고 있다.

최근에는, 그러니까 지난 수백만 년 동안 우리는 서로의 헤일로로 접촉하기 시작했다. 항성 헤일로는 아니다. 우리는 그렇게까지 친밀해지지는 않았다. 하지만 은하 주위에 있는 헤일로는 아주 흥미로운 몇몇 지점에서 서로 겹쳐지고 있다. 나의 거대한 항성들은 강력한 초신성 폭발로 세상을 떠나면서 가스와 먼지를 멀리 밀어낸다. 그 가스와 먼지 가운데 일부는 내가 쉽게 항성을 만들지 못하도록 사지가 멀리 쫓아내는 물질과 함께 내 주변에서 거대한 구름을 만든다. 그 구름에는 조밀하게 물질이 뭉쳐 밀도가 높은 부분도 있고, 물질이 흩어져 있어 밀도가 낮은 부분도 있다. 구름의 상당 부분은 너무나도 고된 일을 하느라 항성들이 방출하는 복사선 때문에 뜨거워진다.

안드로메다에게도 그런 헤일로가 있다. 우리 둘 다 그런 헤일로를 모든 방향으로 100만 광년 이상 퍼트리고 있기 때문에 우리의 헤일로는 충분히 겹쳐진다. 그것은 누군가를 처음으로 만지기 전에 그저 같은 공기와 가능성으로 가득 찬 미래를 공유하며 가슴 설레는 아주 짧은 순간을 만끽하는 일과 같다. 나는 그 광채를, 그 열기를 영원히 느낄 수 있었다(물론 진짜 열기는 아니다. 은하 간 물질 사이에 있는 구름은 아주 차갑다!). 아니, 적어도 수십억 년 동안은 느낄 수 있었다. 당신에게는 수십억 년이나 영원이라는 시간이 본질적으로 그다지 차이가 없을 것 같기는 하지만 말이다.

나와 안드로메다가 소소한 다툼 없이 언제나 잘 지냈다고 말할 수는 없다. 가끔은 내가 안—드라마—다An-drama-da라는 은하의 환심을 사려고 애쓰고 있는 것 같다는 농담을 하고 싶을 때도 있는데, 그런 농담이 잘 받아들여질 것 같지는 않다. 우리 사이의 긴장은 안드로메다의 밀회 때문에 생겼다. 나는 그것을 무시하려고 노력했지만, 끝내 실패했다. 안드로메다가 다른 은하들과 관계를 맺고, 그 가운데 일부와는 합쳐지기까지 한다고 해서 화가 나는 게 아니다. 은하가 살려고 하는 일을 내가 무슨 자격으로 판단할 수 있겠는가? 하지만 사랑하는 은하가 다른 존재와 얽히는 모습을 지켜보는 일은 조금도 유쾌하지 않다.

안드로메다에게 아주 중요한 병합이 처음으로 일어난 건 안드로메다가 아직 젊고 한참 성장하고 있던 수십억 년 전이었다. 당연히 오래 지속된 관계는 아니었다. 그때도 안드로메다는 은하 충돌이라는 격렬한 과정을 동등하게 치러줄 대등한 상대를 찾아 헤매고 있었다. 안드로메다는 그 경험을 통해 (말 그대로) 성장했지만, 여전히 만족하지 못했다. 지금, 그런 짧은 만남이 있었음을 입증하는 증거는 안드로메다의 바깥쪽 헤일로를 돌고 있는 약간의 구상성단들뿐이다. 스스로를 은하 고고학자라고 부르는 사람 천문학자들은 그 구상성단들의 움직임을 연구했고, 그것들이 오래 전에 있었던 합병의 결과물이라고 결론지었다. 그 구상성단들이 여러 차례 공전하면서 제각기 흩어졌어야만 지금과 같은 분포를 나타낼 수 있기 때문이다. 안드로메다나 나 같은 은하 주위를 한 바퀴 도는 데에는 수억 년이 걸릴 수 있다.

내가 정확히 날짜를 헤아리고 있는 건 아니지만, 아마도 40억 년쯤 전에 트린이 안드로메다에게 접근했을 것이다. 누가 먼저 접근했는지는 알 수 없다. 나로서는 안드로메다가 먼저 다가갔다는 생각은 하기 힘들다. 그때는 우리가 정말로 농도 짙은 메시지를 주고받을 때였으니까. 아무튼 트린과 안드로메다는 아주 가까이까지 접근했고—그

접촉이 실질적인 합병으로는 이어지지 않았다—그 때문에 두 은하의 몸에서는 아주 빠른 속도로 항성들이 만들어졌다.

당신은 내가 이 사소한 만남에 질투를 느꼈으리라고 추측할 수도 있겠다. 하지만 내가 안드로메다의 행복을 축하하지 않았을 거라는 생각은 너무나도 인간적이다. 물론 둘이 만난 뒤에 트린이 안드로메다보다 10배는 많은 항성들을 생성하는 모습을 보고 아주 조금 기쁨의 불꽃을 터트렸다는 건 인정해야겠지만 말이다. 트린이 적절한 일을 했음은 분명했다. 충돌 뒤에 안드로메다가 그 이전보다 훨씬 빠른 속도로 별을 만들어낸 것을 보면 말이다. 안드로메다의 항성들 가운데 5분의 1가량은 트린과의 만남 뒤에 만든 것이다. 하지만 국부은하단의 반대편에 있었어도 나는 그 만남이 그저 스쳐가는 짧은 정사일 뿐임을 알 수 있었다. 다른 은하들보다 힘도 크기도 컸던—안드로메다 질량의 거의 4분의 1에 해당하는 질량을 소유한—또다른 은하도 안드로메다를 향해 왔지만, 결코 충분히 가까워지지는 못했다. 나의 예상처럼 수백만 년이 흐른 뒤에도 안드로메다는 여전히 나를 향해 똑바로 다가왔고, 또다른 은하는 작은 핵만 남은 작은 위성은하가 되어 자신의 몸을 씹고 뱉어낸 전 애인의 주위를 자신이 사라질 때까지 돌고 도는 처지가 되었다.

안드로메다의 이런 모습을 차갑고 무심하다는 증거라고 생각하는 사람들도 있겠지만, 나에게는 침착하고 자신감 넘치는 모습으로 보인다. 은하들도 즐기고 싶어한다는 걸 보여주기도 하고 말이다.

사람 천문학자들은 그 주제넘었던 은하에게 이름조차 지어줄 생각을 하지 않았다. 그 은하의 불쌍하고 작은 핵은 그저 M32라는 기호만 받았다.

그런 일들을 겪으면서 나는 질투라는 고통에서 벗어날 수 있었다. 그건 모두 첫째 나의 뛰어난 지성과 성숙한 감정 덕분이며, 둘째 사람 천문학자들이 "소$_{minor}$"와 "대$_{major}$"로 나누는 합병의 차이를 깨달았기 때문이다.

소합병은 질량, 힘, 책임감에서 차이가 나는 두 은하의 합병을 부르는 말이다. 소합병은 대합병보다 좀더 자주 일어나며, 엄청난 결과가 빚어지지는 않지만 긴 은하의 삶에서 항성을 만들고 성장하게 하는 동력을 상당 부분 공급한다. 내가 해온 소합병들과 그사이에 해낸 자아성찰이 지금의 나라는 은하를 만들었다. 안드로메다도 분명히 나와 같은 기분을 느낄 것이다. 소합병을 생각할 때 중요하게 고려해야 하는 점은, 이것이 일시적이라는 것이다. 그렇게나 대등하지 않은 관계가 영원히 지속될 수 있다고 믿는 건 바보밖에 없을 것이다.

그와 달리 대합병은 은하들이 맺는 진정한 동반자 관계다. 대합병은 관계를 맺는 두 은하를——혹은 관계를 맺는 모든 은하를(여러 은하와 관계를 맺어야 만족하는 은하들도 있으니까)——이전까지는 예측하지도 못했던 방식으로 영원히 바뀌버린다. 대합병은 대부분 본능적이고도 중력적인 유대감만을 나누는 은하들 사이에서 일어난다. 그런데도 사람 천문학자들은 그저 질량비가 거의 1 대 1인 두 은하의 충돌만을 대합병이라고 기술한다. 너무나도 냉정하고 계산적인 평가다. 중력 외에도 많은 요소들이 영향을 미치는 대합병의 질적인 부분은 철저하게 무시한 판단이다.

아니, 내 말을 오해하면 안 된다. 안드로메다와 나에게도 중력은 중요한 요소다. 우리의 중력은 서로를 100km/s의 속력으로 끌어당긴다. 사람의 기준으로는 충분히 **빠른** 속력이겠지만, 나에게는 **괴로울 정도**로 느리다. 두 사람이 서로를 향해 달려가는 장면을 슬로모션으로 찍은 사람의 영화를 볼 때면, "서둘러! 왜 그렇게 시간을 허비하는 거야?"라고 소리치고 싶듯이 말이다. 안드로메다와 내가 가까워질수록 우리 둘이 미치는 중력의 영향력도 커져서 결국 점점 더 **빠른** 속도로[3] 서로에게 다가갈 것이다. **마침내** 아주 가까워졌다는 것을 알기 때문에 갈수록 흥분하는 것이다.

안드로메다와 나는 그저 질량이 비슷하기 때문에 끌리는 것이 아니다. 우리는 100억 년 동안 끈끈한 유대감을 쌓아왔다. 우리가 지금까지 주고받은 메시지가 몇 통이나 되는지는 기억하지 못하지만, 모든 메시지를 소중하게 보관하고 있다. 아주 천천히, 오랫동안 우리는 훨씬 친밀해졌고, 이제는 서로의 두려움을, 희망을, 소소한 불만을 나누며 마음을 드러내 보이는 사이가 되었다. 우리는 블랙홀을 키워야 한다는 수치심과 두려움을 서로에게 털어놓으며, 오래된 상처를 치유할 수 있도록 도왔다. 우리 둘 다 아직도 블랙홀을 가지고 있지만, 이제는 좀더 쉽게 그 블랙홀을 무시할 수 있게 되었다.

소위 은하계에 떠도는 소문으로 시작된 호감은 지금은 깊은 애정을 품고 서로를 존중하는 관계로 꽃피워가고 있다. 하지만 우리가 정말로 만나려면 40억 년에서 50억 년을 더 기다려야 한다. 그때까지 사람이 생존해 있을 수 있다면, 안드로메다의 아름다운 나선 팔이 지구의 밤하늘을 가로지르는 모습을 볼 수 있을 정도로 우리가 서로에게 가까이 다가갈 테니, 사람도 맨눈으로 안드로메다의 찬란한 광채를 볼 수 있을 것이다.

우리가 합쳐질 때에는 그저 충돌하고 달라붙는 것으로 끝나지 않을 것이다. 우리는 먼저 서로를 시험하면서, 메시지를 주고받을 때 느꼈던 화학반응이 직접 만나서도 일어나는지 살펴볼 것이다. 인터넷으로 연락을 주고받던 사람을 실제로 보자마자 결혼하는 일은 사람도 하지 않을 것이다. 그렇지 않은가? 음, 뭐, 대답할 필요는 없다. 게다가 곧바로 다가가 찰싹 달라붙는 짓은 은하가 움직이는 방식과도 맞지 않는다. 우리 은하들은 서로의 주위를 빙글빙글 돌면서 춤을 춘다. 그러니까 첫 충돌 뒤에 안드로메다와 나는 서로를 통과하고—아마도 한 번 이상 통과할 테고, 통과할 때마다 우리는 점점 더 가까워질 것이다—다시 서로의 서늘한 품에 안기게 될 것이다.

사람 천문학자들은 발전한 컴퓨터 프로그램을 이용해 우리의 춤을 구현하려고 노력하고 있다(놀랍게도 사람의 컴퓨터는 친구들에게 들키고 싶지 않은 추잡한 영상을 보는 데 사용되지 않을 때면 우주의 비밀을 밝혀낼 수 있다). 컴퓨터 시뮬레이션 결과대로라면 우리의 합병이 마무리되는 데에는 60억 년 정도가 걸린다. 그러니 사람의 결혼식이 너무나도 길다고 투덜거리는 **사람**은 정말 **뻔뻔한** 것이다! 우리가 충돌하면서 일으키는 소동과 합쳐지는 가스 때문에 항성이 아주 **빠르고도 격렬하게** 생성될 것이다. 그 와중에 우리 밖으로 튀어나가는 항성들도 있을 텐데, 그 항성들은 우리가 좋아하는(그리고 우리의 소식을 듣고 얼굴을 찌푸릴 잘난척쟁이) 은하들에게 우리의 결합을 알리기 위해서 보내는 전령들이다. 그리고 마침내, 우리는 새로운 은하가 될 것이다. 말 그대로 타원은하가 되는 것이다!

새롭게 하나가 된 몸을 가지게 되면 우리는 함께 움직이는 법을 배워야 한다. 은하는 모두 자기 무게에 짓눌리지 않으려고 쉬지 않고 움직이지만, 타원은하는 나선은하와 다른 방식으로 움직인다. 사람 천문학자들이라면 운동으로 만들어진 은하의 운동에너지는 중력의 위치에너지와 같다고 말할 것이다. 안드로메다와 나 같은 나선은하는 대부분이 원 궤도로 공전하는 항성과 가스 때문에 질서정연하게 움직이지만, 타원은하는 무작위 운동의 지원을 받는다. 다른 사람과 함께 살아가기로 결정하고 살림을 합치면 그전처럼 철저하게 질서정연한 삶을 살기는 어려워지는 것처럼 말이다.

우리의 블랙홀들도 함께 살아가는 방법을 배워야 한다. 처음에는 둘 다 누군가와 함께하는 새로운 상황을 달가워하지 않을 것이다. 하지만 수십억 년 정도 서로의 주위를 돌면서 자신들의 주위를 도는 항성과 가스의 에너지—음에너지와 운동에너지—를 빨아들이면, 자신들이 한 팀일 때 안드로메다와 나를 더 잘 괴롭힐 수 있음을 깨달을 것이다. 두 블랙홀은 서로를 향해 나선을 그리며 다가갈 테고, 결국 충돌해 200만 광년이 넘는 시공간을 구부릴 중력파를 방출할 것이다. 그건 마치 자기들의 문제를 다른 사람에게 떠넘긴 뒤에 자기들은 멋진 장관을 연출하는 일과 같다. 사람 천문학자들은 두 블랙홀이 충돌하는 마지막 과정을 목격한 적이 한 번도 없지만, 두 블랙홀의 합병으로 생성된 파장은 감지했다. 두 블랙홀이 충돌하기 직전에 마찰이 거의 없는 마지막 파섹을 남기고 나머지 에너지를 소멸하는 방식에 대해서는 아직 확실하게 밝혀진 것이 없는데, 사람 천문학자들은 상당히 적절하게도 그 문제를 마지막 파섹 문제the final parsec problem라고 부른다.

분명히 말하지만, 사지와 사지의 새 친구는 결국 합쳐질 것이다. 그저 시간문제일 뿐이다. 하지만 안드로메다와 내가 여생 동안 각자의 이야기와 춤으로 서로의 관심을 끌 수만 있다면 그 블랙홀들이 크게 문제가 되리라는 걱정은 하지 않는다. 안드로메다는 언제나 함께 춤출 파트너를 원했다.

사람들의 유치한 언론 매체에서는 교제하는 유명인에게 커플 이름을 붙여주는 게 유행임을 잘 안다. 나도 기꺼이 동참할 생각이다. 사실 역사상 이름이 가장 많이 거론된 존재를 유명인이라고 규정한다면 나는 인류 최고의 유명인이기 때문에 나와 안드로메다는 커플 이름을 가지는 것이 당연하다. 우리의 커플 이름은 밀코메다Milkomeda다.

정말 듣기 좋은 이름 아닌가?

사람 천문학자들은 나와 안드로메다의 관계에 엄청나게 신경을 쓰고 있다. 나는 많은 사람 천문학자들이 훈련을 받는 모습을 지켜봤다 (적극적으로 보지는 않았다. 그저 주의력이 미치는 범위가 넓다 보니 그렇게 된 것이다). 2000년대에 우리가 곧 충돌하게 되리라는 사실을 알게 된 뒤로 나와 안드로메다가 언제 만날지를 추정하는 일이 천문학자가 되고 싶은 학생이라면 누구나 풀어야 하는 과제가 되었다. 나는 우리의 장엄한 로맨스를 감수성이 풍부한 젊은 시절에 경험하면, 은하를 이해하기 위해서 반드시 갖춰야 할 공감 능력을 기를 수 있으리라고 믿는다.

천문학자가 되려고 훈련을 받은 사람들은 안드로메다와 내가 충돌하면 두 은하에 있던 항성들이 얼마나 많이 충돌하게 될지를 계산해 보라는 문제에도 직면한다. 정말 사람다운 질문이다! 우주에 대해 지극히 제한적인 관점을 지닌 존재, 거시적으로 살아가는 생명체에 대해 전적으로 무지한 존재만이 그런 일을 궁금해하는 법이다. 은하 충돌 시 서로 충돌할 항성의 수를 결정하려면, 사람으로서는 도저히 전부 고려하기 힘든 많은 요소를 고민해야 하는데(두 은하 안에 퍼져 있는 항성들의 분포 형태, 두 은하가 접근할 때 이루는 각도, 당연히 안드로메다가 나에게 다가오지 못하게 뒤에서 잡아당길 무례한 트린 같은 다른 은하들이 미치는 중력 같은 요소들 등), 아주 단순화한 몇 가지 추정만을 가지고 계산해봐도 우리가 만났을 때 충돌하는 항성의 수는 많지 않음을 알 수 있다. 하지만 왜 당신들이 그걸 걱정하는지, 이유를 모르겠다. 안드로메다와 내가 합쳐질 때쯤이면 당신들의 행성은 오래 전에 이 우주에서 사라지고 없을 텐데.

우리가 인류라고 알고 있는 존재들이 끝날 때 안드로메다와 함께하는 나의 삶이 시작된다는 사실이 재미있지 않나? 아니, 놀리려는 게 아니다. 그저 신나는 것뿐이다. 어떤 일을 고대한다는 건 정말 즐거운 일이니까.

13

죽음

나는 밤하늘을 뒤덮을 항성을 계속 만드느라 힘들게 일하는 은하에게 엄청난 존경을 보낼 새로운 세대의 사람인 당신에게 내 이야기를 들려주려고 이 책을 쓰고 있다. 당신이 문맥을 파악하는 능력이 뛰어난지는 모르겠지만, 한 가지 경고를 해야겠다. 지금까지는 내가 어떤 **모습이었는지**를 이야기했다면, 이제부터는 앞으로 **어떻게 될지**를 말해줄 계획이다. 여기, 내가 100퍼센트 확신을 가지고 할 수 있는 말이 하나 있다. 언젠가 나는 죽는다.

　내 말에 충격을 받을 수 있다는 점, 안다. 내가 없는 우주가 상상이 안 될 테고, 나처럼 강력하고 회복력 좋고 매력적이며 겸손하기까지 한 은하를 없애버릴 힘이 존재한다는 게 거의 상상조차 하기 어려울 테니까 말이다. 사지도 끝낼 수 없는 나를 끝낼 존재가 있다니! 하지만 나는 나의 날이 유한하다는 사실을 단언할 수 있다. 다행히 나의 날들은 당신의 날들보다 훨씬, 훨씬, 훨씬 더 길겠지만 말이다.

당신, 사람은 이제 곧 다가올 당신의 죽음을 얼마나 자주 생각하는가? 아무리 거부하려고 애써도 당신의 몸이 활동할 수 있게 해주는 작은 유기체 기계들이 멈추고, 살로 된 당신의 육체는 오직 가장 명석한 과학자들만이 알아볼 수 있을 정도로 부패하는 순간을 말이다. 물론 과학자들도 화장해 재가 되거나 우주로 날아가거나 당신의 행성에 있는 매혹적인 포식자들이 당신을 씹고 삼키지 않아야만 당신의 시신을 알아볼 것이다. 당신은 남겨진 사람들이 당신을 잊지 않으려고 최선을 다한다는 사실에 조금은 위안을 받겠지? 아, 맞다! 사람에게는 짧지만 달콤했던 인생을 축하하려고 여는 파티가 있지 않나? 언젠가 당신의 시신을 위해 열 파티를 상상해본 적이 있나? 아! 시신 파티가 아니라 **장례식**이라고 했던가? 새미 말이 사람에게 죽음은 아주 민감한 주제라고 하던데. 피할 수 없는 사람의 죽음을 지금 내가 적절하게 다루고 있는 건가?

예전에는 언제나 죽음을 생각했다. 볼썽사나운 부패에 관한 생각이 아니라 좀더 일반적인 파괴에 대해, 죽음이라는 궁극의 부재에서 무엇인가 실재하는 것을 분리하는 순간에 대해, 몇 초 동안일 수도 있고 100만 년 동안 지속될 수도 있는 순간에 관해 생각했다. 하지만 이제는 죽음을 덜 생각하며, 생각하더라도 내가 생각하는 죽음은 아주, 아주 먼 미래의 일이기 때문에 이제는 두렵지 않다.

내가 죽음을 두려워할 이유가 있을까?

사람이 죽음을 두려워하는 이유는 이해가 된다. 좋아하는 활동을 더는 못 하게 되고, 사랑하는 사람들을 뒤에 남겨두고 떠나야 하며, 죽음 뒤에 맞이해야 할 일을 조금도 모르는 상태는 사람처럼 시야가 좁고 무지한 생명체에게는 분명히 두려울 수밖에 없을 것이다(기분 나빠할 필요는 없다. 당신 종은 객관적으로 봤을 때 그저 아주 많이는 발전하지 못한 것뿐이니까). 게다가 모든 것이 당신을 죽일 수 있을 것 같다. 높은 곳에서 떨어져도, 날카로운 물건에 찔려도, 불에 타도, 심지어 물을 너무 적게 마셔도, 물을 너무 많이 마셔도 사람은 죽을 수 있지 않나?

은하는 그런 식으로 죽으리라는 두려움을 느끼지 않는다. 사람과 달리 불확실성 때문에 힘들 이유도 없다. 안드로메다와 나는 수십억 년 안에 완전히 합쳐져서 본질적으로 하나가 될 것이다. 우리는 동시에 죽을 테니 사랑하는 존재를 뒤에 남기고 간다는 걱정도 할 필요가 없다. 우주 전역에서 활동하는 연구자 은하들 덕분에 나는 모든 것이 어떻게 끝나는지를 정확하게 알고 있다. 좋다. **정확하게 아는 건 아닐** 지도 모른다. 우리 은하들은 똑똑하지만 마법사는 아니며, 우리의 과학도 어느 정도는 불확실할 수도 있으니까.

내가 내 마지막 순간을 스포일러 할까봐 걱정할 필요는 없다. 하지만 과학자들이 내 마지막을 어떻게 생각하는지는 말해줘야 할 것 같다. 당신들 사람이 경험하는 죽음은 연약한 유기물질에 한정되어 있다. 반면 이질적인 여러 요소들로 이루어져 있지만 일관된 의식을 가진 거대한 자립계인 은하에게 죽음이 가지는 의미는 다르다. 은하가 탄생하는 시기와 방법이 모호하듯이 사람은 우리의 죽음도 비슷하게 모호하리라고 생각할지도 모르겠다. 하지만 한 가지는 확실하다. 나의 죽음은 당신들의 죽음보다 훨씬 더 심대한 결과를 낳을 테고, 당신이 상상하는 그 어떤 종말의 날보다도 장엄할 것이다.

은하의 죽음이 통제력을 잃음을 뜻할 때도 있다. 실제로 대부분의 시간 동안 우주의 역사에서 일어난 전체 은하들의 상호작용으로는 압도적으로 소병합이 많았다. 한 은하가 다른 은하를 완벽하게 장악하는 관계를 맺은 것이다. 당신은 그런 파괴적인 만남의 결과가 작은 은하들이 갈기갈기 찢긴 채 내장을 흐트러뜨리고 널브러져 있는 것이라고 생각할지도 모르겠다(이보다 더 나은 비유는 찾을 수가 없었다). 하지만 진실은, 내 몸 구석구석을 모두 꼼꼼하게 샅샅이 뒤져 항성과 가스 덩어리를 모두 찾아내면 내가 파괴한 작은 은하들을 기술적으로는 되살릴 수 있다는 것이다(물론 지금쯤이면 이미 가스 덩어리는 대부분 새로운 항성을 만드는 데 써버렸을 테지만 말이다). 아니, 우리 은하들은 자존심이 강한 존재들이다. 따라서 이런 소합병에서 발생하는 진짜 비극은 주체성의 상실이다.

당연히 좀더 전통적인 의미의 죽음을 맞이하는 은하들도 있다. 은하가 항성을 더는 만들지 않는 상태를 타원은하의 "붉은 죽음red and dead"이라고 부르는 사람 천문학자들도 있다. 하지만 나는 그저 항성을 더는 만들지 않을 때가 아니라 은하가 가진 항성들이 사실상 모두 죽었을 때 은하도 죽었다고 생각하는 편이 옳지 않은가 싶다. 결국 우리는 중력이 한데 묶을 수 있을 만큼만 가까이 모여 있는 항성과 가스와 암흑 물질의 집합체에 불과하니까. 이런 죽음은 은하의 관점에서도 아주, 아아아주 긴 시간이 걸리는 일이고, 내가 맞기를 원하는 방식의 죽음이기도 하다. 그저……영원한 밤 속으로 서서히 사라지는 것 말이다.

이런 죽음은 사소할 수도 있다. 심지어 죽어가는 은하라고 해도 가스만 새로 공급해주면 다시 살아나기 때문에 완전히 일시적인 죽음이라고 볼 수도 있다. 존재하는(그리고 존재할) 모든 것이 완전히 사라지는 소멸과 비교하면 말이다. 맞다. 나는 진짜 종말의 날을 말하는 것이다. 바로 우주가 끝나는 날!

사람의 시간으로 지난 100년 동안 사람 천문학자들은 우주의 종말에 관한 널리 알려진 가설을 여러 개 제시했는데, 그중에 한 가지 가설은 우스꽝스러울 정도로 틀렸다. 빅뱅을 떠오르게 하는 그 이름들을 무작위로 나열하면 다음과 같다. 빅 프리즈, 빅 립, 빅 슬러프, 빅 크런치, 빅 바운스(이 이름은 빅 크런치의 옷자락에 몰래 올라탄 보너스 같은 이름이지만, 어쨌거나 이런 비슷한 이름들을 분명하게 구별하는 사람들의 노력에 찬사를 보낸다).

당신 종을 이끌어가는 사람들이 제시한 최선의 추측들에 대해 들려주기 전에 한 가지 알아야 할 사실이 있다. 보통 전체 우주의 궁극적인 운명을 결정하는 요소는 두 가지다. 하나는 관측 가능한 우주의 평균 밀도고, 또 하나는 사람 과학자들이 암흑 에너지라고 부르는, 아주 오랜 시간 큰 규모로 우주를 팽창하게 하는 힘이다.

우주의 밀도(물질과 에너지 모두의 밀도를 말한다. 왜냐하면 물질과 에너지는 서로 바뀔 수 있으니까)는 중입자 물질과 암흑 물질의 밀도, 광자나 중성미자 같은 상대론적 입자들이 방출하는 복사선의 밀도, 암흑 에너지의 밀도라는 세 가지 구성 요소로 나눌 수 있다.

우주가 성장하고 진화하는 동안 밀도의 우위를 차지하는 구성 요소들은 바뀌어왔다. 우주 초기, 엄청난 인플레이션이 일어났던 짧은 시기 동안에는 사람 과학자들이 인플레이션 양자 장에 기여했다고 생각한 팽창 에너지가 우주를 지배했다(잠시 뒤에 좀더 설명할 생각이다). 인플레이션 기간이 끝나자마자 너무 뜨거워서 아직은 원자도 생성되지 않았던 우주를 5만 년가량 지배한 밀도를 만든 것은 복사선이었다. 그후 우주를 90억 년 정도 지배한 밀도는 물질의 밀도였다. 이제 충분히 팽창한 우주에서 물질은 너무나도 넓게 퍼졌기 때문에 이 우주에 가장 많은 영향을 미치는 밀도는 암흑 에너지가 만들고 있다.

특정 시기의 우주 밀도는 제6장에서 살펴본 임계 밀도(Ω[오메가]라는 기호로 나타낸다)와 비교할 수 있다. 1920년대에 한 소련 수학자가 당신들 사람이 너무나도 상상하기 좋아하는 시공간이라는 직물, 즉 우주는 완벽하게 평평하며, 무한한 시간 동안 밖으로 향하는 모든 방향으로 뻗어나갈 수 있다는 추론을 바탕으로 임계 밀도라는 개념을 정의했다.

그 수학자의 이름은 알렉산드르 프리드만으로, 우주가 불변이라는 아인슈타인의 정적 우주론static universe에 가장 먼저 공개적으로 반박한 사람이다. 굳이 이름을 말하지 않고 성만 말해도 사람들이 누군지 아는 아주 유명한 잘난척쟁이 아인슈타인은, 당신도 알다시피 블랙홀의 존재를 처음으로 알아낸 사람이다. 하지만 그는 블랙홀이 잔인한 괴물이 아니라 아주 멋진 녀석인 것처럼 묘사했다! 게다가 자신의 시시한 상대성 이론만 있으면 **모든 것**을 알아낼 수 있다고 생각했다. 물론, 많은 것을 옳게 밝히기는 했다. 하지만 그거 아나? 아인슈타인이 그럴 수 있었던 건 영리해서가 아니라 그저 운이 좋았기 때문이다! 그는 우주가 변하지 않는다고 잘못 생각했고, 프리드만은 그 의견에 동의하지 않는다고 주장할 만큼 충분히 용감했다. 물론 아주 소박하고 특수한 용기이기는 했지만, 어쨌거나 아주 가치 있었다.

아인슈타인은 중력이 미치는 영향력과 중력의 행동을 밝히는 방정식들인 일반 상대성 이론을 발표했는데, 그 방정식들은 중력이 우주의 성장과 퇴보에 미치는 영향에 관해서도 다루고 있다. 프리드만은 아인슈타인의 장 방정식field equation에 대한 자신만의 해(혹은 자신만의 해석)를 찾았다. 그것은 밀도, 곡률(모양), 중력, 팽창 속도를 근거로 시간에 따른 우주의 크기를 기술하는 방정식이었다(이 사람들에게는 언제나 모든 것이 방정식이다!). 사람 천문학자들은 우주의 팽창 속도를 보통 대문자 H로 표기하고 허블 팽창률Hubble parameter이라고 부른다. 아마도 "허블 상수"라는 말을 들어봤을 텐데, 그건 **바로 지금**, 이 순간의 우주 팽창 속도를 뜻하는 용어다. 사람 과학자들의 자부심과 사람 종 특유의 짧은 수명 때문에 현재라는 시간이 아주 중요해서 등장한 개념이다. 만약 허블 팽창률을 안다면—사람 과학자들은 자신들이 안다고 확신하는데(지나치게 확신하는 걸 수도 있다)—우주의 밀도를 구할 수 있다. 임계 밀도는 곡률을 0으로 했을 때 얻을 수 있는 값이다. 알겠지만, 사람이 임계 밀도를 설명하겠다고 발명한 수학을 모두 배제하고 생각하면 사실 그렇게 복잡하지는 않다. 프리드만의 반증적인 계산 결과대로라면 이론적인 임계 밀도는 $10^{-26}kg/m^3$이 되어야 한다. 평범한 가정용 욕조만 한 공간에 아주 작은 수소 원자가 10개쯤 들어 있는 것이다(거품이 이는 뜨거운 욕조에서 쉬는 건 내가 느껴보고 싶은 얼마 안 되는 사람의 감각 가운데 하나다).

가끔 사람 과학자들은 우주의 모양에 관해 말하는데, 그건 정말 터무니없는 일이다. 우주의 모양은 그저 밀도의 대응물에 지나지 않으며, 사람들 대부분에게는 "안장 모양"인 우주를 상상할 능력이 없기 때문이다. "안장 모양" 우주는 단순한 3차원 형태가 아니기 때문에 사람의 눈으로는 어쨌든 볼 방법이 없다. 괜히 두통을 유발할 계획이 아니라면 그런 우주의 생김새를 상상하느라고 골머리를 썩일 필요는 없다.

우주의 밀도는 임계 밀도보다 낮거나 같거나 크다. 이게 무슨 말이냐고? 임계 밀도에 대한 실제 밀도의 비율인 Ω가 <1이거나 1 또는 >1이라는 뜻이다.

Ω가 1이라면 임계 밀도가 곧 평평한 우주의 밀도이기 때문에 당연히 우주는 평평해야 한다. 일단 팽창하기 시작하면 평평한 우주는 꾸준히 팽창해야 하지만 **명확하게** 무한한 시간이 흐른 뒤에는 달라붙게 하는 힘인 중력 때문에 팽창 속도가 느려지다가 멈춰야 한다. 프리드만은 용감하기는 했지만 자신의 우주 모형에 암흑 에너지를 포함시킬 정도로는 충분히 영리하지 않았다. 프리드만의 단순한 우주에서는 물질과 상대론적 입자만이 우주의 밀도에 영향을 미친다. 암흑 에너지가 존재하는 평평한 우주에서는 무한한 시간이 흘러도 결코 우주의 팽창이 멈추지 않을 수 있다.

Ω가 1보다 작은 우주는 밀도가 낮아 우주의 팽창을 막을 정도의 중력이 형성될 충분한 물질과 에너지가 없기 때문에 영원히 팽창한다. 사람 과학자들은 이런 우주를 "열린" 우주라고 부르고, 이런 우주가 안장 모양이라고 말한다. 말을 타겠다고 가죽으로 말의 등에 올릴 의자를 만들다니, 당신들 사람은 참으로 유별난 생명체들이다.

Ω가 1보다 큰 우주는 물질과 에너지가 너무 많아서 암흑 에너지가 가혹한 중력의 손아귀를 이기지 못한다. 사람 과학자들은 이런 우주를 "닫힌" 우주라고 부르는데, 닫힌 우주에서는 팽창 속도가 천천히 느려지다가 결국 다시 수축한다. 탄성 한계를 넘어선 고무줄이 다시 줄어들 듯이 말이다.

이 세 가지 밀도 가설은 우리가 아는 우주가 마지막에 맞이할 수 있는 다양한 모습을 제시한다.

사람 과학자들은 자신들이 임계 밀도를 정확하게 계산할 수 있고, 광범위한 관측을 기반으로 현재 평균 우주 밀도도 알고 있다고 확신한다. 내 생각에는 사람 과학자들이 자신들이 알아낸 밀도값에 대한 확신을 조금은 버리는 편이 좋을 듯하지만, 적어도 누구나 인정하는 사실이 하나는 있다. 사람 과학자들은 암흑 에너지에 관해 아는 것이 하나도 없고, 사람이 늘 다루기 힘들어하는 거시 규모에서의 암흑 에너지는 특히 그렇다는 사실이다. 그것은 사람 과학자들이—적어도 괜찮은 사람 과학자들이—처음으로 자신들은 우주가 끝나는 방식을 모른다는 사실을 인정했다는 뜻이다. 하지만 나는 사람 과학자들의 가설을 당신에게 이야기해줘야겠다. 그래야 저녁 파티 때 당신이 나에 대해—그리고 사람 과학자들에 대해—이야기하면서 똑똑한 사람처럼 보일 수 있을 테니까.

빅 립

암흑 에너지가 충분히 강하고 물질이 희박한 열린 우주(또는 암흑 에너지가 훨씬 강한 평평한 우주)에서는 중력이 약해서 개별 은하 정도의 규모로도 물질을 한데 뭉치지 못할 때까지 우주의 팽창 속도가 꾸준히 증가할 것이다. 사람 과학자들은 이와 같은 우주 종말 시나리오를 빅립Big Rip이라고 부르는데, 사람이 제안한 우주의 마지막 모습 가운데 나로서는 가장 못마땅한 가설에 썩 어울리는 이름이다.

지금은 아직 암흑 에너지가 약해서 국소적인 작은 규모에서는 중력을 이길 수 없다. 하지만 은하단 사이의 공간은 팽창할 수 있으며, 실제로도 팽창하고 있다. 내가 어린 시절의 친구들 몇 녀석을 수십억 년 동안 보지 못하고 있는 게 그 때문인데, 어쩌면 이 친구들을 다시는 볼 수 없을지도 모른다. 그래도 중력은 충분히 강해서 은하단을, 은하들을, 항성계를, 그리고 항성들을 한데 모아주고 있다.

그러나 우주가 팽창하고 그와 더불어 물질이 멀리 퍼져나가면서 나의 충실한 도구인 중력은 점점 더 효력을 잃고 물질을 모으는 데 어려움을 겪을 것이다. 무엇보다도 은하단을 구성하는 은하들이 먼저 서로에게서 멀어질 것이다. 공동체가 그런 식으로 갈라지는 모습을 지켜보는 건 언제나 안타까운 일이다. 하지만 진짜 문제는 사실 은하들이 자신이 잡아당겨지고 있다는 느낌을 받을 때 발생한다. 그런 상황은 내가 왜소은하를 찢을 때보다 훨씬 나쁘다. 내가 왜소은하를 찢을 때에는 적어도 왜소은하의 일부분이 가까이 뭉쳐 있으며, 그들이 자신을 삼킨 은하 주위를 돌다가 가끔은 서로 만날 수도 있기 때문이다. 하지만 빅 립에서는 개별 항성 사이의 공간도, 가스 입자들 사이의 공간도 넓어진다. 그토록 오랜 구애 기간을 보낸 나와 안드로메다도 치명적인 일격을 맞고 결국에는 헤어질 수밖에 없다. 상처에 소금을 뿌린다는 말처럼, 상황은 더 나빠져서 항성을 구성하는 원자들 사이의 공간도 벌어질 것이다. 중력보다 6×10^{39}배 힘이 센 강한 핵력조차도 암흑 에너지 앞에서는 힘을 쓰지 못하니, 결국 원자도 찢어지고 말 것이다.

아무튼 이 모든 일이 일어날지 말지는 우주의 밀도와 암흑 에너지의 본성이 결정할 텐데, 좀더 정확하게 말하면 암흑 에너지의 밀도에 대한 암흑 에너지의 압력의 비가 결정한다. 그러니까 일정한 부피 안에 들어 있는 암흑 에너지가 어느 정도로 물질을 밀어낼 것인가에 달려 있다. 암흑 에너지가 밀어내는 힘이 비교적 약하다면 시간이 흐르면서 암흑 에너지는 흩어져버릴 테고, 빅 립은 발생하지 않을 것이다. 그렇게 되면 안드로메다와 나는 오래오래, 행복하게 살 수 있다! 하지만 암흑 에너지가 밀어내는 힘이 강하다면, 우리가 함께할 수 있는 날은 유한해진다.

어느 정도나 유한해지냐고? 우리가 함께할 시간을 결정하는 건 당연히 암흑 에너지가 밀어내는 힘의 강도와 우주의 팽창 속도, 중력에 이끌리는 물질의 밀도다. 사람 천문학자들이 세운, 일어날 가능성이 가장 높은 최악의 시나리오는 고작 200억 년 안에 빅 립이 일어날 수 있다는 것이다. 그건 사랑하는 은하와 살아가기에는 충분히 긴 시간이 아니다.

빅 립 시나리오는 그리 깊이 생각하고 길게 말하고 싶지 않으니, 그저 사람 과학자들이 정말로 일어나리라고는 생각하지 않는다는 말로 끝을 맺으려고 한다. 조악하게나마 사람 과학자들이 측정한 암흑 에너지의 세기와 현재 우주의 밀도는 그보다는 조금 덜 파괴적인 마지막을 가리키고 있다.

빅 프리즈

우주가 극적이면서도 전혀 필요 없는 찢김을 당하지 않은 채 영원히 팽창할 수 있다면 결국에는 빅 프리즈Big Freeze, 즉 너무나도 추운 빅 칠Big Chill 상태로 끝을 맞이하게 될 것이다. 관습과 획일화를 비웃는 사람들은 열 죽음Heat Death이라고 부르기도 한다. 빅 프리즈는 암흑 에너지의 유무에 상관없이 열린 우주나 평평한 우주가 맞을 수 있는 종말의 유형이며, 닫힌 우주에서는 암흑 에너지가 충분히 강할 때 발생할 수 있다.

우주는 팽창할수록 차가워지는데, 이런 온도 하강은 아주 먼 미래까지 계속될 수 있다. 만약 우주가 충분히 팽창하고 모든 물질이 서로에게서 아주 멀리 떨어진 채 입자의 속도가 아주 느려지면 우주의 평균 온도는 0K가 되거나 0K에 아주 가까워진다. 빅 프리즈 시나리오에서는 안드로메다와 내가 우리 은하단에 있는 다른 은하를 모두 먹어치울 충분한 시간이 있어서—새미, 미리 사과할게!—우리는 거대한 하나의 메가 은하가 된다. 메가 은하가 된 우리는 힘을 합쳐서 쓸 수 있는 가스가 모두 떨어질 때까지 항성을 만들 것이다. 그 기간은 1조 년 정도 되겠지만 운이 좋다면 100조 년도 될 수 있다. 나의 첫 작품들 가운데 그때까지 생존해 있던 가벼운 항성들이 내가 마지막으로 항성을 만들 때 죽어간다니, 정말 낭만적이지 않나? 마지막 세대의 항성들은 외로운 M형 왜성들이 지쳐버린 핵을 비틀어 마지막 빛을 짜낼 순간까지 서서히 차갑고도 어두운 망각 속으로 사라져갈 것이다. 그리고 사람 과학자들이 우주의 빛 지평선cosmic light horizon이라고 부르는 경계선 너머로 다른 은하들과 은하단들이 모두 넘어가면, 더는 우리를 계속 살게 해줄 새로운 가스를 공급받지 못할 것이다. 당신은 그쯤에서 사람 과학자들이 멈추고, 까맣게 죽어버린 우주의 일 따위는 궁금해하지 않으리라고 생각할지도 모르겠다. 하지만 그런 생각은 틀렸을 것이다. 사람의 호기심은 만족을 모르는 것으로 정평이 나 있다.

그리고 1960년대에 또다른 소련 수학자가 가장 기본적인 단계에서 물질을 해체하는 방법인 양성자 붕괴proton decay라는 개념을 제시했다. 양성자는 가장 안정적인 입자 가운데 하나다. 이미 너무 가벼워서 붕괴해서 만들 수 있는 입자가 양전자positron나 중간자meson처럼 몇 가지밖에 없기 때문이다(사람 과학자들이 같은 무리로 엮은 입자 가운데 가장 가벼운 입자가 양성자다). 하지만 안드레이 사하로프는 양성자의 안정성에 겁을 먹지 않았다. 그에게 양성자는 또다른 입자일 뿐이었고, 입자는 붕괴할 수 있었다. 사하로프가 그런 주장을 했을 때 그 개념은 완전히 가설에 불과했다. 사람 과학자들은 양성자가 붕괴하는 모습을 실제로 관찰하지 못했다. 그들이 보기에 양성자가 자연적으로 붕괴하려면 수구溝 년이라는 시간이 필요했다.

양성자 붕괴가 실제로 일어난다면—만약 일어난다고 해도 나는 그 규모가 어느 정도인지는 말할 수 없지만—아주 오래 전에 죽은 나의 항성들을 구성하고 있던 양성자들조차도 붕괴해 전혀 쓸모가 없는

작은 입자가 될 것이다. 오직 블랙홀만이 남아 괴롭힐 은하가 없으니 사람 과학자들이 호킹 복사Hawking radiation[1]라고 부르는 형태로 천천히 가지고 있던 에너지를 방출하면서 증발할 것이다. 호킹 복사에 관해서는 다음에 또 이야기할 기회가 있을 테고, 지금으로서는 그저 우주의 궁극적인 끝을 늦출 또다른 이론적 현상이라고만 말하면 될 것 같다. 어느 정도나 늦추냐면, 음……나로서는 상상하기도 힘든 긴 시간 동안 우주의 종말을 지연한다. 그러니까 가장 길 때는 10^{100}년 동안이나 말이다. 10^{100}년이라니! 당연히 블랙홀은 궁극적인 최후의 말은 자신이 해야 한다고 우길 녀석이다.

빅 크런치

물질이 조밀한 우주는 끝도 그 시작과 같다. 펑! 크게 터지는 것이다.

빅 크런치Big Crunch 시나리오에서 우주는 암흑 물질과 중입자 물질이 만든 중력 때문에 팽창 속도가 점차 줄어들다가 결국에는 멈추고, 이내 수축한다. 사람 과학자들은 지금으로부터 최소한 600억 년은 지나야 빅 크런치가 올 수 있다고 추정하지만, 그 시간은 훨씬 더 오래 걸릴 수도 있다. 우주가 수축하는 동안에는 계속 멀어지기만 하던 은하단이 서로 충돌할 것이다. 그때가 되면 개별 은하들도 충돌할 수밖에 없는데, 이미 그전에 많은 은하들이 충돌했을 것이다.

사람이 가장 두려워하는 빅 크런치의 모습은 아마도 공간이 너무 줄어들어 그전까지는 한 번도 충돌하지 않았던 항성들이 충돌하기 시작하는 것이다. 나는 언제나 나의 항성들에게 숨 쉴 공간을 충분히 마련해주었다. 물론 비유적인 표현이다. 당신에게는 다행히도, 사람은 항성들이 충돌하기 훨씬 전에 이미 우주에서 사라졌을 것이다.

우주가 팽창할 때에는 차가워진다. 그렇다면 우주가 수축할 때는 어떻게 될까? 당연히 뜨거워진다. 현재 3K인 우주의 온도는 빅뱅 무렵의 온도였던 10^{32}K 정도까지 올라갈 것이다. 온도가 올라가면서 우주는 항성보다 더 뜨거운 상태에 이른다. 처음에는 M형 왜성만큼 뜨거워질 테지만, 결국 O형 항성만큼 달아오른다. 항성 바깥쪽 우주가 뜨거워지면 항성을 이루는 기체 분자가 달궈질 테고, 결국 항성은 말 그대로 가스레인지 위에 올려놓고 잊어버린 물처럼 펄펄 끓을 것이다.

우주 초기에 원자가 생성되기 전의 시기가 있었듯이, 빅 크런치 시나리오에서는 우주가 너무 뜨거워져서 원자가 분해되어 양성자와 중성자와 전자가 자유롭게 날아다니는 시기가 온다.

빅 크런치 가설은 20세기 중후반에 많은 사람 과학자들에게서 인기를 끌었지만, 우주의 팽창 속도가 증가하고 있음을 알게 된 1990년대에 신용을 많이 잃었다. 인기를 잃기 전에 이 가설은 존 휠러라는 사람의 확고한 지지를 받았다. 1967년에 한 과학학회에서 "블랙홀"이라는 이름을 처음 사용한 그 사람 말이다. 휠러에게는 나쁜 의견을 채택하는 버릇이 있는 게 분명하다.

그러나 빅 크런치는 재미있을 수도 있겠다. 안드로메다와 내가 훨씬 가까워진 상태로 우리가 감당하지 못할 만큼 우주가 뜨거워지기 전까지 아주 오랫동안 함께할 근사한 기회를 가지게 될 수도 있으니까. 게다가 우주가 수축하면 오래 전에 연락이 끊어진 은하들을 다시 보게 될 수도 있다. 물론, 우주의 빛 지평선 너머로 사라져 기분 좋았던 은하들도 있었다. 하지만 서로 만나지 않은 그 긴 시간 동안 그 녀석들도 성숙해졌을지도 모른다. 게다가 정말로 짜증 났던 녀석들은 이미 파괴되고 없어졌을 수도 있다. 어느 쪽이든, 오랜 친구들을 다시 만나는 것보다 나의 100만 년의 여생을 보내는 더 나쁜 방법들을 생각할 수도 있다.

우주의 물질들이 상상할 수도 없는 아주 작은 공간으로 밀집된다면 그 누구도 본 적이 없는 엄청나게 거대한 블랙홀이 만들어질 수도 있다. 그렇게 큰 부정적인 생각이라니, 상상이 되나? 그런데 빅 크런치는 훨씬 더 흥미로운 현상의 전조일 수도 있다. 그러니까 나를…….

빅 바운스

당신들 사람은 빅뱅에 관해 처음 알게 되면 너무나도 자주, 너무나도 변함없이 뻔한 질문을 던진다. "그럼 빅뱅 전에는 뭐가 있었지?"

빅 바운스Big Bounce 가설은 빅 크런치 뒤에 거대한 블랙홀이 만들어지거나 비활성인 점 질량의 상태로 멈추는 것이 아니라 어딘지 미심쩍은 되튕김 현상이 일어나 우주가 다시 반동을 받아 팽창하기 시작한다고 설명한다. 이 가설에서 우주는 팽창하고 수축하는 과정을 끊임없이 반복한다.

빅 바운스 가설은 아인슈타인과 벨기에의 물리학자이자 가톨릭 사제였던 조르주 르메트르를 비롯한 아인슈타인의 동시대 사람들이 좋아했다. 르메트르는 프리드만보다 조금 늦게 역동적인 우주(즉, 활발하게 팽창하거나 수축하는 우주)를 묘사하는 아인슈타인 장 방정식의 해를 발견했다. 그런데도 그는 빅뱅이 일어났고, 우주가 1개의 "원시 원자"로부터 솟구쳤다는 주장을 가장 먼저 한 사람으로 인정을 받을 때가 많다.

당신은 이런 의문이 들 것이다. 순환하는 우주에서 그런 빅 크런치를 정말로 죽음으로 간주할 수 있을까? 음, 빅 크런치는 우주의 죽음이 아닐 수도 있다. 하지만 지금을 살아가는 나와 안드로메다가 다시 생기지는 않을 것이다. 새롭게 시작하는 우주에서는 우리를 만들었던 사건들이 정확하게 반복되지는 않는다. 당신은 사람이라는 아주 단순한 체계를 구성하는 존재이지만, 또다른 당신이 만들어지는 일은 결코 없을 것이다.

다른 것들은 존재하는데 자신은 없는 미래를 상상하면 어떤 기분이 드는가? 나는 그다지 유쾌하지 않으니 다른 이야기로 넘어가자.

빅 슬러프

빅 슬러프Big Slurp는 좀더 신중한 과학자들이 제안한 가설로, 우주의 밀도와 팽창을 전혀 고려하지 않는다. 음, 적어도 직접적으로 고려하지는 않는다. 대신 이 가설은 물리학의 기본 법칙들이 갑자기 예측하지 못한 방향으로 변하기 때문에 기존 우주가 새로운 우주의 진공 속으로 "빨려들어갈Slurp" 수 있다고 본다. 빅 슬러프가 일어날 것인가, 일어나지 않을 것인가는 사람 물리학자들이 힉스 장Higgs field이라고 부르는 장의 안정성에 달려 있는데……당신에게는 힉스 장이 무엇인지도 당연히 설명해줘야 할 것 같다. 아이고, 내 팔자야.

사람 물리학자들은 대부분 우리 우주가 기본 입자, 또는 소립자 elementary particle라는 작은 에너지 꾸러미로부터 영향을 받고, 그 꾸러미로 구성되어 있다고 설명한다. 사람 물리학자들의 말에 따르면, 이 특별한 입자들은 더 이상 작은 부분으로 나누어지지 않는다. 그들은 지금까지 물질 입자(전자, 모든 쿼크, 중성미자 등)와 전자기력, 약한 핵력, 강한 핵력을 운반하는 힘 입자(광자, 글루온, 보손 등)를 발견했다. 기본 입자는 1897년에 처음 발견되었는데(어니스트 러더퍼드라는 상당히 재능 있는 물리학자가 전자를 발견했다), 지금도 왠지 계속해서 새로운 입자를 찾아내는 듯하다. 특히 강입자(hadron : 강한 상호작용을 하는 입자들/역자)를 충돌시키고 있는 스위스의 커다란 고리 터널에서는 말이다.[2]

이런 입자들은 모두 자기 자신의 소위 양자 장quantum field이라는 곳에서 개별적으로 오래 존재하는 에너지 스파크에 지나지 않는다. 양자 장은 실제 물리 창이 아니기 때문에 어떤 식으로든 직접 조작할 방법이 없음을 강조해야 할 것 같다. 양자 장은 편리하고도 건설적인 수학 장치이자, 우주 전역에 여러 종류의 에너지를 운반하는 가상 매질로, 우주의 백엔드back end에서 실행되는 소프트웨어 프로그램이라고 생각하면 쉽게 이해할 수 있을 것이다. 우주에는 전자를 기술하고 제어하는 프로그램(장), 뮤온muon을 기술하고 제어하는 프로그램, 인플라톤(inflaton : 초기 우주에서 인플레이션을 일으키는 가상의 스칼라 장/역자)을 제어하고 기술하는 프로그램이 있으며, 그밖에도 여러 프로그램들이 존재한다. 이런 프로그램들은 서로 의존하며, 어느 정도는 상호작용하기 때문에 한 프로그램을 바꾸거나 교란하면 1개 이상의 다른 프로그램에 영향을 미칠 수 있다. 하지만 영향을 미치지 않을 수도 있다. 이렇게 상호의존적인 소프트웨어 프로그램을 사람 과학자들의 용어로 바꾸면 "연성 장coupled field"이라고 한다.

사람 물리학자들은 이런 장들 대부분이 어떻게 작동하며, 서로에게 어떤 식으로 영향을 미치는지를 알아내려고 갖은 애를 쓴다. 그들이 확신하는 한 가지는 지진이 발생할 때 모래성을 쌓는 바보처럼, 양자 장은 갑작스럽게 진동하기 때문에 입자라고 알려진 에너지 스파크가 오래 지속되기 어렵다는 점이다. 장의 에너지가 안정한 상태일 때는 양자 장 요동이 없는데, 에너지가 가장 안정적인 상태는 진공 상태라고 알려진, 에너지가 0인 상태다. 사람 과학자들이 빅 슬러프를 "가짜 진공 붕괴"라고 부르는 것은 이 때문이다.

가짜 진공 상태에서는 장이 안정된 듯이 보일 수도 있지만, 그 안정성은 거짓이다. 이 장은 언제라도 낮은 상태로 떨어질 수 있으며, 장을 대표하는 입자는 오래 지속되지만 우리 우주의 입자와는 전혀 다른 방식으로 행동한다. 다른 여러 장에 영향을 미칠 수 있는 이와 같은 변화는 우리로서는 볼 수도 없는 빛의 속도로 전체 우주로 퍼져나갈 것이다. 이 상황을 내 방식대로 표현해보자. 컴퓨터의 핵심 프로그램 가운데 하나를 바꾸려면 당신은 컴퓨터를 어떻게 해야 할까? 재부팅을 해야 한다. 그와 마찬가지로 우리 우주를 관리하는 장들 가운데 하나의 에너지 상태가 바뀐다면, 우리가 알고 있는 우주는 더 이상 존재할 수 없다.

물론 당신은 여전히 컴퓨터를 사용할 것이다. 하지만 컴퓨터를 언제나 최신 상태로 유지하려는 노력은 가끔 당신을 지치게 할 것이다.

사람 물리학자들은 엄청나게 커다란 불확실성을 가지고 우주의 양자 장이 대부분 안전하게도 에너지가 0인 상태로 존재하리라고 생각한다. 그러니까 힉스 장을 제외한 모든 장이 말이다(드디어 정말로 하고 싶은 이야기를 할 수 있게 되었다. 힉스 장 말이다!).

힉스 장은 몇몇 과학자들이―경건하게, 혹은 건방지게―"신의 입자"라고 부르는 힉스 보손higgs boson과 관계가 있다. 힉스 장은―나에게도 사람 과학자들에게도―특히 흥미로운데, 그 이유는 다른 장과 힉스 장의 상호작용이 본질적으로 다른 장에 속한 입자들의 질량을 결정하기 때문이다. 쿼크로 이루어진 양성자가 전자보다 무거운 이유는 쿼크 장이 전자 장보다 힉스 장과 훨씬 강하게 상호작용하기 때문이다. 은하는 질량이 없으면 어떤 일도 할 수 없음을 기억하자.

힉스 장의 에너지를 측정하려고 노력하는 사람 과학자들은 힉스 장이 가짜 진공 상태일 수 있다고 생각한다. 그것은 미리 대비할 방법이 없는데도 갑자기 우리 우주가 재부팅될 수도 있다는 뜻이다.

여기서 다행인 점은 힉스 장—이나 다른 장—이 다른 상태로 넘어가려면 에너지가 아주 많이 필요하거나 사람 과학자들이 "양자 터널링quantum tunneling"이라고 부르는 아주아주 드문 기회를 얻어야 한다는 것이다. 내가 아주 "드물다"라고 말할 때는 지금 내 안에 존재하고, 앞으로 생길 항성들이 모두 죽기 전까지는 거의 일어날 가능성이 없다는 뜻이다.

그러나 빅 슬러프는 아주 빠르게 고통 없이 죽는 방법인 것 같으니 나와 안드로메다가 마침내 만날 수 있을 때까지 기다려주기만 한다면 언제라도 빅 슬러프가 원할 때 일어나도 될 것 같다.

사람 천문학자들은 밀도 변수density parameter Ω가 1에 아주 가깝다고 강하게 확신하지만, 1보다 조금 더 높은지 아니면 낮은지는 모른다. 팽창 속도가 빨라지고 있는 우주에서 관측한 결과들을 보면 여러 가설들 가운데 빅 프리즈가 일어날 가능성이 가장 높지만, 이 우주는 어떤 식으로든 끝날 수 있음을 마음을 열고 받아들이자.

사람이 현재 과학으로 이해하는 세계는 언제라도 근본적으로 뒤집힐 수 있다. 어쩌면 빅Big이라는 형용사를 붙인, 전혀 다른 식으로 우주의 끝을 기술할 새로운 용어가 어딘가에 숨어 있는지도 모른다. 더 나은 이해를 향해 나아가는 과정은, 비록 그 끝이 매력적이지 않다고 해도 과학이 제대로 작동하고 있다는 뜻이다.

14

둠스데이

사람이 학문적으로 우주의 마지막을 설명하기 시작한 지는 100여 년
에 불과하다. 그러나 사람이 대단원을 이야기하거나 그 끝에 의문을
가진 지는 수천 년이 넘었다. 아직 다른 행성을 찾지 못했던 지구의
1780년대까지, 보통 사람의 문명이나 사람이 속한 세상은 거의 우주
전체와 마찬가지였다.

　새로운 인류 문명이 탄생할 때마다 사람들은 모든 것이 시작된 순
간을 설명하는 일보다 모든 것이 끝나는 순간을 설명하기가 훨씬 어
렵다는 사실을 발견했다. 마지막 모습을 안다고 해서 얻을 수 있는 이
득이 없었기 때문이다. 현대 사람 과학자들처럼 많은 초기 문명인들
도 자신들이 아는 세상이 끝나는 모습을 알지 못한다는 사실을 거리
낌 없이 인정했다. 몇몇은 이 세상이 단순히 시작한 것과는 정반대인
과정으로 끝난다고 추정하기도 했다. 하지만 재능 있는 예언자들의

예지력 덕분에 세상이 끝나는 방식뿐 아니라 세상이 끝나는 이유까지 알아냈다고 주장하는 사람들도 있었다.

종말에 관한 많은 이야기들이 결코 기록된 적이 없거나, 부식이 쉽게 되는 지구라는 환경에서 결국은 사라져 버릴 물질의 표면에 새겼거나 혹은 사람들의 난폭한 행위(★쿨럭★ 그러니까 책을 태우는 행위 말이다. ★쿨럭★) 때문에 살아남지 못하고 사라져버렸다. 하지만 지금까지 살아남아 거론되는—심지어 믿어지기까지 하는—이야기들도 있다.

그런 이야기들 가운데 하나가 북유럽 사람들이 전한 라그나로크(Ragnarök : "신들의 운명"이라는 뜻)다. 아마도 많은 사람들이 터무니없이 매력적인 오스트레일리아 형제 가운데 한 사람 때문에 라그나로크 이야기를 잘 알고 있을 텐데, 사실 원래 이야기에는 전투 장면이 더 많이 나오고 록 음악은 적게 나온다.

북유럽인들의 이야기에서 이 세상의 종말은 그 어떤 여름도 없이 세 번의 혹독한 겨울이 연달아 찾아오는 핌불윈터Fimbulwinter와 더불어 시작한다. 비축해놓은 식량이 점점 사라지자 인류는 지금까지 서로 협력하며 살아왔다는 사실을 잊고 반목하게 되며, 정정당당한 전투에서 영광스럽게 적을 죽이는 대신 탐욕스러운 생존을 위해 서로를 살해했다(왜인지는 모르지만, 북유럽 신들의 눈에는 생존을 위한 살해가 더 나쁜 행위였다). 나처럼 강렬한 광채를 가진 존재를 고작 성질 더러운 두 마리 개 목ᇀ 동물이 완전히 끝장내는 일이 정말로 가능하다는 듯, 북유럽 사람들은 두 마리 늑대가 태양과 달을 먹어버리고 항성들이 사라지면서 인류가 어둠에 잠겼다고 말했다. 하지만 이 정도는 아직 종말의 시작일 뿐이다.

거대한 늑대 펜리르가 온 땅을 전속력으로 내달리면서 만나는 모든 것을 먹어치우는 동안 사람이 살아가는 땅은 거칠게 흔들린다. 거대한 뱀 요르문간드가 바다 깊은 곳에서 자신이 물고 있던 꼬리를 뱉고 수면으로 올라오면서 바닷물도 높이 솟아오른다. 옛 질서를 파괴하는 협잡꾼 로키 신을 앞세운 거인 군단이 물에 잠긴 지구 위를 가로지르고, 신들의 파수꾼 헤임달이 거대한 뿔피리를 불어 최후의 전투가 시작되었음을 신들에게 알린다.

전투 중에 펜리르는 오딘과 발할라의 전사들을 죽이고, 오딘의 아들 비다르가 펜리르를 죽인다. 헤임달과 로키는 서로를 죽이고, 토르와 요르문간드도 서로를 죽인다. 세상은—그러니까 모든 세상 말이다. 북유럽 신화에서는 세상이 9개다[1]—대양 바닥으로 가라앉고, 남은 것은 창조의 시간에도 존재했던 빈 공간뿐이다. 이 세상의 모든 것이 사라진다. 간신히 숲으로 숨어든 두 사람만 살아남는다. 이야기에 따라서는 그 두 사람이 신성한 나무 위그드라실의 뿌리에 들어간다고도 한다. 두 사람은 세상이 어쩌면 재탄생할 수도 있다는 중요한 희망을 품게 한다.

나는 현대 과학의 이해 방식에 잘 부합하는 북유럽인들의 이야기 방식과 그 이야기를 한 사람들에게 존경 비슷한 감정을 품고 있다. 당신도 물론 라그나로크 신화에서 사람 과학자들이 제시한 빅 바운스 가설을 떠오르게 하는 내용을 조금은 엿볼 수 있을 것이다.

가장 오랫동안 살아남은 사람들의 종말 이야기는 아브라함을 중심으로 하는 기독교, 이슬람교, 유대교 등의 종교들이 제시했다. 신자를 모두 합치면 지구에 사는 사람들 절반 이상이 믿는 종교들이다. 종교마다 이야기는 조금씩 다르지만, 그 이야기들이 모두 관련이 있음은 분명한 사실이다.

종교도 신화라는 주장에 발끈하는 사람들도 있다. 하지만 이런 이야기들이 오래 지속되었다는 사실이 이것들이 신화가 아니라는 주장을 뒷받침한다고 생각하면 안 된다. 그건 그저 그 이야기들이 오랫동안 지속적으로 지지를 받았음을 뜻할 뿐이다.

이런 이야기들 속에서 세상의 종말은 보통 끊임없이 밀려드는 악의 세력에 맞서는 신의 필연적인 결말로 그려진다. 기독교가 그리는 종말은 파트모스 섬의 요한(현대 사람 연구자들은 요한이 그 이야기를 썼을 때 머물렀다는 그리스 섬의 이름을 붙여 늘 이 저자를 이렇게 부른다)이 이야기했다. 예수가 세상을 떠난 뒤 100년이 지나기 전에 살았던 요한은 『신약성서』라고 알려진 기독교의 두 번째 성서에 실은 「요한의 묵시록」을 썼다. 「요한의 묵시록」에서 요한은 예수가 어떤 식으로 자신의 앞에 나타나 이제 곧 닥칠 종말의 날을 말해주었는지, 어떻게 자신이 천국으로 올라가 말 많은 천사들이 해주는 종말의 세부 내용을 들을 수 있었는지를 이야기한다.

천사들은 요한에게 신이 보낸 말을 탄 네 명의 기수가 세상의 종말을 알리며, 국가는 정복되고, 전쟁과 기아가 발생하고, 많은 사람이 죽을 것이라고 말한다. 그 불길한 기수들(과 아마도 자신들이 짊어져야 하는 무게 때문에 비통해서 그랬겠지만, 기수들만큼이나 음험해 보이는 말들)만으로는 악의 세상을 완전히 제거할 수 없었던 신은 다시 일곱 천사를 보내 땅에 재앙을 드리운다. 천사들은 신을 믿지 않는 사람들에게 역병을 일으키고 바닷물과 강물을 피로 변하게 만들며, 세상에 어둠을 드리우고, 온갖 질병을 퍼트린다. 어쨌거나 홍수와 지진과 억수같이 쏟아지는 비가 없으면 진짜 세상의 종말은 아니니까. 그렇지 않은가? 내 생각에 요한의 책을 읽는 독자들이 이 이야기를 해피엔딩이라고 여기는 이유는 이 세상이 완전히 파괴되고, 모든 사람의 영혼이 판결을 받은 뒤에 신을 믿는 사람들이 새로운 세상에서 부활할 때까지 신의 승리가 완성되지 않기 때문인 듯하다. 정말 긍정적인 사람들이다!

북유럽 신화나 기독교의 종말 이야기를 비롯해 사람 세상에 존재하는 수십 가지의 종말 이야기가 모두 폭력의 시대와 사람들의 타락을 그 시작점으로 삼는다는 사실이 흥미롭다. 세상의 종말은 신이 휘두르는 벌이거나, 어떤 사람들에 따르면 신이 주는 선물이다. 사람의 세상에서 악을 완전히 소멸시키는 마지막 승리다. 적어도 그것이 예언자들이 청중이 믿게 하려는 이야기다. 내가 서 있는 자리에서 보면—이 자리는 예전에도 그랬듯이 앞으로도 당신을 둘러싼 공간인데—그 이야기들은 사회 질서를 유지하려는 수단으로 보인다.

"모두 선하게 행동하는 편이 좋을 거야. 그렇지 않으면 또다시 물을 내려서 모두 쓸어버릴 테니까!" 거대한 홍수로 수많은 사람을 죽였다고 알려진 신들(야훼, 엔릴, 비슈누, 그밖의 많은 신들)은 모두 그렇게 말했다.

아주 많은 홍수가 있었지만, 홍수라는 파괴적인 방법에도 불구하고 종말 이야기는 사후 세계에 관한 신화와는 목적이 다르다. 정의롭고 신실한 사람은 다른 세상에서도 살아남는다는 교훈이 아주 없는 것은 아니지만, 그 이야기들은 **개인**의 행동이 초래하는 결과보다 더 큰 이야기를 하고 있다. 종말 신화는 **전체**로서의 인류의 행위가 낳는 결과를 말하고 있는 것이다.

요한이 「요한의 묵시록」을 썼을 때, 요한과 같은 신을 믿는 사람들은 이제 곧 세상이 멸망하리라고 생각했다. 아마도 그들은 그렇게 생각할 수밖에 없었을 것이다. 예수가 죽은 뒤 1세기 동안 기독교인들은 로마에서 박해를 받았으니까. 사실 요한도 파트모스 섬에 유배되었을 때 그 책을 썼다! 기독교인들의 세계는 전쟁 중이었고, 그 전쟁은 기독교인들—그리고 아브라함에게서 기원한 다른 종교들의 신자들—이 신성하게 여기는 도시의 신전을 파괴했다. 사람들이 베수비오 화산 폭발이라고 부르는 격렬한 재난이 발생했을 때에는 여러 도시들이 파괴되기도 했다. 하지만 세상은 분명히 멸망하지 않았고, 기독교인들은 그저 자신들의 시간표를 조정했다.

사람은 단 한 번도 종말을 외치는 자신의 모습을 부끄러워한 적이 없다. 5,000년 전에 살았던 심술궂은 아시리아인들은 예의 없고 윤리를 상실한 시민들 때문에 세상이 멸망할 것이라고 투덜댔다. 독일의 수학자이자 점성술사인 요하네스 슈퇴플러는 엉성한 수학과 조악한 관찰로 무모하게도 종말을 잘못 예측한 수많은 과학자들 가운데 한 사람인데, 그런 과학자들은 많은 경우 부당하게도 자신의 오판을 나 때문이라고 비난했다. 슈퇴플러는 행성들이 일렬로 배열되는[2] 1524년과 1528년에 엄청난 홍수가 발생할 것이라고 예언했고, 살면서 자신의 예언이 틀렸음을 두 번이나 목격해야 했다.

2012년에 마야의 장주기 달력이 예언한 세상의 끝날이 실현되지 않았다는 사실은 유명한데, 사실 마야인은 세상의 끝날을 종말의 날이라고 해석한 적이 없다. 마야인들에게 그날은 그저 다음 주기가 시작되는 날일 뿐이다. 나에게는 솔직해져도 된다, 사람이여. 당신은 지구인 가운데 10퍼센트쯤 존재하는 종말론자인가? 제발 종말은 신경 쓰지 말자. 과거는 과거일 뿐이다. 이 책을 이만큼 읽었으니 이제는 좀더 잘 알게 되었기를 바란다.

심지어 지금도 어디에나 존재하는 질병이, 파괴적인 폭풍이, 화재가, 홍수가, 가뭄이, 지진이 이제 곧 세상이 멸망하리라는 징후라고 믿는 사람들이 있다. 하지만 엄밀하게 말해 종말을 의미하는 영어 단어 아포칼립스apocalypse는 신이 비밀을 드러낸다는 뜻이기 때문에 그런 자연재해는 곧 다가올 종말의 징후가 될 수 없다. 게다가 그런 재난이 벌어진 책임은 인류에게, 전적으로 인류에게 있다. 이제 지구에서는 바다도 불타고 있다. 그런 일은 석유와 석탄이 아니라 나에게 의지해 길을 밝히던 시절에는 절대로 없었던 일이다.

이런 재난들이 다가오는 종말을 알리는 징후라면, 그것은 지구가 아닌 사람 종의 종말을 알리는 신호일 것이다. 도덕이 무너지고, 소수의 천사들이 묘약을 들고 다니는 것만으로는 한 세상을 파괴할 수 없다. 특히 내가 만든 세상은 말이다. 당신들 사람이 스스로를 완전히 없애버린다고 해도 아주 놀랍지는 않을 것이다. 물론 수십억 년 동안 조금은 외롭게 지내야겠지만, 분명히 사람의 자리를 대신할 생명체들이 나타날 테니, 나는 괜찮다.

내가 내기를 좋아하는 은하라면—물론 그런 은하가 아니다. 우리 은하들은 내기에 걸 돈이 없다—가장 최근에 종말을 주장하는 비관론자들이 틀렸다는 데 돈을 걸겠다. 모든 것이 괜찮을 거라고 자만해서는 안 되지만, 나는 당신들 사람이 당신의 행성과 공존할 수 있는 방법을 다시 배울 수 있으리라고 믿는다.

왜 그렇게 믿냐고? 수십만 년 동안 사람들을 지켜보면서 사람은 자기 보존 본능이 엄청나게 뛰어나다는 사실을 알게 되었기 때문이다. 게다가 사람 과학자들은 너무나도 완고하다. 그들은 한번 시작한 질문은 결코 포기하지 않고 답을 찾으려고 노력한다.

15

비밀들

당신들 계보에 속한 생명체들은 완전한 사람이 되기 전에도 계속 나를 지켜보았다. 20만 년이 넘는 시간 동안 내 항성들의 빛에 의지해 사냥을 하고, 길을 찾고, 시간을 파악하고, 이야기를 지어냈다. 내 항성들의 움직임을 자세히 관찰해 그것들이 장차 어디에 있을지를 예측하는 법을 익혔다. 그리고 불과 몇 세기 만에 당신들은 내 항성들만이 아니라 항성들 주위를 도는 행성들을, 다른 은하들이 만든 항성들을 연구할 도구들을 발명했다. 당신들은 정말로 많은 일을 해냈다. 하지만 그토록 오랫동안 나의 본성을 연구하고, 나에 관한 이야기를 했다고 해도, 아직 알아야 할 것이 너무나도 많이 남았다.

앞으로 몇 누대累代 동안 나의 일정은 비교적 명확하게 정해져 있다. 따라서 당신들 사람이 그 일정을 밝혀내는 모습을 지켜보는 일은 굉장히 즐거울 것이다. 해마다 훈련 기간을 마치고 새로 물리학자나 천문학자가 된 사람들은 자신이 태양의 자기장이 11년마다 바뀌는 이유를, 목성의 핵을 이루는 성분을, 빠른 전파 폭발이 발생하는 이유를, 블랙홀의 내부 모습을 밝히는 사람이 되기를 바란다. 참신하게 사고하는 신참들은 물질과 반물질이 약간의 비대칭을 이루는 이유를 풀기 위해 노력하거나 초신성 폭발이 일어나기 전에 나타나는 현상들을 관측하는 경험 많은 과학자들의 세계로 들어가 그 일원이 될 것이다.

사람 과학자들은 수많은 의문을 품고 있다. 나는 그 의문의 답을 알려줌으로써 과학자들이 직접 답을 찾는 영광을 빼앗을 생각도 없고, 과학자들이 난관을 헤쳐나가는 모습을 지켜보는 즐거움을 포기할 생각도 없다. 하지만 나와 관련해 그 사람들이 가장 알고 싶어하는 문제들을 어떻게 풀어나가고 있는지는 기쁘게 말해줄 수 있다.

내가 어떻게 해서 오늘날과 같은 은하라는 형태를 갖추게 되었는지를 분명하게 알고 싶다면, 먼저 암흑 물질이 감춘 비밀을 알아내야 한다. 윌리엄 톰슨이 1880년대에 내가 보기보다 더 무겁다는 사실을 관찰한 뒤로 사람 과학자들은 암흑 물질을 발견하려고 애써왔다. 윌리엄 톰슨은 아마도 켈빈 경으로 더 잘 알려져 있을 텐데, 사람 과학자들이 너무나도 좋아하는 온도 단위인 켈빈 온도(절대 온도)에 그 이름을 준 사람이다. 그런데 이 켈빈 경은 내가 보기보다 더 무거운 이유는 자신이 "암흑체dark body"라고 부른 여분의 질량 때문이라고 말한 첫 번째 사람이기도 하다. 당시 사람들은 항성의 수명이나 우주의 나이에 관해 사실상 아는 바가 거의 없었기 때문에, 켈빈 경은 암흑체를 항성이 죽어서 남긴 차가운 잔해라고 상상했다. 그의 생각은 동료들 사이에 퍼졌다. 그로부터 20년 뒤, 프랑스의 과학자 앙리 푸앵카레가 켈빈 경의 연구 내용을 글로 쓰면서 "암흑체"가 아닌 "암흑 물질"이라는 용어를 사용했다.

그때부터 거의 150년 동안 사람 천문학자들은 거듭해서 같은 모습을 관측했다. 1922년에 영국의 천문학자 제임스 진스는 나의 중앙 원반에 있는 항성의 움직임을 연구했다. 정확히 말하면, 항성의 수직 속도를 관측하다가 그 항성들이 나의 보이는 부분의 질량으로는 설명할 수 없을 정도로 빠르게 움직인다는 사실을 발견했다. 10년 뒤 네덜란드의 천문학자 얀 오르트도 비슷한 자료로 진스와 같은 결론을 내렸다. 1933년에 스위스 과학자 프리츠 츠비키는 여러 은하들로 구성되어 있으며, 대략 100메가파섹(1메가파섹은 1,000kpc다) 떨어진 머리털자리 은하단Coma cluster에서 공전하는 은하들의 속도를 측정하다가 은하들의 질량 편차를 발견했다. 1939년에 호러스 배브콕은 은하의 회전 속도 곡선을 연구하려고 아름다운 안드로메다를 몰래 훔쳐보다가 똑같은 질량 편차를 발견했다. 1970년대가 되면 베라 루빈이 광범위하게 회전 속도 곡선을 연구했다. 그녀가 은하의 운동에 영향을 미치는 보이지 않는 물질이 존재한다는 신뢰할 수 있는 증거를 제시하자, 많은 사람 천문학자들이 암흑 물질에 관해 진지하게 고민하기 시작했다.

암흑 물질의 영향력은 나 같은 나선은하 주위를 도는 항성의 궤도, 타원은하와 구상성단의 분산 속도dispersed velocity, 보이지 않는 투명한 질량이 중력 렌즈가 되어 배경 광원에서 나온 빛을 휘어지게 하는 은하단에서 볼 수 있다. 하지만 사람은 아직 암흑 물질이 무엇으로 이루어져 있는지, 내 몸과 우주의 다른 부분에 어떤 식으로 분포하는지를 알지 못한다.

물론 사람 과학자들에게는 자신들만의 생각이 있다. 1884년에 켈빈 경은 내 여분의 질량은 작은 블랙홀, 갈색 왜성, 자유롭게 떠도는 "방랑자" 행성 같은 암흑체 때문에 생긴다고 추정했는데, 그 생각은 20세기가 될 때까지 살아남았다. 사람 과학자들은 이런 보이지 않는 닻을 MACHO라고 부른다. "큰 질량을 가진 작은 헤일로 천체Massive Astronomical Compact Halo Object"라는 뜻이다. MACHO는 당신처럼 쿼크와 전자가 다른 비율로 결합한 평범한 중입자 물질로 이루어져 있다.

마침내 발사체를 우주로 (아주 짧은 거리이지만) 날려 보내는 방법을 알아낸 뒤에야 인류는 대규모의 우주 구조에 관해 좀더 많이 알게 되었고, 우주에 얼마나 많은 물질이 있는지 깨달았다. 사람 과학자들은 이미 빅뱅 때 얼마나 많은 원자가 만들어질 수 있는지를 추론해냈는데, 그때 만들어진 원자는 지금의 우주 질량을 설명하기에는 턱없이 부족했다. 따라서 켈빈 경이 제시한 MACHO 원안은 조용히 한쪽으로 물러나야 했다. 소수의 천문학자 군단이 암흑 물질의 근원을 원시 블랙홀(빅뱅 직후에 형성되었다고 간주되는 가설상의 블랙홀)로 상정하고 조사하기로 마음먹을 때까지는 말이다.

MACHO는 거의 주목받지 못했지만, 그래도 사람 천문학자들은 암흑 물질에 두 가지 중요한 특징이 있다는 주장에는 동의했다. 암흑 물질은 전자기력과는 상호작용하지 않지만 빛을 내는 물질과는 중력적으로 상호작용한다는 주장이었다. 그리고 마침내 당신들은 우리 우주에서 언제나 빠른 속도로 움직이는 고에너지 양성자와 원자핵도 암흑 물질과는 상호작용하지 않는다는 사실을 알아냈다. 고에너지 양성자와 원자핵을 우주선cosmic ray이라고 부르는데, 이런 우주선들이 암흑 물질을 통과할 수 있다는 사실은 양성자와 중성자를 원자핵에 묶어두는 강한 핵력의 영향을 받지 않는다는 뜻이니, 암흑 물질은 강한 핵력과도 상호작용하지 않는다.

그렇다면 이제 자연의 힘(사람 과학자들이 알고 있는 기본 힘) 가운데 남은 것은 입자의 붕괴를 돕는 약한 핵력뿐이다. 약한 핵력과 중력은 가장 약한 두 가지 힘이다.

1980년대 이후로 사람 천문학자들 중에는 암흑 물질이 양성자보다 1,000배쯤 무겁고 약한 핵력만큼 약하거나 그보다 더 약한 힘들과만 상호작용하는 입자들의 거대한 덩어리일 수 있다고 생각하는 사람들이 나타났다. 그들은 그런 입자의 정체에 대해서는 확신하지 못했지만, 어쨌거나 WIMP라고 이름은 붙여주었다(어쩌면 그들은 어린 시절에 불렸던 자신들의 별명을 되찾고 싶었는지도 모르겠다. wimp는 겁쟁이라는 뜻이다. 물론 WIMP는 "약하게 상호작용하는 거대한 입자Weakly Interacting

Massive Particles"의 약자이지만). 사람 과학자들은 수십 년 동안 WIMP를 찾아 헤맸지만 찾지 못했다. 먼 은하에서 암흑 물질을 통과하는 광자가 붕괴하면서 방출하는 여분의 감마선을 찾거나 당신의 태양 속에서 광자와 상호작용하는 암흑 물질 입자가 만드는 중성미자를 찾는 간접적인 방법으로 WIMP를 감지한다는 것이 그들의 목표다. 그들은 가상의 암흑 물질 입자가 제논Xe이나 저마늄Ge처럼 평범한 원자의 핵과 충돌했을 때 생성되는 소량의 에너지를 감지할 정도로 충분히 민감하기를 바라면서 WIMP 감지기를 만들고 있다. 심지어 거대 강입자 충돌기Large Hadron Collider라고 부르는, 스위스에 있는 엄청나게 커다란 고리를 이용해 직접 WIMP를 만들려는 시도도 하고 있다. 그 노력은 40년간 지속되었지만—사람의 시간으로는 정말 긴 시간이다!—사람 과학자들은 여전히 WIMP를 찾을 수 있다는 희망을 버리지 않았다. 하지만 계속 실패한다는 사실에 직면해서는 암흑 물질을 다른 방법으로 설명해야 하지 않을까를 고민하게 되었다.

WIMP는 가상 입자이니 그렇지 않지만, 광자, 힉스 보손, 쿼크처럼 지금까지 내가 언급한 입자들은 대부분 사람 과학자들이 입자물리학의 표준 모형이라고 부르는 이론의 구성 성분이다. 표준 모형은 사람이 우리 우주에 관해 관측한 거의 모든 것을 설명할 수 있지만, 중성미자를 설명하는 일은 언제나 **골치 아픈** 문제였다. 정확히 말하자면, 강한 전하 동등성strong charge-parity, CP 문제다. 중성미자는 반대 짝인 반중성미자와 지나치게 대칭이며 너무나도 비슷해서, 사람 물리학자들이 우주가 작동하는 원리라고 추정한 가설에 들어맞지 않는다.

1977년에 스탠퍼드 대학교의 두 물리학자가 표준 모형에 새로운 대칭 법칙을 더하면 CP 문제를 풀 수 있다고 제안했다. 또다른 미국 물리학자 두 사람도 각각 독자적으로 이 중성미자와 반중성미자의 대칭성이 깨지면 양성자보다 훨씬, 훨씬 가벼운(심지어 전자보다도 가벼운!) 입자가 생성되어야 한다는 사실을 깨달았다. 이제는 이 가설상의 입자를 악시온axion이라고 부르지만, 나는 히글렛higglet이라는 이름이 더 좋다. 사람 과학자들은 이 대칭성이 자주 깨져서 악시온을 극단적으로 많이 생성할 수밖에 없다고 생각한다. 어쩌면 풍성하게 만들어진 악시온이 보이지 않는 우주 물질의 정체일 수도 있다. 최근에는 악시온이 물질과 반물질의 비대칭성 문제를 풀 열쇠일 수 있다고 생각하는 물리학자도 조금씩 늘어나고 있다.

개별 악시온 입자는 질량이 아주 작아서 평범한 물질과는 상호작용하기 어렵지만 자기장과는 상호작용해 광자로 붕괴할 수 있다. 시애틀의 워싱턴 대학교에서는 강력한 자석을 이용해 다루기 힘든 악시온을 살살 구슬려 자석이 쉽게 감지할 수 있는 광자로 붕괴하게 하는 실험을 진행했다. 2020년에는 이탈리아 연구팀이 XENON1T 검출기로 태양에서 방출된 악시온을 탐지했다고 주장했다. 이 주장의 진위에 대해서는 아직도 논쟁이 있지만, 어느 쪽이든 그 결론이 암흑 물질을 찾는 데에는 영향을 주지 않을 것이다. 태양이 방출하는 악시온은 에너지가 너무 크고 뜨겁기 때문에 암흑 물질처럼 행동할 수 없다.

암흑 물질은 차가워야만 잘 뭉칠 수 있다. 물론 악시온 입자의 질량이 무겁지 않다면 암흑 물질이 뜨거워질 수 있다는(아주 빠르게 움직이면 그럴 수 있다) 사실에 주목하는 사람 과학자들도 있다.

앞으로 수십 년 동안 나는 입자물리학을 면밀하게 주목할 계획이다. 사람 과학자들은 자신이 찾고자 하는 바로 그 입자를 찾지 못할 수도 있지만, 어쨌거나 나는 그들이 새로운 **입자**를 찾게 되리라고 믿는다. 이 우주에 입자들이 더 있음을 내가 알기 때문이다.

암흑 물질은 사실 물질이 아니기 때문에 입자 가속기에서는 수수께끼에 관한 해답을 찾지 못하리라고 믿는 사람 물리학자도 몇몇이 있다. 그런 물리학자들은 아이작 뉴턴이 정의한 중력 개념을 조금만 변형하면 암흑 물질의 효과를 설명할 수 있으리라고 생각한다. 1983년에 이 같은 생각을 가장 먼저 제안한 이스라엘의 물리학자 모르데하이 밀그럼은 이 가설을 수정 뉴턴 역학modified Newtonian dynamics, MOND이라고 불렀다. MOND의 지지자들은 뉴턴의 중력은 오직 지구나 당신의 태양계처럼 가속도가 높은 환경에서만 작동한다고 믿는다. 은하의 외곽처럼 가속도가 크지 않은 환경에서는 다른 중력 법칙이 적용된다고 믿는 것이다.

아인슈타인이 틀렸음을 입증하려는 소망을 그렇게까지 오래 품고 있다는 사실은 존중할 만하지만, MOND는 아직 은하에 암흑 물질이 없음을 입증할 관측 결과를 하나도 내놓지 못하고 있다. 거시 규모에서는 정말로 중력이 다른 식으로 행동한다면, 그 효과는 어디에서나 관측할 수 있어야 한다. 사람 천문학자들은 비정상적으로 암흑 물질이 존재하지 않는 듯 보이는 은하를 2개 찾아냈다. 그들은 그 은하들을 NGC 1052-DF2와 NGC 1052-DF4라고 부른다. 사람 과학자들은 더 큰 은하들이 그 은하들의 암흑 물질을 훔쳐갔다고 이야기하지만, 당신이 알아야 할 것은 우리 은하들은 지금도 그 두 녀석에게 일어난 일은 아무도 듣지 못하게 조용히 속삭이고만 있다는 사실이다.

무엇이든지 암흑 물질이 될 수 있다. 전혀 반응하지 않는 중성미자일 수도 있고, 자신들과만 강력하게 상호작용할 뿐 다른 물질과는 전혀 반응하지 않는 거대 입자일 수도 있다. 어쩌면 여러 입자들의 조합일 수도 있고, 사람 과학자들이 지금으로서는 상상도 할 수 없는 전혀 다른 무엇인가일 수도 있다. 암흑 물질의 정체를 밝혀내면 사람은 우리 우주를 구성하는 전체 물질-에너지 가운데 32퍼센트나 되는 엄청난 비율을 차지하는 물질을 이해하게 될 것이다. 그렇다면 나머지 68퍼센트는 무엇일까? 사람 우주학자들은 지난 20년 동안 이 문제를 풀기 위해서 노력해왔다(잠도 자지 못하고 머리카락을 쥐어뜯는 사람 우주학자들을 물끄러미 지켜본 적도 있다. 그들은 자기 일을 너무 심각하게 받아들인다).

아마도 당신은 암흑 에너지가 우주를 팽창시키는 힘이라는 말을 들어본 적이 있을 것이다. 이건 사람들이 흔히 하는 오해다. 우주는 암흑 에너지가 없어도 팽창할 수 있다. 어딘가 조금 모자랐던 아인슈타인을 비롯한 사람 과학자들은 대부분 1930년대에 우주가 팽창한다는 사실에는 의견의 일치를 보았지만, 팽창 속도는 점점 느려진다고 추정했다. 실제로 지구의 반대편에서 살고 있던 두 천문학 연구팀이 수년간 아주 멀리 있는, 사람 천문학자들이 표준 촛불로 사용하는 특별한 초신성을 연구했다. 두 연구팀 모두 우주의 팽창 속도가 정확히 얼마나 빠르게 느려지고 있는지를 알아내고 싶었지만, 1998년에 두 팀은 독자적으로 다음과 같이 선언할 수밖에 없었다. "우주의 팽창 속도는 빨라지고 있다."[1] 두 연구팀은 우주에서 반발력을 행사하는 이론상의 에너지를 설정하고, 그 에너지에 대한 단서를 찾지 못했다는 이유로 그 에너지에 "암흑"이라는 이름을 붙여주었다.

두 연구팀이 떠올린 한 가지 생각은 암흑 에너지가 중력처럼 공간이라면 가질 수밖에 없는 근본적이고도 필연적인 내재적 특성일 뿐이라는 것이다. 질량이 크다는 것이 그만큼 중력도 크다는 사실을 의미하듯이, 공간이 크다는 것은 그만큼 암흑 에너지가 많다는 뜻이다. 따라서 우주가 팽창하는 동안에도 암흑 에너지의 세기나 밀도는 변하지 않고 일정하게 유지된다. 사람 과학자들은 이런 변하지 않는 특성을 우주 상수cosmological constant라고 부르며 Λ(람다)라는 그리스어 알파벳으로 우주 상수의 방정식을 기술한다. 사람 과학자들이 가장 널리 받아들인 우주 모형은 Λ-CDM 모형이다. 이 모형으로 관측한 내용을 설명하려면 우주 상수와 차가운 암흑 물질이 필요하다.

Λ-CDM 모형보다 인기가 덜한 생각으로는 암흑 에너지가 "제5원소quintessence"라고 불리는 또다른 양자 장의 작용이라는 주장이 있다.

그러니까 암흑 에너지가 평범한 물질, 암흑 물질, 복사선, 중성미자 (각 원소는 중입자 물질, 아직 알지 못하는 물질, 광자, 렙톤lepton으로 이루어져 있다)에 이은 우주의 다섯 번째 원소라는 뜻이다. 우주 상수와 달리 제5원소는 텅 빈 공간이 만드는 피할 수 없는 결과가 아니다. 우주가 팽창할 때 제5원소의 밀도는 변하는데, 이는 시간이 흐르면 제5원소의 세기와 영향력이 달라진다는 뜻이다.

암흑 에너지를 이해하고 싶은 사람 과학자들이 할 수 있는 최선의 방법은 계속해서 다양한 시간에 모든 방향에서 우주의 팽창 속도를 측정하는 것이다. 이때, 유한한 빛의 속도가 도움을 준다. 아주 먼 과거를 들여다보고자 하는 사람은 그저 아주 멀리 있는(따라서 아주 희미한) 천체를 보는 방법만 알아내면 된다. 이제 사람의 기술력은 아주 먼 곳에 있는 천체를 관측하고 사진을 찍을 수 있을 정도까지 발전했다. 아주 잠시 동안 나는 사람이 그런 기술을 개발할 수 없으리라고 간주한 적도 있었다. 내 눈에는 지구인 두뇌 위원회에서 신경을 쓰는 건 스너기snuggie 기술밖에 없는 것 같았기 때문이다. 스너기가 뭔지는 알고 있지? 팔을 껴서 입는 담요 말이다.

2013년부터 당신 세계의 모든 곳에서 수백 명에 달하는 과학자들이 암흑 에너지 측량 연구Dark Energy Survey, DES에 참여하고 있다. 칠레에 있던 기존 망원경 가운데 1대에 엄청나게 민감한 카메라를 장착한 사람 과학자들은 수십억 년 전의 과거를 보여주는, 3억 개가 넘는 은하의 지도를 작성하고 있다. 우주의 팽창 가속도가 언제나 일정하다면

—사람이여, 속도가 아니라 가속도임을 명심해야 한다—그것은 우주 상수의 한 지점을 가리킬 것이다. 가속도가 변한다면, 그 점은 제5원소를 향해 있을 테고 말이다.

DES 연구팀은 아직 찾아야 할 자료가 많지만, 이 책을 출간하고 얼마 지나지 않아서 흥미로운 발표를 할 것 같다. 이미 모은 자료에서 흥미로운 내용을 발견하지 못한다고 해도, 사람 과학자들은 앞으로 발사할 낸시 그레이스 로먼 우주 망원경(공식 명칭은 광각 적외선 우주 망원경WFIRST이다)에 큰 희망을 걸고 있다. NASA의 첫 번째 천문학 팀장의 이름을 붙인 로먼 우주 망원경은 3억 화소 카메라로 광활한 우주의 사진을 찍을 것이다. 허블 망원경의 뒤를 이어 행성과 은하는 물론이고, 우주의 팽창까지 연구할 수 있는 장비를 장착한 로먼 망원경이 발사되기를 오랫동안 고대해온 NASA는 이 망원경을 2020년대 중반에 지구 주위를 도는 궤도로 발사할 예정이다.

당신들 사람이 나에 관해 그 어떤 질문보다 더 자주 던지는 질문이 하나 있다. 사람이 이 질문의 답을 고민할 때마다 당신들이 1달러라고 부르는 그 펄렁이는 종이를 한 장씩 내게 주었다면, 나는 그 어떤 사람보다도 부자가 되었을 것이 분명하다. 엄청나게 많은 돈을 투자한 영화와 텔레비전 쇼, 게임, 책에서 이 문제에 대해 특정 답을 너무나도 많이 제시했기 때문에, 사람들 대부분이 이미 어느 한쪽이 옳다고 생각하고 있을지도 모르겠다. 질문은 이거다. 지구 밖에도 다른 생명체가 살아가는가?

사람의 역사에서 이 질문은 아마도 최근에야 품게 된 의문일 것이다. 1609년에 한 사람(요하네스 케플러/역자)이 인류 역사상 처음으로 망원경을 이용해 화성을 관찰했고, 지구 밖에도 지구와 비슷하게 생긴 행성들이 존재한다는 사실을 깨달으면서 품게 된 질문이기 때문이다. 화성을 관찰한 뒤로 얼마 지나지 않아 사람들은 다른 암석 행성에도 생명체가 살아갈 수 있을까 하는 호기심을 품게 되었다. 1877년에 조반니 스키아파렐리라는 천문학자가 화성 표면에서 그물망 같은 아주 긴 줄무늬를 발견했다. 그는 자신의 모국어인 이탈리아어로 그 줄무늬에 "카날리canali"라는 이름을 붙였다. 이탈리아어로 "관channel"이라는 뜻이었지만, 앞에서 말했듯이 당신들 사람은 전 지구에서 사용하는 단일 언어를 만들지 못했기 때문에 스키아파렐리의 용어는 영어로 번역되어야 했고, 그 과정에서 "관"은 "운하canal"가 되었다. 그후 19세기의 나머지 기간에 퍼시벌 로웰이라는 특히 완고한 사람을 비롯해 많은 사람 천문학자들이 화성에 존재한다는 운하를 한때 화성에서 생명체가 살았던 증거라고 믿었다.

　그러나 화성에는 운하가 존재한 적이 없었다. 스키아파렐리가 관찰한 관은 사실 틀리기 쉽고 너무 민감하게 반응하는 사람의 뇌가 만들어낸 착시 현상이었다. 너무나도 조악한 망원경으로 흐릿한 상을 관측하던 그의 마음이 있지도 않은 직선을 만든 것이다. 사실 사람의 뇌는 그렇게나 질척하고 거짓말쟁이인데 그 뇌가 보는 걸 믿다니, 어떻게 그럴 수 있을까?

운하의 유무에 상관없이 사람 천문학자들은 태양계의 다른 행성들에도 생명체가 살아갈 수 있는지를 알아보려고 애썼고, 그 노력은 여전히 계속되고 있다. 그리고 그로부터 얼마 지나지 않아 다른 항성 주위를 도는 행성들에 대한 조사에 착수했다. 사람 천문학자들이 지금은 외계행성exoplanet이라고 부르는 곳에서 말이다.

육체라는 불편한 몸에 갇혀 있고 연약한 눈으로 볼 수 있는 파장을 통제할 힘이 없는 사람이라는 존재로 살아간다는 것은 상당히 힘든 일임이 분명하다. 나처럼 동시에 모든 곳에 있을 수 있다면 모든 행성에 관해 잘 알 수 있을 텐데. 항성의 빛을 무시할 수 있는 영리한 눈을 가지고 있다면 그저 그 행성들을 볼 수 있을 텐데. 그런 몸과 눈이 없는 사람 천문학자들은 외계행성을 찾을 수 있는 창의적이고도 대부분은 간접적인 방법들을 고안해야 했다.

잠깐, 그 행성들은 모두 내 안에 있으니, 내행성endoplanet이라고 불러야 하는 거 아닐까? 아니, 그냥 행성이라고 부르는 편이 혼동을 피할 수 있을 듯하다. 당신의 태양계는 사람을 제외하면 그 누구도 특별하게 생각하지 않는데도 당신들이 태양계를 이해하려고 애쓰는 모습을 보면 왠지 짠하다.

그런데 이런 창의적인 방법들이 그다지 효율적이지는 않다. 1992년에 처음으로 행성을 찾은 뒤로 내 안에 있는 1,000억여 개 행성 중 사람 천문학자들이 찾아낸 것은 고작 5,000여 개뿐이다.[2] 지금까지 그들이 시도한 방법 중 가장 효율적인 것은 통과 측광법transit photometry이었다. 항성의 밝기는 크기에 비례해 감소하는데, 행성이 항성 앞을 한 번 이상 통과하는 모습을 관찰할 수 있을 때까지 충분히 오랫동안 기다리면 행성의 공전 주기를 알 수 있다. 일단 행성의 공전 주기를 알면 4세기 전에 개발한 공식에 항성의 질량을 대입해서 항성과 행성의 거리를 밝힐 수 있다. 그 뒤로는 방정식을 몇 개 더 사용하고 간단하게 여러 가지 가정대로 처리만 하면 행성의 온도를 구할 수 있다. 항성에 드리우는 행성의 그림자에 이렇게나 많은 정보가 들어 있음을 그 누가 상상할 수 있었을까?[3]

통과 측광법의 발견은 사람 천문학자들에게는 아주 좋은 일이었다. 지금까지 그들이 찾은 행성들 가운데 75퍼센트는 통과 측광법으로 찾았다. 비록 나의 행성들은 대부분(그러니까 99퍼센트 이상은) 지구에서 통과 측광법을 사용할 수 있는 "올바른" 방향에는 없지만 말이다. 나머지 20퍼센트 정도는 행성의 중력에 당겨져 변하는 모항성의 움직임을 측정해서 발견했다. 좀더 정확하게 말하면 지구를 향해 움직일 때와 지구 반대 방향으로 움직일 때의 항성의 속도를 측정해 행성 유무를 판단했다. 사람 과학자들은 이 속도를 시선 속도radial velocity라고 부른다. 시선 운동 속도가 빠를수록 행성이 항성을 잡아끄는 힘이 세고, 행성의 질량이 크다.

처음에 사람 과학자들은 되도록 많은 행성들을 찾는 데 중점을 두었다. 행성을 1개 찾을 때마다 전체 행성군을 좀더 잘 이해할 수 있었다. 사람은 주로 주계열성 항성 가까이에서 행성을 찾았고, 내가 얼마나 다양한 행성을 만들었는지 확인했다(물론 내가 행성을 만들 때에는 항성들의 도움도 조금 받았다). 심지어 사람은 내가 처음에는 실수로 만들었지만 그 뒤로 재미가 있어서 계속 만든 뜨거운 목성형 행성들도 찾아냈다.

그런데 그저 행성이 있다는 사실을 확인하는 것만으로는 행성에 생명체가 살고 있는지를 파악할 수 없다. 행성 표면에 서 있을 때의 느낌을 알아야지만, 경우에 따라서는 수영하거나 유영할 때의 느낌이 어떤지를 알아야지만 생명체의 유무를 파악할 수 있다.

사람 과학자들이 한 행성의 표면을 명확하게 상상하려면 해야 할 일이 많지만(화성은 예외다), 행성 환경을 측정하는 조악한 방법은 지금도 몇 가지 있다. 그 방법들은 당연하게도 모두 고전적인 인간중심주의에 확고하게 뿌리를 내리고 있다. 그래, 바로 지구 생명체들은 대부분 물에 의존해야 한다는 것. 지구 표면의 70퍼센트는 물로 덮여 있다는 것도 말이다! 하지만 그런 지구의 상황이 다른 행성의 생명체들도 물에 의지할 거라고 믿을 근거는 될 수 없다!

물론 당신들 사람이 그렇게 생각하는 이유를 이해할 수는 있다. 물은 물질을 녹여서 작은 부분으로 나누는 걸 탁월하게 잘한다. 그 때문에 조각으로 나누어진 부분들을 합쳐서 언젠가는 살아 있다는 것이 어떤 의미인가를 물어볼 수 있는 무엇인가를 상당히 쉽게 만들 수도 있다.

뇌에도 물이 들어 있는 사람 천문학자들은 1950년대에 때로는 골디락스 지역Goldilacks zone이라고도 부르는 생명체 거주 가능 항성 지역 circumstellar habitable zone을 한 항성으로부터 한 행성이 액체 상태인 물을 지표면에 가지고 있을 수 있을 만큼의 거리라고 정의했다. 항성과 행성 간의 거리가 그보다 더 가까우면 물은 모두 증발하고 말 것이다. 그와는 반대로 항성과 행성 간의 거리가 그보다 더 멀면 물은 모두 얼어버린다. 행성에서 살아본 적이 있는 존재는 행성의 지표면 온도가 행성의 기온과 지표면이 빛을 반사하는 방법, 행성 내부의 상황에 따라 달라진다는 사실을 안다(나도 안다. 나는 행성의 바깥에서 행성의 모든 모습을 지켜보고 있으니까). 놀랍지는 않지만, 사람들은 이런 요소들을 생명체 거주 가능성을 계산할 때 제외하는 경우가 많다. 그저 항성과의 거리에 따라서만 분류할 뿐이다.

내가 사람은 결코 외계 생명체가 있다는 반박할 수 없는 증거를 찾은 적이 없다고 말한다면, 믿는 편이 좋다. 사람 천문학자들은 외계인이 있다는 사실을 숨길 수 없다.[4] 아무리 숨기고 싶어도 숨길 수 없을 거다. 당신들 세상은 밀접하게 연결되어 있고, 단일 집단으로서 사람 천문학자들은 비밀을 지키는 능력이 형편없다. 실험복과 과학 용어로 무장한 외형 속에 말릴 수 없는 수다쟁이가 숨어 있기 때문이다. 사람 천문학자들은 외계인이 존재하는지는 알지 못하지만 골디락스 지역을 생명체 거주 가능 은하 지역으로 확장한 사람 천문학자들도 있다. 그들은 나의 몸 어디에 외계인이 살고 있는지 알고 싶어한다. 그러니까 사람처럼 생긴 외계인이 어디에 있는지를 궁금해한다.

이들 천문학자들은 천문학적인 맥락에서 사람 같은 생명체가 살아가려면 세 가지 요소가 필요하다고 말한다. 바로 금속, 방사선을 막을 장치, 그리고 시간이다. 내가 보기에 이건 너무 단순한 목록인 것 같다. 내가 듣기로는 당신들 사람 중에는 아침에 커피를 마시지 않으면 정말로 죽을지도 모른다고 말하는 사람도 있던데 말이다. 하지만 나는 넉넉할 정도로 충분히 큰 은하이니 사람의 욕구에 관해서는 당신이 나보다 더 잘 알고 있으리라는 사실을 인정하겠다.

사람에게 필요한 금속은 내 항성들이 만든다. 그 말은 항성이 조밀한 지역에서는 당신에게 필요한 탄소, 질소, 산소를 더 많이 찾을 수 있다는 뜻이다. 내 항성들은 대부분 내 중심부에 몰려 있고, 가장자리로 갈수록 적어진다. 실제로 사람 천문학자들은 나의 중심부와 항성까지의 반지름이 커질수록 금속 함량이 줄어든다는 사실을 발견했다. 하지만 고려해야 할 몇 가지 예외는 있다. 내가 집어삼킨 작은 은하들 중에는 금속이 많은 것들도 있었는데, 그 은하들의 금속은 내가 은하를 찢을 때 나의 헤일로 주변이나 바깥쪽 원반으로 흩어진다. 게다가 내가 원하기만 하면 사지와 나의 항성들이 내뿜는 바람을 이용해 여러 금속을 바깥쪽으로 밀어낼 수도 있다. 하지만 무거운 원소가 많은 곳을 찾고 싶다면 보통은 내 중심부를 살펴보는 편이 좋다.

방사선을 막아줄 장치라는 두 번째 필요 요소를 충족하려면 아주 섬세하게 균형을 맞추어야 한다. 방사선이란 좀더 정확하게 말하면 초신성 폭발 때 방출되거나, 적은 양이라고 해도 항성이 자기 일을 하면서 방출하는 고에너지 자외선, X선, 감마선을 의미한다. 사람의 섬세한 몸은 이런 고에너지 방사선을 견딜 수 없다. 단백질 셰이크를 마시면서 수백 킬로그램짜리 역기를 들어올리는 게 전부면서 자신은 소멸할 가능성이 없다고 착각하는 아주 강한 사람도 고에너지 방사선에는 속수무책으로 당할 수밖에 없다. 가장 강력한 방사선 방출원인, 초신성 말고도 고에너지 방사선을 방출하는 천체는 또 있다. 특히 강력한 감마선 폭발, 활동 은하핵, 수백만 개가 넘는 고에너지 우주선이 당신도 모르는 사이에 당신의 몸을 통과해 지나갈 수도 있다.

따라서 사람은 항성이 생산한 금속을 사용하려면 항성이 있는 곳에서 살아야 하지만, 세포의 노화나 급속한 변이를 막으려면 항성이 없는 곳에서 살아야 한다. 이것만으로도 충분히 요구 조건을 맞추기 어려운데, 사람에게는 어려움이 또 있다.

사람이 살아가려면 시간이 필요하다. 자신을 아주 중요한 진화적 생물이라고 믿는 사람이 살아갈 수 있는 안정적인 환경이 형성되는 데에는 수십억 년이 필요하다. 따라서 아주 짧은 시간 동안만 존재하는 O형 항성이나 B형 항성 주위에서는 사람이 살아남을 수 없다. 그 말은 지구의 공전 궤도를 바꾸거나 지구를 당신의 소중한 태양에게서 벗어나게 만들 수도 있는 친밀한 항성의 접근을 어찌해볼 방법이 당신들에게는 없다는 뜻이기도 하다. 맞다. 당신의 태양은 당신을 죽일 수도 있는 자기 친구들의 방문을 절대로 허용해서는 안 된다. 당신은 당신 부모님의 규칙이 엄격했다고 생각하겠지. 하지만 적어도 항성들 대부분이 수십억 년마다 한 번씩은 친구들 옆을 지나가야 하는 나의 팽대부의 규칙에 비하면 그런 건 아무것도 아니다.

모순처럼 보이는 이 모든 제한은 생명체 거주 가능 은하 지역이라는 우화 같은 개념에 어떤 의미를 부여할까? 음, 선입견이 전혀 없다는 사람 천문학자들의 말대로라면, 외계인은 나의 중심부에서 반경 7kpc에서 9kpc 사이에서 발견할 가능성이 크다. 어디선가 들어본 말 아닌가? 그럴 수밖에 없을 것이다. 바로 딱 그 중간 지점에 당신의 태양계가 있으니까. 사람 과학자들이 찾은 행성들이 대부분 당신의 태양계에서 1kpc 이내에(또는 내 원반의 정반대편에) 있으니 그들이 찾는 외계인이 당신과 가까이 있다면 정말로 편할 것이다.

생명체가 살아가려면 반드시 필요한 제한 조건들을 모두 충족한 행성을 사람 천문학자들이 성공적으로 찾아낸다면, 그다음에는 몇 가지 방법을 이용해 그 행성에 실제로 생명체가 있는지를 알아내려고 노력할 수 있다.

사람 과학자들은 먼저 생명 지표biosignature라고 하는 생명체의 부산물을 찾으려고 할 것이다. 그들이 찾으려고 애쓰는 생명 지표는 대부분 생명체가 몸 안에서 생산한 뒤에 대기로 방출하는 기체다. 얼마 전에는 일부 천문학자들이 금성에서 포스핀phosphine을 찾았다고 주장했다(하지만 곧 아니라고 정정했고, 얼마 뒤에 또 찾았다고 선언했다). 포스핀은 무색의 가연성 기체로, 다른 방법으로도 소량 생성되기는 하지만 대부분은 유기체의 생분해 과정에서 발생하는 생명 지표다. 생명 지표는 언제나 잘못 탐지될 가능성이 존재한다. 당신이 들어봤을지도 모를 또다른 생명 지표로는 산소와 메탄이 있다.

생명 지표로 자주 거론되지는 않지만, 살아 있는 생명체(식물이나 바다 조류 같은)가 특별한 방식으로 방출하는 빛도 생명 지표가 될 수 있다. 광합성 생물이 성장하거나 죽을 때 그 양이 변하는 이산화탄소 같은 특정 기체의 양이 계절에 따라 어떻게 바뀌는지를 측정해서 생명체를 감지할 수도 있다. 이런 기체 생명 지표를 찾으려고 사람 천문학자들은 조금은 혼란을 일으킬 수 있는 이름을 붙인 두 가지 탐지법을 개발했다. 바로 통과 분광법transit spectroscopy과 전달 분광법transmission spectroscopy이다.

앞에서 살펴본 통과 측광법은 행성이 항성 앞을 지날 때 달라지는 항성의 밝기를 측정했음을 기억하자. 그와 달리 통과 분광법은 행성의 대기를 구성하는 요소들이 파장이 다른 빛들을 얼마만큼 깊이 통과할 수 있게 해주는지를 측정하는 방법이다. 대기의 조성 비율에 따라 행성의 대기를 좀더 깊이 통과할 수 있는 파장이 있을 테고, 그렇지 못한 파장이 있을 것이다. 행성 대기의 불투명도는 항성의 빛을 차단하는 정도에 영향을 미치기 때문에 빛의 천체면 통과 깊이transit depth에도 영향을 미친다.

전달 분광법은 행성의 대기를 통과하면서 변하는 항성의 빛 스펙트럼을 측정하는 방법이다. 항성에서 방출한 광자는 행성의 대기를 통과하다가 대기를 구성하는 분자에게 막히거나 흡수될 수 있는데, 이

때 나타나는 스펙트럼의 빈 부분을 살펴보면 어떤 파장의 빛이 어디까지 행성의 대기를 통과했는지 알 수 있다.

지금까지 두 분광법은 목성처럼 대기가 두툼한 기체 행성에만 적용할 수 있었지만, 사람 천문학자들은 이제 곧 제임스웹 우주 망원경이 그와 같은 한계를 극복해주리라고 확신하고 있다. 제임스웹 우주 망원경의 원래 이름은 차세대 우주 망원경Next Generation Space Telescope이었는데, 신체 부위가 동일한 사람들이 서로 사랑한다는 이유로 동료 과학자들을 차별하고 박해한 남자를 기릴 수 없다고 주장하는 몇몇 천문학자들이 제임스웹이라는 이름을 폐기해야 한다고 반대하기도 했다.[5] 나는 그 천문학자들의 주장에 상당한 근거가 있다고 생각한다. 그처럼 바보 같고 속 좁은 사람의 사고방식은 당연히 찬양해서는 안 된다.

허블 우주 망원경보다 집열 면적(태양열 집열 설비에서 집열부 패널의 총면적/역자)이 6배 이상 큰 제임스웹 우주 망원경은(그러니까 결국 그 이름을 쓰게 되었다) 작은 암석 행성의 대기도 관측할 수 있으리라고 기대된다. 최초로 생성된 항성과 은하, 그리고 먼지구름을 뚫고 새로 생성되는 별과 행성도 볼 수 있을 것으로 예상되고 있다.

1996년에 개발되기 시작한 제임스웹 우주 망원경은 원래 2007년에 발사될 예정이었다. 하지만 예기치 못하게 발사가 지연되고, 예산 문제가 발생하면서 발사 예정일은 2010년으로, 다시 2013년으로, 2018년, 2019년, 2020년으로 미뤄졌고, 결국에는 2021년에 발사하기로 결정이 났다. 사람 천문학자들은 제임스웹 우주 망원경이 절대로 발사되지 않을 거라는 농담을 주고받았고, 어떤 사람들은 발사된다고 해도 공전 궤도에 도달하면 망원경이 펼쳐지지 않을 것이라는 끔찍한 이야기를 하기도 했다. 하지만 제임스웹 우주 망원경은 2021년에 성공적으로 발사되었다. 그것도 크리스마스에! 천문학자들과 우주에 열광하는 아마추어 천문인들은 제임스웹 우주 망원경의 발사를 자신들이 고대했던 최상의 선물이라며 환호했다.

기술 지표technosignature라고 부르는 방법으로 외계 생명체의 흔적을 찾는 사람 천문학자들도 있다. 그들은 다른 행성에서 사는 생명체도 지구인과 같은 욕망을 가지는 쪽으로 진화할 테니 일단 지능을 가지게 되면 사람과 비슷한 경로로 기술을 발전시킬 것이라고 가정하며, 외계 생명체가 존재한다면 그 생명체들이 구축한 기술의 흔적도 발견할 수 있을 것이라고 믿는다.

실제로 기술 지표를 찾으려는 사람 천문학자들은 외계 생명체가 자신이 사는 환경에 가한 엄청난 조작의 흔적을 확인하려고 애쓰고 있다. 그들이 찾은 기술 지표는 화학 오염일 수도 있고 빛 공해일 수도 있으며, 항성 에너지를 최대한 끌어 쓸려고 만든 다이슨 구(Dyson sphere : 항성을 모두 감싸는 초대형 구형 구조물/역자)일 수도 있고 일정하게 방출되는 전자기 신호일 수도 있다. 사람 천문학자들은 1960년대부터 다른 항성계에서 오는 암호화된 전파 신호를 감지하려고 노력 중이다. 미국의 전파 천문학자 프랭크 드레이크가 주도했던 이 연구는 결국 외계 지적 생명체 탐사 계획Search for Extraterrestrial Intelligence, SETI 연구소가 이어받았다. 내가 존경 외에는 보낼 것이 없는 몇 안 되는 사람 가운데 한 명인 질 타터[6]가 설립한 이 연구소는 많은 사람 천문학자들의 비웃음을 사고 있지만, 내가 품고 있는 또다른 흥미로운 생명체를 궁금해했다는 이유 하나만으로도 사람들이 만든 조직들 가운데 내가 언제나 좋아할 수밖에 없는 곳이다.

분명히 사람 천문학자들은 외계 생명체가 있는가라는 질문에 답하려고 노력하고 있다. 하지만 당신들 중에 이런 질문을 할 때 마음속에 품은 진짜 질문은 항성 간 외계인 연합이 존재하는가인 사람도 있다. 「스타 트렉」이나 「스타워즈」, 「가디언스 오브 갤럭시Guardians of Galaxy」에 나오는 상황이 실제로 일어날 수 있는지가 궁금한 것이다. 그리고 정말로 알고 싶은 것은 빛의 속도보다 빠르게 이동할 수 있는가일 것이다. 그렇지 않나?

그 대답을 나는 알고 있지만, 당신과 당신의 과학자들이 직접 알아내기를 바란다. 블랙홀이 어떻게 그토록 짧은 시간에 어마어마하게 거대해질 수 있는지 당신들 스스로 알아내야 하듯이 말이다. 중간 규모(태양 질량의 100배에서 10만 배 사이)의 질량을 가진 블랙홀이 있는 장소라든가 태양계에 숨어 있는 아홉 번째 행성의 위치를 알아내야 하듯이 말이다. 초기 질량 함수가 그렇게 정해진 이유를 알아내야 하듯이 말이다. 물론 앞에서 내가 그 이유는 곧 죽을 것을 아는 항성을 만드는 게 싫어서라고 말했지만, 과연 내 말에 귀를 기울인 존재들이 있기는 할까? 그런 질문보다도 더 괜찮은 질문은 초기 질량 함수가 우주의 보편적인 현상인가일 것이다. 은하들은 자신들의 항성을 모두 동등하게 대하는가일 것이다.

이런 질문들은 학생들을 가르치거나, 동료 과학자들의 강연에 참석하거나, 어떤 곳이 되었건 간에—정말로 그 어떤 곳이라도—자신에게 귀를 기울여주는 단체에게 연구비를 지원해달라고 애원하고 있을 때를 제외하면, 사람 과학자들이 밝혀내려고 씨름하는 질문들이다. 이런 질문들에 사람 과학자들이 얼마나 절박하게 매달리는지를 알고 있으니, 나는 그들이 조만간 어떤 답을 내놓으리라고 믿는다. 물론 내가 보기에 진정한 돌파구는 당신들 사람이 그 누구도 아직은 **생각지도 못한** 질문들을 던지기 시작했을 때 생길 것 같지만 말이다.

그대, 작은 독자여. 사람 과학자들의 노력에 직접 힘을 보태고 함께 하겠다는 결심을 하지 못하겠다면, 적어도 그들이 좀더 나은 이해를 향해 힘들게 가는 동안 인내를 가지고 기다려주기를 바란다. 결국 그들은 사람일 뿐이니. 내가 할 수 있는 일은 오직 하나, 사람 과학자들에게 행운이 따르기를 바라고, 있지도 않은 손가락을 교차해 그들이 좋은 쇼를 보여주기를 바라는 것뿐이다. 팝콘도 조금 먹었으면 좋겠고 말이다.

그리고 사람 과학자들이 나에 관해서나 나의 은하 동료들에 관해서 무엇인가 하나라도 새로운 사실을 알게 된다면, 그들처럼 당신도 즐거워해주면 좋겠다. 지금쯤이면 우리도 지인이라고는 할 만큼 잘 아는 사이가 되지 않았나? 사람이라는 아주 더디게 발달하는 생명체의 시각으로 나에 관해, 우리에 관해 알게 되려면 아주 오랜 시간이 필요할 테니, 당신은 이제라도 지구에서 그저 살아가는 게 아니라 지구와 **함께** 사는 방법을 배워야 할 것이다. 장담하지만, 사람은 나의 나머지 부분을 대면할 준비가 되지 않았다……아직은. 하지만 어떻게 해서든, 당신의 몸에 해를 입히지 않고 나의 영광스러운 몸에서 아주 멀리까지 도달할 수 있다면, 다음번에 내가 안드로메다에게 보낼 편지에는 당신 이야기를 하게 될지도 모르겠다.

이 자서전에서는 실제로는 존재하지 않지만 은유적으로 구사한 나의 혀를 최대한 놀리지 않고 말을 삼가고, 이미 사람들이 관찰해서 알게 된 사실만을 말하려고 애썼지만, 당신과 당신 과학자들에게 온전하게 드러내고 싶은 나의 비밀이 하나 있다. 다른 은하들에게만 털어놓았던 비밀이다. 수십억 년 동안 자기연민에 빠져 지낸 뒤로 나는 나의 경이로움을 받아들이는 여정을 떠날 수 있었고, 그 덕분에 내가 가진 진정한 열정을 깨달을 수 있었다. 다른 존재에게 영감을 주고 싶다는 열정이었다. 항성에게도, 은하에게도, 심지어 털이 있는 당신 같은 작은 생명체에게도 나는 영감을 주고 싶다. 문자 그대로든, 은유적으로든, 나는 타인의 마음속에 불을 지피고 싶다.

내가 쓴 이 자서전이 당신을 **행동**에 나서게 하는 동기가 될 수 있기를 바란다. 주변 세상에 관해 질문하고, 그 질문의 진짜 답을 찾자. 좀 더 나은 삶을 살겠다고 결심하고, 하늘에서 모든 종류의 오염을 제거

할 수 있도록 투쟁하자. 나를 믿어라. 나는 그럴 가치가 있다. 그도 아니라면 당신이 특정한 필멸의 코일에서 벗어난 뒤에도 오랫동안 사람들이 이야기할 아름다운 예술을 창작해보는 것도 좋겠다. 약간의 힌트를 주자면, 시간을 초월한 예술은 시간을 초월한 주제를 포착하는 법인데, 작고 연약한 사람의 삶에서 나보다 오래 존재할 수 있는 건 아무것도 없다.

우리 은하들에게는 한 가지 격언이 있다. 사람들 말로 대략 번역해보자면 "작은 유충을 항성에 데려다놓을 수는 있지만, 경탄하게 만들수는 없다" 정도가 될 것이다. 하지만 나는 아직 내가 할 수 없는 것을 만난 적이 없으니, 사람이여, 항성으로 가보자. 나의 항성이 당신에게 멋지고 경이로운 미래 이야기를 들려줄 수 있기를! 그 순간, 나는 귀를 기울일 것이다.

감사의 말

내가 기억하는 한 아주 오래 전부터 책을 쓰고 싶었지만, 아주 오랫동안 그럴 수는 없을 거라고 생각했다. 그러니 내가 마음만 먹으면 무슨 일이든 할 수 있다며 언제나 나를 믿어준 재키 슬로건 선생님께 감사드린다. 그다음으로는 내가 독서에 푹 빠질 수 있게 해주어 결국 책을 쓰고 싶다는 꿈을 꾸게 해준 엄마께 고맙다고 말하고 싶다.

나로서는 처음 받아보는 아주 차가운 이메일을 보내 나에게 비소설을 써볼 의향이 있느냐고 물어봐준 나의 에이전트, 제프 슈리브, 감사하다. 내가 은하수의 관점으로 책을 쓰고 싶다고 했을 때 비웃지 않은 것도 고맙다. 제프에게 내 이름을 알려준 매슈 스탠리에게도 감사의 인사를 전한다.

언제나 단호하게 정직한 반응을 보여주었고, 잘못된 부분이 있으면 열정적으로 솔직하게 평가해준 나의 굉장한 편집자 매디 콜드웰에

297

게는 고마움을 한 다발로 선사하고 싶다. 매디. 당신이 도와주지 않았다면 이 책은 훨씬, 훨씬 부족한 책이 되었을 거예요. 예리한 안목과 최고급 유머 감각을 갖춘 재키 영에게도 고맙다고 말하고 싶다.

나의 가장 오래된 친구, 애나마리 살라이. 개성이 있고 지각도 있는 은하를 그려달라는 나의 부탁을 들어주어서 고마워. 표지를 제작하고 교정을 보고 인쇄를 하고 홍보를 해주는 등, 이 책의 모든 작업을 함께해주신 그랜드 센트럴 퍼블리싱의 모든 분에게 감사하다. 여러분을 모두 만나뵌 것은 아니지만, 여러분 덕분에 나의 꿈이 현실이 될 수 있었음을 알기 때문에, 정말로 감사드린다.

책의 나머지 부분을 읽지 못해 전체 내용을 파악할 수 없으니 어리둥절하셨을 텐데도 각 장을 꼼꼼하게 읽어주고 내용을 검토해주신 모든 분에게도 감사의 말을 전한다. 장차 박사가 될 루나 자고라츠, 이미 박사인 데이비드 헬펀드, 캐스린 존스턴, 드레이아 카릴로, 에밀리 샌드퍼드, 애비 스티븐스, 호르헤 모레노, 카틱 세스, 여러분이 준 조언은 정말로 큰 도움이 되었다! 역사와 과학을 검토해준 스티브 케이스와 데이비드 키핑도 고맙다.

모든 원고를 읽어주고, 집필자의 장애 구간을 뚫고 나아갈 수 있도록 도와주고, 특히 우울한 부분을 집필할 때면 바닥으로 내려가는 나의 마음을 끌어올려준 나의 파트너 윌리엄에게는 정말로 너무나도 고맙다고 말하고 싶다. 끊임없이 글을 쓰는 나를 덮치던 코스모를 떼어내준 것도 정말 고마워.

이 글을 읽지는 못하겠지만, 내 인생을 채워주고 내가 이 책을 쓰는 동안 늘 나와 함께 있어준 나의 털북숭이 친구, 코스모에게도 정말 고맙다. 이 책의 초고를 읽은 엄마는 은하수가 꼭 고양이처럼 말한다고 했다. 그건 정말이다. 은하수의 목소리를 상상할 때마다 나는 언제나 코스모를 보았고, 나의 보살핌에 전적으로 의지해 살아가면서도 늘 무심한 얼굴로 나를 보는 코스모를 보면서 '그래. 거의 모든 것을 다 아는 전지전능한 은하라면 저런 표정으로 나를 볼 테지'라고 생각했다. 나에게 영감을 불어넣어줘서 고마워, 코스모. 넌 정말 여러 역할을 해주었을 거야!

그리고 마지막으로 당신, 나의 사랑하는 독자들에게 감사하고 싶다. 은하수와 내가 해야만 했던 이야기에 귀를 기울여주어 고맙다.

주

주에 붙이는 주 이 주는 참고 문헌이나 인용한 출처의 목록이 아니다. 만약 참고 문헌이나 출처에 관심이 있다면 내 개인 웹사이트에서 이 책을 쓰는 동안 참고한 역동적인 논문 목록을 참고하자. 이곳에는 그런 정보 대신에 당신이 좋아할 만한 내용이지만 은하수로서는 너무 평범한 이야기라서 언급하지 않은 흥미로운 정보들을 담았다. 심지어 몇몇 천문학계에서는 이런 주석들에 대해서도 뒤에서 이러쿵저러쿵 말이 많다고 하는데, 그 점에서는 은하수가 옳았다. 우리는 정말 입을 다물지 못하는 사람들이다.

제1장

1. 우리 사람의 일상에서는 1조보다 큰 단위의 수를 많이 사용할 일이 없는데도, 우리는 멈추지 않고 정말로 엄청나게 큰 단위들을 생각해냈다. 예를 들어 $10^{10,000}$은 트레밀리아트레센도트리진틸리언(tremilliatrecendotrigintillion)이다. 혀가 마비될 것처럼 복잡한 수 단위를 더 알고 싶다면 랜던 커트 놀의 블로그 글, "10의 1만 승으로 시작하는 영어 수 단위—대시 없는 미국 체계"를 읽어보자(https://lcn2.github.io/mersenne-english-name/tenpower/tenpower.html).

2. 자유롭게 유영하는 이 가상의 뇌를 볼츠만 뇌라고 부른다. 루트비히 볼츠만의 이름을 딴 용어인데, 사실 볼츠만은 볼츠만 뇌와는 전혀 관계가 없다. 과학자들은 대부분 볼츠만 뇌를 바보 같다고 생각하지만, 그렇다고 물리학자들이 사람이라는 존재가 우주에 잠시 떠도는 무작위적인 하나의 뇌일 수도 있다는 사실을 두고 가장 절망적인 대화를 나누는 것을 멈추지는 않는다.

3. 갈색 왜성은 행성들과 항성들 사이의 공간에 머물고 있다. 갈색 왜성의 질량은 중심부에서 수소 융합을 시작하지만, 그 융합을 지속할 정도로는 충분히 크지 않다. 아주 잠시 동안은 중수소(무거운 수소)를 합성할 만큼 충분히 무거운 갈색 왜성도 있기는 하지만 말이다. 천문학자들은 갈색 왜성은 실패한 항성이라는 농담을 가

끔 던지면서도 사실 성공과 실패를 좌우하는 질량 경계선은 아직 밝혀내지 못했다. 미국 자연사박물관 소속의 위대한 연구팀 BDNYC는 갈색 왜성을 좀더 잘 이해하는 데 중점을 두고 연구해나가고 있다.

4. 모항성과 아주 가까운 거리에서 공전하는 뜨거운 목성형 행성들은 지구보다 100배 이상 크며, 태양 주위를 12년 만에 한 바퀴 도는 우리의 목성과 달리 보통 **며칠**이면 모행성 주위를 한 바퀴 돈다. 1995년에 처음으로 발견한 목성형 행성들은 천문학자들에게 그토록 큰 행성이 어떻게 모행성 주위를 그렇게 가까이에서 돌 수 있는가라는 의문을 던져주었다. 그런 행성들은 먼 곳에서 만들어진 뒤에 항성 가까이 이동한 것일까, 아니면 원래 그곳에서 만들어진 것일까? 특정 조건에서는 두 경우 모두 가능하다는 사실이 밝혀졌다.

5. 고대 이집트 사람들은 이시스 여신이 남편인 오시리스 신을 생각하며 흘린 눈물 때문에 나일 강이 범람한다고 믿었다. 시리우스라고 부르는 항성이 해가 뜰 무렵에 보이면 이집트 사람들은 곧 여신의 눈물이 땅으로 흘러와 다음 해에 곡식을 수확할 토지를 비옥하게 만들어 주리라는 걸 알았다. 데이비드 디킨슨, "여름 개의 날에 얽힌 천문학" 2013년 8월 2일 자「유니버스 투데이(*Universe Today*)」(https://www.universetoday.com/103894/the-astronomy-of-the-dog-days-of-summer/)

6. 국제 밤하늘협회는 빛 공해를 추적하고 막기 위해 애쓰는 비영리 단체다. 현대인은 대부분 밤하늘을 제대로 볼 수 없는데, 국제 밤하늘협회는 개인이 이런 상황을 바꿀 수 있도록 노력하는 방법을 알려준다. 2017년 2월 14일 자「국제 밤하늘협회지(*International Dark-Sky Association*)」"빛 공해" (https://www.darksky.org/light-pollution/).

7. 대중 강연을 할 때면 우주를 공부해야 하는 이유를 묻는 사람들이 많다. 알고자 하는 마음으로 지식을 추구하는 것은 사람의 고귀한 행동이라는 사실은 차치하고서라도, 천문학 연구는 우리 사회에 수많은 실질적인 이득을 가져다준다. 머리사 로젠버그, 페드로 루소, 조지아 블레이턴, 라르스 린드버그 크리스텐센, 「대중 잡지와 소통하는 천문학(*Communicating Astronomy with the Public Journal*)」 14호(2014년 1월) 30-35쪽 "일상에서의 천문학". (https://www.capjournal.org/issues/14/14_30.pdf).

제2장

1. 쇠똥구리는 개별 항성들을 구별하지는 못하지만, 밤하늘을 가로지르는 은하수의 전체 모습을 볼 수 있기 때문에 똥을 굴려 집으로 돌아가는 동안 은하수를 보면서 방향을 잡는다. 유리멧새 같은 철새는 북극성을 보면서 날아간다. 더 많은 예를 알고 싶다면 조슈아 소콜의 글을 참고하자. 2021년 7월 29일 자「뉴욕타임스(*New York Times*)」"별을 보며 동물들이 아는 것과 잃는 것들". (https://www.nytimes.

com/2021/07/29/science/animals-starlight-navigation-dacke.html.)

제3장

1. 아무리 은하수라고 해도 줄리 앤드루스의 매력을, 영화「사운드 오브 뮤직」의 가치를 부정할 수는 없다.

2. 아마도 일루스트리스 프로젝트(Illustris project)가 제작한 시뮬레이션들이 가장 유명하고 가장 널리 사용되고 있을 것이다. 더 많은 정보는 홈페이지를 참고하자. (https://www.illustris-project.org/).

3. 원소들이 모두 항성의 중심부에서 생성되지는 않는다. 은이나 금처럼 무거운 원소는 훨씬 에너지가 많이 발생하는 중성자별 충돌 같은 사건이 일어나야 생성된다. 여러 원소의 각기 다른 생성 방법을 알고 싶다면「왕립학회 철학 교류지 A- 수학, 물리, 공학(*Philosophical Transactions of the Royal Society A: Mathematical, Physical and Engineering Sciences*)」378호 2180(2020년 9월 18일): 20190301, 제니퍼 A. 존슨, 브라이언 D. 필즈, 토드 A. 톰프슨의 "원소의 기원─진전의 세기"를 읽어보자. (https://doi.org/10.1098/rsta.2019.0301).

4. 전체로 보았을 때 우주는 식어가고 있지만 한데 합쳐지는 은하단의 기체 입자들은 상호작용하면서 뜨거워지고 있다. 2020년 11월 14일 자「유니버스 투데이」매트 윌리엄스, "점점 뜨거워지는 우주의 평균 온도". (https://www.universetoday.com/148794/the-average-temperature-of-the-universe-has-been-getting-hotter-and-hotter/).

5. 기술과 과학의 발전을 생각할 때면 모든 사회가 같은 경로를 따르고, 같은 지점에서 멈추게 되리라고 생각하기 쉽다. 하지만 도구란 사회의 필요에 맞추어 만들어지는 것으로, 모든 사회에 커다란 숫자를 세거나 구별하는 방법이 필요한 것은 아니다. 커다란 수를 셀 수 없다고 해서 그 사회가 실제로 덜 발전하는 것도 아니다. 2017년 4월 25일 자「컨버세이션(*The Conversations*)」케일럽 에버렛, "수를 세지 않는 사람들─모국어에 수를 나타내는 단어가 없을 때 생기는 일". (https://theconversation.com/anumeric-people-what-happens-when-a-language-has-no-words-for-numbers-75828).

6. 그리스, 메소포타미아, 이집트처럼 전 세계 많은 문화에서 하늘은 신들이 사는 집이며, 하늘에서 일어나는 현상은 신들의 의지를 반영한다고 믿었다. 아프리카대륙 남쪽에 존재했던 많은 문화에서는 하늘을 우리 세계를 무엇인가……다른 것으로부터 분리해주는 단단한 반구형 지붕이라고 생각했다. 항성은 그 돔 표면에 고정되어 있거나 줄에 매달려 있다고 믿었다. 전 세계 많은 곳에서 믿었던 하늘의 모습을 보고 싶다면 남아프리카 천문학회의 "아프리카 민족 천문학(African Ethnoastronomy)" 홈페이지를 살펴보자. (https://assa.saao.ac.za/astronomy-in-

south-africa/ethnoastronomy/)

7. 하루살이는 놀라울 정도로 짧은 삶을 살지만, 사실 하루만 산다는 말은 완전히 틀렸다. 하루살이는 수생 유충의 상태로 몇 달에서 몇 년까지 산다. 날개가 생겨 물에서 나오면 하루살이 수컷은 며칠 동안 살지만 암컷은 고작 **5분**쯤 산다. 짝을 짓고 알을 낳을 수 있을 정도의 시간만 있으면 충분한 것이다.

8. 지구의 자전 속도를 늦추는 중력 상호작용은 우리의 달을 1년에 3.8센티미터 정도 우리에게서 멀어지게 한다. 결국 달은 아주 멀리 떨어져 하늘에서 보이는 모습이 태양보다 작아질 테니, 언젠가는 일식을 보지 못하게 될 것이다. 물론 수억 년 안에 일어날 일은 아니다.

9. 대학원에 다닐 때 항성의 나이를 파악하는 기술을 익히는 강의를 들은 적이 있는데, 한 학기 내내 각 방법을 검토한 자료를 살펴보았다. 그 자료를 소개한다. 데이비드 R. 소더블롬, 「천문학과 천체물리학 연감(*Annual Review of Astronomy and Astrophysics*)」 48호 1권(2010년 8월), 581–629쪽, "항성들의 나이". (https://doi.org/10.1146/annurev-astro-081309-130806).

10. 항성에게는 생명체를 부양할 수 있는 적정한 나이가 있는데, 우리 태양이 최적 시간대에 놓여 있다고 보는 논문들도 몇 편 있다. 2016년 8월 18일 자「우주학과 천체 입자물리학(*Journal of Cosmology and Astroparticle Physics*)」 8호, 에이브러햄 러브, 라파엘 A. 바티스타, 데이비드 슬론, "우주 시간 함수로서의 생명의 상대적 가능성" 040. (https://doi.org/10.1088/1475-7516/2016/08/040). 이 논문의 저자 가운데 한 명은 몇 해 전에 태양계에서 발견한 소행성을 외계인이 태양계를 연구하려고 보냈다는 무리한 주장을 내세우면서 자신의 명성에 흠집을 냈다.

제4장

1. 화석 자료를 근거로 과학자들이 지구에서 진화한 것으로 여긴 40억 종의 생물 가운데 99퍼센트 이상이 지금은 사라지고 없다. 지구는 여러 차례 대량 멸종 사태를 겪은 것이다. 「종 다양성, 자료로 보는 우리 세상(*Biodiversity, Our World in Data*)」 (2021), 해나 리치와 막스 로저, "멸종". (https://ourworldindata.org/extinctions).

제5장

1. 이미 천문학자들은 우리은하의 원반이 뒤틀려 있음을 알고 있었는데, 최근에 가이아 우주선 덕분에 그 뒤틀림이 한 위성 은하와의 상호작용 때문임을 확인했다. 「네이처 천문학(*Nature Astronomy*)」 제4호 6권(2020년 3월 2일) 590–596쪽. E. 포지오, R. 드리멜, R. 안드레이, C. A. L. 베일러-존스, M. 포노, M. G. 라탄치, R. L. 스마트, A. 스파냐, "역동적으로 뒤틀리고 있는 은하에 관한 증거". (https://doi.org/10.1038/s41550-020-1017-3).

2. 나의 지도교수 한 분과 우리 학과 대학원생 몇 명이 궁수자리 계류의 기원을 탐구하려고 계류 공전 궤도의 특징을 연구한 적이 있다. 궁수자리 계류에 관한 지식과 항성 생성사를 좀더 알고 싶다면 2017년 6월 20일 자 「아스트로바이츠(*Astrobites*)」 노라 십의 "궁수자리 계류의 은하 고고학"을 읽어보자. (https://astrobites.org/2017/06/20/galactic-archaeology-of-the-sagittarius-stream/).

3. 영어로는 표현할 수 없지만 독일어에는 아주 복잡한 개념을 거의 대부분 설명할 수 있는 멋진 단어들이 존재한다. 이런 상황에서 독일 사람은 "노트나겔(Notnagel)"이라는 단어로 "마지막 동반자"를 가리키기도 한다.

4. 삼각형자리 은하에 대한 덜 편향적인 설명을 읽고 싶다면 NASA의 자료를 살펴보자. 2019년 2월 20일 자 「나사(*NASA*)」 롭 가너 외, "메시에 33(삼각형자리 은하)". (https://www.nasa.gov/feature/goddard/2019/messier-33-the-triangulum-galaxy).

5. 마젤란형 나선은하는 우주에서 흔히 볼 수 있는 은하이지만, 우리은하처럼 거대한 은하 가까이 있는 경우는 비교적 드물다. 「국제천문연맹 의사록(*Proceedings of the International Astronomical Union*)」 4호 no. S256(2008년 7월호) 461–472쪽, "마젤란형 나선은하의 체계—항성, 가스, 은하"(자코 Th. 반 룬, 조애나 M. 올리베이라 편집)—에릭 M. 월코스의 "우주 전역에서 관측되는 마젤란형 은하". (https://doi.org/10.1017/s1743921308028871).

6. 헨리에타 스완 레빗은 에드워드 피커링이 1877년부터 1919년까지 고용한 적어도 80명은 되는 여성 가운데 한 명이었다. 이 영리한 여성들은 엄청난 양의 항성 자료를 분석했지만 수많은 동시대 남자들은 무례하게도 그들을 "피커링의 하렘"이라고 불렀다.

7. 이런 거시공동은하는 드물지만, 그 생성 과정이 흥미롭다. 이런 은하들의 운명도 일반적인 은하와 아주 비슷하다. 2019년 12월 18일 자 「포브스(*Forbes*)」 이선 시겔, "우주에서 가장 외로운 은하들이 맞는 궁극적인 운명". (https://www.forbes.com/sites/startswithabang/2019/12/18/what-is-the-ultimate-fate-of-the-loneliest-galaxy-in-the-universe/?sh=d479b0c566a2).

8. 알루미늄 원반은 모두 지름은 76.2센티미터, 두께는 몇 밀리미터 정도이며, 관측하는 천체의 빛을 분광기로 전달해줄 섬유를 고정할 구멍이 뚫려 있다. SDSS에 참여한 사람들은 누구나 다 쓴 원반을 소유할 수 있기 때문에, 더는 쓰지 않는 원반으로 창의적인 작업을 하는 사람들이 많다. 내 동료 대학원 교수는 자신이 작업했던 원반을 탁자로 만들었다. 2021년 7월 14일 자 「SDSS 협회(*SDSS-Consortium*)」, 막스 플랑크 천문학연구소 발행 "접시 위에 담은 우주". (http://www.mpia.de/5718911/2021_07_SDSS_E).

제6장

1. 거대질량 블랙홀이 우리은하의 중력을 결정한다는 것은 흔히 하는 오해다. 궁수자리 A*은 우리은하에서 가장 무거운 천체일 수는 있지만 중심핵에 머무는 모든 항성을 합친 질량은 궁수자리 A*의 질량보다 1만 배 정도 무겁다.

2. 우리은하는 자신의 모든 항성을 느끼기 때문에 당연히 이 사실을 알고 있지만, 사람이 이런 은하 중심핵의 상호작용을 알게 된 건 내 작업 덕분이다! 대학교 학위 연구 프로젝트로 진행했던 연구 결과였다. 「왕립 천문학회 월간 보고(*Monthly Notices of the Royal Astronomical Society*)」495호 2권(2020년 6월) 2105-2111쪽, 모이야 A. S. 맥티어, 데이비드 M. 키핑, 캐스린 존스턴, "10억 년 안에 우리은하 중심핵 항성들은 80퍼센트가 1,000AU 거리에 있는 항성들과 조우할 것이다", (https://doi.org/10.1093/mnras/staa1232).

3. 당신을 위한 정보. 이 책에 그려진 우리은하의 "눈"은 구상성단이다.

4. 몇 해 전에 암흑 물질이 적은 은하를 발견한 천문학자들은 당혹스러웠지만, 그 수수께끼는 충분히 풀 수 있는 문제였다. 2021년 6월 22일 자 「포브스」이선 시겔, "마침내! : 암흑 물질이 없는 은하, 허블 망원경의 새로운 자료로 설명하다", (https://www.forbes.com/sites/startswithabang/2021/06/22/at-last-galaxy-without-dark-matter-confirmed-explained-with-new-hubble-data/?sh=7b8a6edb63dc).

5. 베라 루빈의 삶과 그가 과학계에 덧붙인 놀라운 공헌에 대해 좀더 자세히 알고 싶다면 2019년 6월 11일 자 space.com의 글을 보자. 팀 칠더스, "베라 루빈 : 암흑 물질을 밝힌 천문학자", (https://www.space.com/vera-rubin.html).

6. 이 이야기는 그저 우리은하가 이야기해주는 기이한 일화가 아니다. 캐럴라인 허셜은 실제로 오빠가 책을 읽고 망원경으로 천체를 관측하는 동안 수저로 수프를 먹여주었다. 두 사람은 그 이야기를 일기에 기록했고, 여러 천체박물관에서 동생이 오빠에게 수프를 떠먹여주는 모습을 전시하고 있다.

7. 당신이 궁금해할지 몰라서 하는 말인데, "파섹"이라는 용어를 지은 남자는 다이슨 구라는 항성 에너지를 최대한 모을 수 있는 둥근 장치를 생각한 그 다이슨이 아니다. 파섹이라는 용어를 만든 다이슨은 아마도 프리먼 다이슨일 것이다. 멋진 진공청소기를 여러 개 발명한 제임스 다이슨과 프리먼 다이슨도 같은 사람이 아니다.

8. 나의 대학원 지도교수와 우리 연구팀 소속 과학자 한 명이 "외계 위성"에 관한 첫 번째 믿을 수 있는 발견을 담은 논문을 발표했다. 외계 위성이란 태양계 밖에서 행성 주위를 도는 위성이다! 허블 우주 망원경의 관측 일정은 대중에게 공개되어 있지만, 알렉스와 데이비드(논문의 저자들이다)는 그 사실을 알지 못했다. 두 사람의 발견은 천문학계에서는 아주 놀라운 소식이었기 때문에 아직 공식적으로 발표할 준비를 하지 못한 상태에서 여러 과학 잡지의 인터뷰 요청을 받아야 했다. 결국 두 사람은 관측 자료를 엄청나게 빠른 속도로 분석할 수밖에 없었다. 「사이언스 어드

밴시스(*Science Advances*)」 4호 10권(2018년 10월 3일) eaav178, 알렉스 티치, 데이비드 M. 키핑, "케플러 1625B 주위를 공전하는 커다란 위성에 관한 증거", (https://doi.org/10.1126/sciadv.aav1784).

제7장

1. 점성술에 대한 내 생각은 우리은하의 생각보다는 조금 더 복잡하다. 그저 취미로 보거나 어떤 결정을 내릴 때 도움을 조금 받으려고 점성술을 보는 사람들을 알고 있다. 점성술을 이용해 다른 사람들을 해치지 않는 한, 굳이 문제라는 생각은 하지 않는다. 하지만 이 세상에는 점성술을 차별 수단으로 쓰는 곳(특히 남아시아 국가들)도 있다. 따라서 점성술이 해롭지 않다는 무책임한 말은 하고 싶지 않다.

2. 적경과 적위 체계를 가장 많이 사용하는 이유는 아마도 다른 체계보다 더 편리하기 때문일 텐데, 특히 맨눈으로 물체를 볼 때 그렇다. 지구 위의 어떤 위도에 있든지……항성의 적위는 머리 바로 위다. 하지만 태양계는 우리은하 안에서 공전하고 있으며, 우리 지구는 자전축을 중심으로 흔들리고 있기 때문에 우리 머리 위의 좌표는 우리와 함께 움직이고, 각 천체의 좌표는 바뀐다. 천문학자들은 좌표계에 항성이 어떤 식으로 배열되어 있는지를 알려주는 에포크(epoch) 기준일을 이용해 그 차이를 조정한다.

제8장

1. 스페인어(를 비롯한 라틴어 계열의 언어) 사용자들은 요일과 행성, 로마의 신화 이름을 쉽게 연결할 수 있다. 달(Moom)은 루네스(Lunes)와 루나(Luna), 화성(Mars)은 마르테스(Martes), 수성(Mercury)은 미에르콜레스(Miércoles), 목성(Jupiter)은 후에베스(Jueves), 금성(Venus)은 비에르네스(Viernes)다. 영어를 비롯한 게르만어를 기반으로 하는 언어들은 요일 이름을 북구 신화에서 가져왔다. 화요일(Tuesday)은 전쟁의 신 티르(Tyr), 수요일(Wednesday)은 신들의 아버지 오딘(Odin, 오딘의 영어화하지 않은 이름은 보덴[Woden]이다), 목요일(Thursday)은 천둥의 신 토르(Thor)에서, 금요일(Friday)은 사랑의 여신 프리그(Frigg)에서 유래했다.

2. 항성이 홀로 태어나는가를 두고 천문학자들은 결정을 내리지 못하고 있었다. 하지만 최근에는 항성이 대부분 쌍으로 태어나며, 더 많은 수가 한꺼번에 탄생할 수도 있다는 데에 의견이 일치한다. 2021년 2월 24일 자「유니버스 투데이」스콧 앨런 존스턴, "우리은하에서 우리가 머무는 곳은 쌍성으로 가득 차 있다", (https://www.universetoday.com/150274/our-part-of-the-galaxy-is-packed-with-binary-stars/). 함께 있는 항성들에 관한 더 많은 정보를 알고 싶다면「천문학과 천체물리학 연감(*Annual Review of Astronomy and Astrophysics*)」 51호 1권(2013년 8월), 269-310쪽, 가스파르 뒤셴, 애덤 크라우스 "항성 다중도"를 보자. (https://doi.

org/10.1146/annurev-astro-081710-102602).

3. M형 항성은 적색 왜성이라고 부르고 O형 항성은 청색 거성이라고 부르는데, 에너지 스펙트럼이 각각 적색과 청색 부근에서 가장 높기 때문이다. 항성의 색은 온도에 따라 달라진다. 빈 변위 법칙(Wien's displacement law)에 따르면 항성의 온도가 높아질수록 항성이 가장 많이 방출하는 빛의 파장은 짧아진다. O형 항성은 뜨겁기 때문에 가장 짧은 파장을 가장 많이 방출하는데, 사람의 눈에 짧은 파장은 청색으로 보인다.

4. 우리은하는 우리, 천문학자들을 놀리고 있을 뿐이다. 우리 천문학자들은 초기 질량 함수에 그렇게까지 열의는 없다. 에드윈 샐피터(그의 손자와 대학 때 친구였다!)와 파벨 크루파 같은 과학자들은 항성의 질량 분포 방식을 기술하려고 조금씩 다른 함수들을 고안했다. 각 함수들은 질량과 환경이 다른 항성에 적용할 수 있다(크루파 함수는 질량이 작은 항성들을 다룰 수 있고, 샐피터 함수는 태양보다 무거운 항성들을 기술한다). 나는 은하 중심핵의 항성 분포 모형을 만드는 작업을 많이 했는데, 내가 가장 많이 사용했던 함수는 샤브리에(Chabrier) 초기 질량 함수이다. 다루는 질량 범위가 아주 넓었기 때문이다. 그리고, 발음이 멋있었기 때문이다.

5. 헬륨 원자는 수소 원자보다 크기 때문에 헬륨을 융합하려면 더 많은 에너지가 필요하다. 천문학자들은 수소로 헬륨을 만드는 과정을 각기 다른 이름으로 부른다. 질량이 낮은 항성에서 일어나는 헬륨 융합 반응은 양성자-양성자(p-p) 연쇄 반응이라고 부르고, 탄소가 촉매 역할을 하는 태양보다 질량이 더 큰 항성에서의 헬륨 융합 반응은 탄소-질소-산소 순환 반응(C-N-O cycle)이라고 부른다. 일단 헬륨이 만들어지면 헬륨 3개가 결합해 탄소를 만든다.

6. 과학자들은 태양이 적색 거성이 되어 팽창한다고 해도 지구를 삼키리라고는 아직 확신하지 못하고 있다. 태양이 적색 거성이 되었을 때 지구의 운명은 태양의 질량이 얼마나 줄어드는가, 내행성들의 궤도가 달라질 것인가 같은 수많은 요소를 고려해야 알 수 있다. 중력 상호작용 때문에 지구가 태양을 도는 공전 궤도에서 이탈할 수도 있는데, 그것 또한 전혀 다른 형태의 재앙일 것이다. 2020년 2월 8일 자 「포브스」이선 시겔, "이선에게 묻다 : 태양은 결국 지구를 삼킬 것인가?". (https://www.forbes.com/sites/startswithabang/2020/02/08/ask-ethan-will-the-earth-eventually-be-swallowed-by-the-sun/?sh=48c6f23c5cb0).

7. 2017년에 천문학자들은 두 중성자별이 충돌했다는 신호를 감지했고, 그 충돌 이후에는 아주 많은 금과 백금을 감지했다. 정확히 말하면 목성 질량만큼 많은 금을 감지했다. 그때부터 천문학자들은 중성자별이 초신성이나 블랙홀과 중성자별의 합병 때보다 금을 비롯한 "r-과정"으로 합성되는 원소들을 더 많이 만들어 낸다는 사실을 알게 되었다. 2017년 10월 16일 자 「버클리 뉴스(*Berkeley News*)」로버트 샌더스 "우주에서 금을 발견한 천문학자들", (https://news.berkeley.edu/2017/10/16/

astronomers-strike-cosmic-gold/).

8. 음, 나는 중성미자에 관심이 있다! 중성미자는 전자, 타우 입자와 함께 페르미온-렙톤 계열의 아주 작은 기본 입자다. 중성미자는 너무나 가벼워서 다른 입자들과 거의 상호작용하지 않기 때문에 과학자들은 중성미자의 정확한 질량을 측정하지 못했다. 중성미자는 원자들이 상호작용할 때마다 생성되며, 일단 생성되면 과학자들로서는 아직 그 이유를 알지 못하는 메커니즘에 따라 자신의 "맛깔(flavor)"대로 진동한다. 중성미자는 흥미롭고도 신비로운 입자인데, 내 생각에는 중성미자가 아주 멋지다는 걸 알기 때문에 우리은하가 관심이 없다고 말한 듯하다.

제9장

1. 좀더 많은 정보가 필요하다면 알리 워드의 팟캐스트 수상작 "올로기스(Ologies)"의 엉덩이를 다룬 에피소드 "글루테올로지" 편을 들어보자. 영장류학자이자 인류학자이며 분명히 엉덩이 전문가인 나탈리아 레이건이 출연한다.

2. 토성의 고리가 태양계에서 가장 유명하기는 하지만, 토성만큼 장엄하지는 않아도 태양계의 기체 행성들은 모두 고리가 있다. 태양계에서는 기체 행성의 고리를 많이 관측할 수 있지만, 천문학자들은 다른 항성계의 기체 행성들도 일반적으로 고리를 가지고 있는지는 알지 못한다. 외계 기체 행성을 찾는 일이 정말 어렵기 때문이다! 하지만 우리 태양계가 특별한 경우라고 믿어야 할 근거는 없으니 아마도 외계의 거대 기체 행성들도 자신만의 멋진 고리를 가지고 있을 가능성이 크다.

3. 20년 이상 S2를 관찰한 천문학자들은 S2의 공전 궤도를 이용해 슈바르츠실트 세차(Schwarzschild precession)라고 부르는 아인슈타인의 예측을 확증했다. 「천문학과 천체물리학(Astronomy & Astrophysics)」 636호(2020년 4월), L5, 중력 공동 작업물 : R. 아우터, A. 아모링, M. 바우뵈크, J. P. 버거, H. 보닛, W. 브랜드너 외 "은하 중심부의 거대 블랙홀 가까이 있는 항성 S2의 공전 궤도에서 나타나는 슈바르츠실트 세차 관측". (https://doi.org/10.1051/0004-6361/202037813).

4. 좀더 구체적으로 말하자면 망원경의 해상도를 결정하는 요소는 포착할 수 있는 빛의 파장과 집광 거울의 배율이다. 전파 망원경이 아주 큰 이유는 커다란 빛 파장을 모아야 하기 때문이다(중국에는 조리개가 500미터나 되는 구형 전파 망원경[FAST]이 있다). 그러나 망원경이 클수록 관측 시야가 좁아질 수 있는 등 몇 가지 문제점이 나타날 수 있기 때문에 관측 계획을 세울 때 무조건 해상도를 높이는 것이 언제나 좋은 방법이라고 할 수는 없다.

5. 적색 거성과 짝을 이루는 이 작은 블랙홀을 발견한 천문학자들은 이 블랙홀에게 유니콘이라는 이름을 붙여주었다. 고작 460파섹 밖에 떨어져 있지 않은 이 유니콘은 어쩌면 우리와 가장 가까운 곳에 있는 블랙홀일 수도 있다! 「왕립 천문학회 월간 보고」 504호 2권(2021년 6월) 2577-2602쪽, T. 자야싱헤, K. Z. 스타넥, 토드 A.

톰프슨, C. S. 코카넥, D. M. 로언, P. J. 발렐리, K. G. 슈트라스마이어 외 "외뿔소자리의 유니콘-적색 거성 V723 Mon 가까이 있는 밝은 별의 어두운 동반자 3M⊙은 상호작용하지 않는 죽은 블랙홀일 가능성이 있다" (https://doi.org/10.1093/mnras/stab907).

6. 사건의 지평선 망원경 팀은 거의 10페타바이트(1,000만 기가바이트) 분량의 자료를 수집했다. 이 자료는 물리적인 데이터 드라이브에 저장해야 했는데, 아주 멀리 떨어져 있는 관측 장소에서 인터넷으로 자료를 보내는 것은 끔찍할 정도로 느리기 때문이다. 엄청나게 많은 데이터 드라이브는 독일과 미국에 있는 정보 처리 센터로 보내졌다. 데이터 처리 과정과 엄청난 자료를 끌어안고 있는 듯한 케이티 보먼의 경이로운 모습을 보고 싶다면 2019년 4월 11일 자 「익스트림테크(*ExtremeTech*)」라이언 휘트암의 "블랙홀의 이미지 데이터를 모두 저장하려면 하드 드라이브 0.5톤이 필요하다"를 읽어보자. (https://www.extremetech.com/extreme/289423-it-took-half-a-ton-of-hard-drives-to-store-eht-black-hole-image-data).

7. 왜소은하에 존재하는 이런 초거대 블랙홀들은 예전에 다른 은하와 충돌했음을 말해주는지도 모른다. 애초에 왜소은하에 그렇게 큰 블랙홀이 있는 이유를 설명해주는 것이다. 2020년 1월 6일 자 「SYFY 와이어(*SYFY Wire*)」 필 플레이트의 "초거대 블랙홀이 있는 왜소은하들도 있다……그리고 블랙홀의 위치가 중심을 벗어난 경우도 있다!" (https://www.syfy.com/syfy-wire/dwarf-galaxies-have-supermassive-black-holes-too-and-some-are-off-center).

8. 퀘이사는 활동 은하핵이다. 즉, 엄청난 에너지를 가진 블랙홀이다. 퀘이사에는 중심부에서 빛나는 물질이 물줄기처럼 뿜어져나가는 강력한 제트가 있다. 퀘이사란 "유사-항성(quasi-stellar) 전파원"의 줄임말인데, 그런 이름을 지은 이유는 20세기 중반에 퀘이사를 발견한 천문학자들이 퀘이사를 항성이라고 생각했기 때문이다. 퀘이사의 제트 방향이 지구를 향하면 아주 강렬한 폭발을 볼 수 있는데, 그런 활동 은하핵을 블레이자(blazar)라고 부른다.

제10장

1. 호모 사피엔스가 우세종이 되기 전에 사람 종은 여러 종이 동시에 함께 살았다. 서로 교배하기도 했다. 재미있고 흥미로운 사람의 진화 나무를 보고 싶다면 2020년 12월 9일 자 「스미스소니언 국립 자연사박물관(*Smithsonian National Museum of Natural History*)」"사람이 된다는 것은 어떤 의미인가 '사람의 가계수'"를 보자. (https://humanorigins.si.edu/evidence/human-family-tree).

2. 2018년 10월 5일 자 「디스커버(*Discover*)」 브리짓 알렉스의 "고대인이 사후를 믿었음을 우리가 아는 방법". (https://www.discovermagazine.com/planet-earth/how-we-know-ancient-humans-believed-in-the-afterlife).

3. 이 공놀이 시합의 규칙을 정확히는 알 수 없지만, 중앙아메리카 전 지역에서 동일한 크기의 시합장이 수백 개 발견되는 것으로 보아 중앙아메리카에서는 인기를 끌었음이 분명하다. 우리가 아는 대로라면(그 정보는 상당 부분 아메리카 대륙을 침략한 스페인 사람들이 남긴 기록에서 찾을 수 있다) 시합은 축구와 농구를 혼합한 형태였을 것이다. 5명 정도가 한 팀인 이 시합에서는 벽에 높이 설치한 고리에 공을 통과시켜야 하는데, 선수들은 손과 발을 사용할 수 없다.

4. 2019년에 궁수자리 A*이 갑자기 적외선 영역에서 평소보다 100배는 더 밝아졌다. 천문학자들은 물질이 갑자기 유입된 것이 그 이유라고 생각한다. 2021년 4월 7일 자 「AAS 노바(*AAS Nova*)」 수재너 콜러의 "우리은하의 초거대 블랙홀이 보내온 섬광". (https://aasnova.org/2021/04/07/flares-from-the-milky-ways-supermassive-black-hole/).

제11장

1. 고대 그리스의 기록에 따르면 안드로메다 공주는 아이티오피아(Aethiopia) 사람이다. 아이티오피아란 이집트 남쪽에 있는 땅을 가리키는 일반 용어로, 현대 에티오피아가 있는 곳에서부터 홍해의 동쪽 해안에 이르는 지역을 나타낸다. 그러나 안드로메다 신화를 다르게 해석하는 학자들도 있다. 그들은 안드로메다가 이스라엘 해안에 있는 절벽에 묶여 있었다고 말한다. 따라서 안드로메다가 묶여 있던 장소를 정확하게 말하기는 불가능하다.

2. 메두사는 아테나 여신의 신전에서 포세이돈과 함께 있다가 붙잡힌 뒤에 여신의 저주를 받아 끔찍한 괴물이 된다. 신화 해설자 중에는 메두사가 포세이돈을 유혹했기 때문에 받아 마땅한 벌을 받았다고 주장하는 사람도 있지만, 메두사는 포세이돈의 강권에 못 이겼을 뿐인데도 홀로 아테나의 분노를 받은 반면 그동안 포세이돈은 뒷짐 지고 방관했다고 주장하는 사람도 있다.

제12장

1. 은하 주위를 도는 항성의 운동을 연구하는 천문학자들은 은하의 중력 퍼텐셜(gravitational potential)에 주목한다. 중력 퍼텐셜은 기본적으로 은하 전체에 물질이 분포하는 형태를 기술하는 방정식이다. 나이가 많고 좀더 구에 가까운 타원은하는 중심축이 위아래로 길게 늘어났거나 축이 3개인 퍼텐셜 형태를 띤다.

2. 정지 좌표계는 모든 운동의 기준점을 알려주기 때문에 물리학에서는 중요하게 고려해야 한다. 우리은하의 정지 좌표계는 궁수자리 A* 가까이 있는 은하의 중심부에 무게중심이 있다.

3. 가속도란 물체의 속도 변화를 뜻한다. 물리학에서는 시간에 따른 가속도 변화량을 "저크(jerk)"라고 한다. 우리은하와 안드로메다 은하가 서로에게 가까이 다가갈

수록 두 은하가 서로를 향해 작용하는 중력이 증가하기 때문에 다가가는 속도는 점점 더 빨라지는데, 이 상황을 양의 저크라고 할 수 있다.

제13장

1. 스티븐 호킹(영광스럽게도 나와 생일이 같다. 엘비스 프레슬리와 데이비드 보위도 같은 날 태어났다)의 이름을 따 호킹 복사라고 불리는 현상은 관찰된 적이 없다. 호킹 복사는 블랙홀이 자신의 에너지를 소멸하는 방식을 기술하는 이론적인 설명이다. 블랙홀과 블랙홀 너머의 우주를 구분하는 경계에서는 입자 쌍이 생성되는데, 쌍으로 만들어진 입자들은 블랙홀의 내부에 머물 수도 있고 블랙홀 밖으로 나갈 수도 있다. 입자가 블랙홀 밖으로 탈출할 때마다 블랙홀은 입자가 가지고 간 만큼 에너지가 줄어든다.
2. 대형 강입자 충돌기는 스위스 지하에 만든 거대한 원형 터널이다. 입자들은 원주가 26.7킬로미터나 되는 거대한 고리를 점점 증가하는 속도로 달리면서 충돌해 훨씬 이국적인 입자를 생성할 수 있는 충분한 에너지를 얻는다.

제14장

1. 북유럽 신화에 나오는 9개 세계가 태양계의 9개 행성과 어떤 식으로 연결되는지를 알고 싶다면 팟캐스트 "스피리츠(Spirits)"의 "북구 우주론"을 들어보자. 2020년 8월 12일 자 팟캐스트 "스피리츠"의 "북구 우주론", 어맨다 맥클로플린 대담(49분 10초), 줄리아 시피니 제작. (https://spiritspodcast.com/episodes/norse-cosmology).
2. 수십 년에 한 번씩 여러 행성이 일렬로 늘어서기는 하지만, 8개(명왕성까지 포함하면 9개) 행성이 일렬로 늘어서는 전체 태양계의 삭망(syzygy) 현상이 일어나는 건 거의 불가능에 가깝다. 모든 행성이 천구상에서 비슷한 위치에 마지막으로 있었던 것도 1,000년도 훨씬 전의 일이다. 하지만 설사 행성들이 모두 일렬로 늘어선다고 해도 행성들의 중력을 모두 합친 힘은 감지할 수 없을 정도로 작고, 당연히 이 세상을 끝낼 정도로 강력하지 않을 것이다!

제15장

1. 초신성을 표준 촛불로 삼아 독자적으로 연구한 두 팀이 우주는 가속 팽창하고 있음을 발견했다. 솔 펄머터가 이끄는 캘리포니아 대학교 초신성 우주론 프로젝트 팀과 브라이언 슈미트가 이끄는 매사추세츠 공과대학교 하이-Z 초신성 연구팀이 그 두 팀이다.
2. 태양계 밖에 존재하는 외계행성은 1992년에 시선 속도법을 이용해 한 펄서 부근에서 처음 발견되었다. 3년 뒤, 태양 같은 항성 주위를 도는 행성이 처음으로 발견되었다. 이 행성의 발견으로 미셸 마요르와 디디에 쿠엘로는 2019년에 노벨물리학

상을 받았다.

3. 통과법(transit method)은 1999년 당시 대학원생이었던 데이브 샤르보노가 이끌던 연구에서 외계행성을 처음 발견하는 데 사용한 기술이다. 샤르보노의 연구는 외계행성을 찾는 연구에 불을 붙여 천문학의 하위 분야가 될 수 있는 문을 연 아주 큰 사건이었다. 16년 뒤에 하버드 대학교에서 나의 졸업 논문 세미나를 지도하던 데이브는 졸업 논문을 제출하는 나와 아주 재미있는 자세로 사진을 찍어줄 만큼 친절한 교수님이었다.

4. 외계인을 발견한 사실을 숨기려는 천문학자는 없을 것이다. 노벨상을 받을 기회를 스스로 포기한다는 뜻이니까 말이다. 외계인을 발견했다는 사실을 숨기고 싶다고 해도 모든 정보는 공개해야 한다는 규정이 있다는 사실도 말해야겠다. 정부가 정한 공식적인 사후 탐지 규정은 없지만, 많은 조직이 자체 규정을 마련해두었다. 1989년에 스웨덴 국립 우주항행학회에서 출간한 규정서는 유명하다. 「국립 우주 항행학회」(1989) "외계 지적 생명체를 찾았을 때 따라야 하는 원칙 선언". (https://iaaspace.org/wp-content/uploads/iaa/Scientific%20Activity/setideclaration. pdf). SETI와 NASA도 스웨덴 우주항행학회의 영향을 받아 작성한 자체 규정집이 있다.

5. 1,000명이 넘는 천문학자들이 이름을 변경해야 한다는 탄원서를 제출했는데도 NASA는 제임스웹 우주 망원경의 이름을 변경하지 않겠다며 거절했다. 사실 제임스웹이라는 이름은 공식 절차를 밟아 결정된 이름이 아니며, 이름이 변경되는 사례는 드물지 않다(WFIRST도 낸시 그레이스 로먼 우주 망원경으로 이름을 바꾸었고 LSST도 베라 C. 루빈 천문대로 이름을 바꾸었다). 2021년 9월 30일자 「NPR」, 넬 그린필드보이스의 "NASA, 논란으로 얼룩진 신형 우주 망원경의 이름을 고수하다" (https://www.npr.org/2021/09/30/1041707730/shadowed-by-controversy-nasa-wont-rename-new-space-telescope).

6. 질 타터 박사는 SETI 연구소 소장으로 근무하지 않을 때에도 수십 년 동안 SETI를 위해 맹렬하게 활동했다. 칼 세이건의 소설 『콘택트(Contact)』의 등장인물 엘리 애로웨이의 모델이기도 하다(엘리 에로웨이 역은 인기 영화배우 조디 포스터가 맡았다).

좀더 많은 참고 자료를 보고 싶다면 나의 홈페이지에 방문하라. moiyamctier.com

역자 후기

푸른 하늘 삐딱 은하수……

나의 기억 속 은하수는 포근하다. 아주 어렸을 때, 같은 동네에서 살았던 이모 집으로 나를 데리러 온 아버지를 따라 성큼성큼 뛰면서 바라본 밤하늘에서 나는 은하수를 보았던 것도 같다. 빛 공해가 적었고 많은 별이 떠 있던 시절. 지금도 같은 동네에서 살고 있으니 그때의 하늘과 지금의 하늘을 가끔은 비교해볼 수 있다. 이제는 금성을 찾고, 간신히 목성도 찾을 수 있으면 오늘 별이 많이 떴네, 라고 말할 수 있는 시대가 되었고, 당연히 맑은 날이면 집 마당에 앉아 은하수를 본다는 것은 실현될 수 없는 꿈이 되어버렸다.

그래도 은하수를 볼 방법은 있다. 일단 일주일 정도 산에서 체류할 준비를 하고 집에서 나선 뒤에, 한국에서 가장 껌껌하다는 장소를 찾아……. 아, 번거롭다. 무겁다. 춥다. 더운 여름이라면 그래도 서늘할 산속으로 들어가볼 각오가 되어 있기는 하지만, 습한 날 하늘이 맑을 것인가는 또다른 문제여서 고민만 하다가 그저 포기한다(물론 일정표를 짜고 계획을 세운다고 해도, 번잡한 일상사에 기껏 쌓은 짐을 풀어야 할 테지만). 이제는 너무나도 어렵게 된 은하수 보기. 그 때문인지, 내 마음속 은하수는 정겹고 포근하고 아쉽기만 하다. 은하수 하면 정말로 '푸른 하늘 은하수'밖에는 생각이 나지 않는다. 아름답고도 아름다운 유년 시절의 추억이라고나 할까.

그런 은하수를 은하수 대필가 모이야 덕분에 직접 만날 수 있었다. 우리 사람이 우주에 관해 알게 된 많은 내용을 직접 정리도 해주고 평가도 해준 은하수를. 근데, 이 은하수가 참으로 끝 간 데 없이 까칠하다. 건방지다. 오만하다. 내가 생각하고 꿈꾸었던 그 은하수가 아니다. 아마존 독자평을 살펴보았다. 별 하나 준 독자는 은하수의 말투가 너무나도 마음에 안 든다고 한다. 그래, 인정한다. 정말로 (많이) 걱정이 되는 말투이기는 하다. 그래도, 은하수 말은(사실 사람 말은) 끝까지 들어보는 거라고 했으니, 은하수에게 마음껏 발언권을 주어보기로 했다. 그리고 인정했다. '그래, 은하수 이즈 뭔들'의 심정이 되어버렸다고 해야 하나(젊은이들의 표현법을 함부로 가져다 쓰는 건 독자들이 이해해주시길 바란다. 은하수의 이야기를 듣다 보니 나도 조금 건방져진 듯하다. 하지만 양해를 구할 정도로는 아직 소심하다!).

은하수는 우주를 만든 존재는 아니다. 하지만 우주만큼이나 나이가 많고, 우리 사람을 비롯한 은하수의 모든 구성원을 직접 품어주고 있는 존재이다. 우주가 어떻게 탄생했는지를 보고, 우주에 실존하는 존재들이 어떻게 탄생하고 진화했는지를 보았기에, 사람이 알아내고 있는 많은 지식을, 사람이 추론하는 우주의 마지막 모습을 검토하고 평가해줄 수 있는 최고 전문가라고 할 수 있는 존재이다.

까칠한 투덜거림과 오만한 자랑으로 가득하지만 알고 있는 많은 지식을 어쩔 수 없이 풀어놓을 수밖에 없는 전문가 은하수는 함께 회식을 하게 된 지도 교수님 같기도 하고, 아는 것이 많고 할 이야기가 많아 도저히 입을 다물 수 없는 동네 언니 같기도 하다. 뭔가 시끄러운 것 같기는 한데, 정신없이 귀를 기울이다 보면 나의 상식도 풍성해지는 느낌이다. 그 많은 수다 속에서 그저 우주에 관한 지식만이 아니라 나의 실존에 관한 고민도 함께 하게 하는 질문이 불쑥 튀어나온다. 왜 이렇게 잘난 체를, 이라는 기분을 느끼다가도 문득 고개를 끄덕이고 있는 나를 발견하게 된다.

우주가 태어나고, 은하수가 형성되고, 태양계와 지구가 생성된 뒤에 지금 우리가 사는 시대까지 시간이 흘러왔다. 지구 곳곳에서 기후 온난화로 10년 전과는 사뭇 다른 시대를 살아가고 있지만, 이 세상이 어떻게 변하든 우리 이전에도 세상은 존재했고, 우리 이후에도 세상은 존재할 것이다. 그 사이 어딘가쯤에서 은하수를 만나 우주의 이야기를 듣는 행운을 누릴 수 있어 다행이라고 생각한다.

은하수가 지내온 그 모든 시간을 경험해본 적이 없으니, 그 자부심을, 그 쓸쓸함을, 그 염려를 모두 이해할 수는 없지만 여러 달을 나와 함께하며 자신의 이야기를 들려준 은하수에게 한없이 감사하고 싶다. 은하수와 함께할 수 있는 기회를 준 까치 출판사 분들에게도 고맙다. 많은 사람이 몇 시간을, 며칠을 시간을 내어 은하수의 이야기에 귀를 기울여주면 좋겠다. 가끔은 고개를 들어 정말로 은하수에게 인사를 해주었으면 좋겠다. 은하수는 옛사람들에게도 그랬던 것처럼 지금 사람들의 이야기도 듣고 싶어하니까.

2023년 가을

김소정

인명 색인